半导体与集成电路关键技术丛书
微电子与集成电路先进技术丛书

U0168402

基于TSV的三维堆叠集成电路的可测性设计与测试优化技术

〔美〕 布兰登·戴（Brandon Noia）
〔美〕 蔡润波（Krishnendu Chakrabarty）　著

蔡志匡　解维坤　吴　洁　刘小婷　郭宇锋　译

机 械 工 业 出 版 社

测试是一种用于保证集成电路的稳定性和有效性，是贯穿集成电路制造各个环节不可或缺的重要手段。而基于 TSV 的 3D 堆叠集成电路结构的特殊性和设计流程的可变性则为测试过程带来了新的问题和挑战。

本书首先对 3D 堆叠集成电路的测试基本概念、基本思路方法，以及测试中面临的挑战进行了详细的论述；讨论了晶圆与存储器的配对方法，给出了用于 3D 存储器架构的制造流程示例；详细地介绍了基于 TSV 的 BIST 和探针测试方法及其可行性；此外，本书还考虑了可测性硬件设计的影响并提出了一个利用逻辑分解和跨芯片再分配的时序优化的 3D 堆叠集成电路优化流程；最后讨论了实现测试硬件和测试优化的各种方法。

本书适用于 3D 堆叠集成电路测试的从业人员。无论是刚入行业的新人，还是经验丰富的工程师，本书的内容和可读性都能为他们提供在 3D 测试领域做出贡献并取得卓越成绩所需的信息。对于这方面的科研工作者，本书也有一定的参考价值。

译者序 »

近些年来，我国在集成电路设计和制造方面发展迅速，其规模和水平的提高也促进了相应的测试技术发展。随着集成电路（IC）不断向更小尺寸发展，相对较长的互连线已成为电路延迟的主要贡献者和功耗产生的重要组成部分。为了缩短这些互连线的长度，3D 集成电路已经成为学术界和工业界的一个重要研究领域。与平面（2D）集成电路相比，3D SIC 的制造和测试更为复杂。TSV 作为芯片堆叠中密集的垂直互连方式，会给集成电路带来额外和特有的缺陷，对这些 TSV 进行测试，特别是在芯片堆叠之后的产品测试，一直是测试工程师面临的重大挑战。

本书广泛探讨了 3D 测试的三个重要类别：键合前测试、键合后测试和测试优化。本书首先分析堆叠优化和键合前测试，然后转向键合后测试和优化。测试解决方案包括针对键合前测试的 BIST 和探针测试，以及针对键合后测试的新兴标准，并在两者之间探索了额外的测试及优化技术。全书共 9 章，第 1 章简要地概述了 3D 集成技术、常见的测试设计特性，以及 3D 集成带来的独特测试挑战；第 2 章讨论了晶圆匹配和 3D 存储器测试；第 3 章讨论了 BIST 用于键合前 TSV 测试的优点和不足，对 TSV 及相关缺陷进行了详细分析；第 4、5 章介绍了针对键合前 TSV 测试的替代解决方案；第 6 章提出了一种基于时序优化的测试架构优化方法，以减少第 4 章和第 5 章的架构，即对 3D 堆叠键合后功能模式的影响；第 7 章介绍了面向 3D SIC 的新兴测试标准；第 8 章介绍了一种减少键合后堆叠测试时间的优化技术；第 9 章总结了全书，回顾了作者所涵盖的主题和最后想法。

虽然国内集成电路测试技术发展迅速，但目前关于 3D 集成电路测试技术的专著和教材仍然十分缺乏，从事相关领域研究的专业人员也只能通过碎片化的内容摸索和实践，以逐步掌握这方面知识。为此，本书结合作者多年来在此领域的科研实践，系统地介绍了基于 TSV 的 3D 堆叠集成电路测试中的各项关键技术，为读者进行更深层次的 3D 集成电路设计、模拟、测试和可测性设计打下良好的基础，也为 3D 集成电路的设计、制造、测试和应用之间建立一个相互交流的平台。本书可以作为高等学校微电子、集成电路等相关专业高年级本科生和研究生的教材与参考用书，也可以供从事上述领域工作的科研技术人员参考。

本人谨向为此书的翻译与出版付出辛勤劳动的各位编辑，以及支持我们进行翻译工作的家人和朋友，特别是研究生洪浩斐、张学伟、何娴、杨大智、成毓杰、魏梦凡、陈俊原，向他们致以衷心的感谢。

由于译者水平有限，而3D集成电路技术的发展日新月异，书中难免有一些疏漏错误或者不妥之处，真诚希望各位读者在阅读时把发现的错误及时告知我们，恳请大家多多批评指正。

蔡志匡

2023 年 10 月 20 日

感谢我的父母对我的无限支持。

——Brandon Noia

献给这些年来我所有真正优秀的学生。

——Krishnendu Chakrabarty

原 书 序 »

当前电子行业的发展趋势表明，三维堆叠集成电路（3D SIC）是一种具有大规模应用潜力的技术。那么，3D SIC 是否只是平面（2D）集成电路的延伸？如果这个器件是 3D 的，那么我们未来是否可以发展出四维（4D）集成电路，假设我们的世界被认为有第四个时间维度。

让我先解决最后一个问题。第四维度（时间）的使用对于数字电路来说并不具有新意。存储器件或触发器允许随着时间的推移重复使用逻辑门，如果没有这个功能，实现一个数字功能将需要更多的门。我认为我们的 2D IC 已经有三个维度，x、y 和 t。我们会形成一个习惯，即在指定尺寸的芯片中忽略时间这一维度。显然，3D SIC 具有第四个维度。

现在，为了回答第一个问题，让我先来介绍一下 2D IC。它包含一层有源元件和多层次的互连。对于上一代电子产品中的印制电路板（PCB）也是如此。这就像一栋多层建筑，其中生活空间仅限于一层，其他所有楼层只提供通向该层房间的走廊。听起来不自然？但这正是我们在具有多布线层和多层印制电路板的 2D IC 中一直在做的事情。一个成功的多层建筑设计在所有楼层都需要有功能性生活空间，楼层内有走廊，楼层间有电梯。当然，每个楼层都可以定制成特定的功能，例如家庭住宅、办公室、仓储间、购物商场或餐厅等。这种我们社会早已有过经验的多层建筑理念，正被应用于构建集成电路。事实上，这一优势可以从一个领域推广到另一个领域。

然而，正如人们所说的，"如果没有电梯，建造摩天大楼是没有用的"。对于 3D SIC，一个硅通孔（Through Silicon Via，TSV）就是电梯。集成电路（Integrated Circuit，IC）制造工艺使得制造 TSV 成为可能，但为了确保它们的工作，我们必须对它们进行测试，如果发现它们坏了，就必须修复它们。

TSV 测试是 3D SIC 区别于传统平板或平面集成电路的一个方面。除此之外，实现 3D SIC 的方法并不只有一种，至少现在已经不是了，因为该技术还在不断发展。例如，研究发现晶圆的堆叠可能比芯片的堆叠更经济。生产制造的不同阶段产生了各种测试场景，对于 TSV，可能在键合前和每次键合后都需要进行测试。

IC 工程师可能熟悉现有的方法和工具，但新兴的 3D SIC 技术是一个未形成行业标准的应用领域。该书是一本指南。用 9 个章节对测试存在的问题及其解决方法进行了清晰的阐述。一些最前沿的方向，作者 Brandon Noia 和 Krishnendu Chakrabarty 是基于自己的研究进行了解读。他们在这方面做得很出色。

该书首先概述了 3D SIC 制造工艺及其测试挑战。提出了一种晶圆与存储器匹配的使用方法。并且提供了适用于 3D 存储架构的制造流程示例。在此背景下，提高良率和测试成本的冗余方法被证明是有益的。前两章主要围绕这些主题展开。

高 TSV 良率对于控制堆叠组装的成本至关重要。这推动了两种键合前 TSV 测试方法的发展，即内置自检（Built - In Self - Test，BIST）和探针测试。第 3 ~ 5 章详细介绍了这两种方法。

在第 6 章中，作者研究了可测性硬件设计的影响因素。一个主要的影响是对性能的影响。因为测试硬件围绕着 TSV，TSV 在堆叠的芯片之间传递信号，所以适当的分区可以提高性能。作者提出了一个利用逻辑分解和跨芯片再分配的时序优化流程，可以降低测试架构对芯片间路径功能时序的影响。

第 7 章和第 8 章讨论了实现测试硬件和测试优化的想法。介绍了 P1838 芯片测试外壳和 JEDEC I/O 3D 堆叠新兴标准。提出了一种整数线性规划（Integer Linear Program，ILP）公式，用于优化利用可用的测试访问机制（Test Access Mechanism，TAM），并在减少总测试时间的情况下制定测试计划。

该书共有 9 章，前 8 章为主要章节；最后一章为 "结论"，告诉读者在哪里可以找到什么。书中有一个令人印象深刻的参考文献列表。我祝贺作者 Brandon 和 Krishnendu 能够出版这本书。这对于 3D 堆叠集成电路新兴技术发展是一个重要的贡献。

Auburn，AL，USA   Vishwani D. Agrawal

前　言 »

随着集成电路（IC）不断向更小尺寸发展，相对较长的互连线已成为电路延迟的主要原因和功耗产生的重要组成部分。为了缩短这些互连线的长度，3D集成，特别是3D堆叠集成电路（3D SIC）已经成为学术界和工业界的一个重要研究领域。3D SIC 不仅具有缩短平均互连长度的潜力，缓解了较长的全局互连带来的许多问题，而且可以提供比 2D IC 更大的设计灵活性，在移动应用时代可以显著降低功耗和面积，通过降低延迟增加片上数据带宽，并改善异构集成。

与 2D IC 相比，3D IC 的制造和测试更为复杂。芯片堆叠中密集的硅通孔（Through Silicon Via，TSV）垂直互连结构会给集成电路带来额外和独特的缺陷，而这在之前集成电路产业中从未遇到过。同时，对这些 TSV 进行测试，特别是在芯片堆叠之前进行测试，一直是学术界和工业界测试工程师面临的重大挑战。测试一个 3D 堆叠结构会受到测试接口局限性、测试引脚可用性、功率和热效应的约束。因此，需要通过高效和反复优化的测试架构以确保键合前、部分堆叠和完整堆叠的测试不会过于昂贵。

本书旨在作为行业设计师、大学教授和学生的指南，既可以作为学习 3D 集成电路测试的教科书，也可以作为对该领域正在进行的前沿研究的完整视图。对于学生来说，本书详细介绍了 3D 集成电路的优势和挑战、3D 测试的相关困难，以及对测试解决方案和测试优化的最新见解。对于学术研究者而言，本书进一步挖掘了 3D 测试方面的文献，引导读者了解目前的解决方案和仍未得到回答的测试问题的优缺点。对于任何希望在该领域进行进一步研究的人来说，这本书是完美的起点。对于行业工程师来说，这本书包含了大量最先进的 3D 测试架构、优化具体结果及深入的分析，以供他们做出最佳的选择并将有价值的理念集成到实际设计中。此外，这本书研究和解释了未来几年可能推动行业测试集成的新兴标准。

本书广泛探讨了 3D 测试的三个重要类别：键合前测试、键合后测试和测试优化。本书从检查预堆叠前的优化和键合前测试开始，然后转向键合后测试和优化。测试解决方案，包括针对键合前测试的 BIST 和探针测试，以及针对键合后测试的新兴标准，都进行了全面的介绍，并在两者之间探索了额外的思路和测试优化。

在全书的开篇，第 1 章简要地概述了 3D 集成技术、常见的测试设计特性，以及 3D 集成带来的特有的测试挑战。

第 2 章讨论了晶圆匹配和 3D 存储器测试。本章探讨了晶圆匹配的存储器种类、匹配算法、匹配准则和晶圆匹配的其他重要考虑因素及其对 3D 堆叠的良率和成本的影响。本章还研究了 2D 和 3D 故障模型，以及存储器测试和修复架构之间的差异，并解释了关于存储器测试的文献中存储器测试可用的最新解决方案。

第 3 章讨论了 BIST 用于键合前 TSV 测试的优点和不足，并详尽分析了 TSV 柱及相关缺陷。本章探讨了多种 BIST 结构，包括类存储器测试、带修复的分压和环形振荡器。它深入探讨了每种技术所能检测的缺陷种类，以及实现检测的准确性。

第 4 章介绍了 BIST 对键合前 TSV 测试的替代解决方案——键合前 TSV 探测。介绍了目前用于平面（2D）测试的探针卡技术，以及未来用于 3D 测试的探针卡解决方案。本章的大部分内容集中于一种与现有探针卡技术兼容的同时能够探测多个 TSV 的技术。并且提供了详细的结果和分析，讨论了方法的可行性和准确性。提供了一种优化方案和实验结果，即通过单个探针同时测试多个 TSV 来减少键合前 TSV 的测试时间。然后提供了一些优化方法以进一步降低键合前的测试成本。

第 5 章详细介绍了通过反复使用第 4 章所陈述的测试体系结构来执行键合前扫描测试。充分探讨了在同一模式下进行键合前 TSV 和结构测试的可行性、速度和成本。

第 6 章提出了一种基于时序优化的测试架构优化方法，以减少第 4 章和第 5 章的架构，即对 3D 堆叠键合后功能模式的影响。

第 7 章介绍了面向 3D SIC 的新兴测试标准。这包括芯片级测试外壳，以确保堆叠中的芯片呈现一个标准化的接口，以及用于键合前测试和键合后的集成。本章进一步研究了针对高速逻辑对存储器堆叠提出的 JEDEC 标准的测试特点。

第 8 章介绍了一种用于减少键合后堆叠测试时间的优化技术。优化考虑了 3D 特定测试约束，如专用测试 TSV 和仅通过底部芯片的测试访问。此外，它还可以在执行任何或所有可能的部分堆叠和完整堆叠测试时，优化堆叠的测试架构和测试计划。

最后，第 9 章对本书进行了总结，回顾了作者所涵盖的主题和最后的想法。

无论您是 3D 测试的新手，还是一名经验丰富的人，作者都希望本书的内容和可读性能够为您提供能够在 3D 测试领域做出贡献并取得卓越成绩所需要的全部。

Durham, NC, USA   Brandon Noia
                                                    Krishnendu Chakrabarty

致　谢 »

　　作者感谢美国国家科学基金会和半导体研究公司提供的基金资助。作者感谢与 Erik Jan Marinnisen 多年来卓有成效的合作。作者还感谢 Sun Kyu Lim 和 Shreepad Panth 提供研究中使用的 3D 设计基准。最后，作者感谢杜克大学过去和现在的学生所做的贡献，包括 Mukesh Agrawal、Sergej Deutsch、Hongxia Fang、Sandeep Goel、Yan Luo、Fangming Ye、Mahmut Yilmaz、Zhaobo Zhang 和 Yang Zhao。

　　Brandon Noia 感谢他的父母，在人生的成败中，他们的奉献、牺牲和榜样是最伟大的恒量。好的父母可以弥补一个人性格中的许多缺陷，他的父母在这方面是卓越的。他想感谢他的兄弟，他的持续陪伴比本应持续的时间更长，但这也意味着多年来所有的不同。最后，他要感谢他的未婚妻，她的无限支持和爱意远远超出了他所应得的。

目 录 》》

译者序

原书序

前言

致谢

第1章 引言 ……………………… 1

1.1 测试基础 ………………… 2

 1.1.1 测试分类 …………… 3

 1.1.2 功能、结构和参数

  测试 ………………… 3

1.2 可测性设计 ……………… 4

 1.2.1 扫描测试 …………… 4

 1.2.2 模块化测试、测试外壳

  和测试访问机制 …… 5

1.3 3D 集成技术 …………… 6

 1.3.1 3D 测试 …………… 8

 1.3.2 总结 ………………… 9

第2章 晶圆堆叠和 3D 存储器

 测试 ……………………… 10

2.1 引言 ……………………… 10

 2.1.1 晶圆堆叠方法 ……… 10

 2.1.2 W2W 堆叠与晶圆

  配对 ………………… 11

 2.1.3 3D 存储器架构和存

  储器测试 …………… 16

2.2 静态存储器的测试成本和良

率收益 ……………………… 19

 2.2.1 静态存储器配对良率

  计算 ………………… 20

 2.2.2 存储器配对的良率改

  善方法 ……………… 24

 2.2.3 晶圆配对测试成本

  评估 ………………… 27

 2.2.4 总结 ………………… 29

2.3 动态存储器的良率收益 … 29

 2.3.1 总结 ………………… 32

2.4 堆叠 DRAM 中 TSV 电阻开

关的故障建模 …………… 33

 2.4.1 TSV 字线的电阻开路

  故障的影响 ………… 33

 2.4.2 TSV 位线的电阻开路

  故障的影响 ………… 35

 2.4.3 总结 ………………… 37

2.5 3D 堆叠存储器的层和层

间冗余修复 ……………… 37

 2.5.1 单元阵列逻辑堆叠的

  层间冗余 …………… 37

 2.5.2 晶圆匹配与芯片间冗余

  共享对 3D 存储器良

  率的影响 …………… 41

 2.5.3 3D 存储器中单芯片的

全局 BIST、BISR 和冗
余共享 …………… 43
2.5.4 总结 ………… 47
2.6 结论 ……………… 48
第3章 TSV 内置自检 …… 49
3.1 引言 ……………… 49
3.2 通过电压分频和比较器
进行 TSV 短路检测和
修复 …………… 52
3.2.1 TSV 短路检测/修复
BIST 体系结构的
设计 ………… 52
3.2.2 基于 BIST 结构的 TSV
修复技术 ………… 55
3.2.3 BIST 和修复架构的
结果和校验 ……… 55
3.2.4 BIST 和修复架构的
局限性 ………… 57
3.2.5 总结 ………… 57
3.3 基于读出放大器对 TSV
进行类 DRAM 和类 ROM
测试 …………… 58
3.3.1 盲 TSV 的类 DRAM
测试 ………… 58
3.3.2 孔壁开槽 TSV 的类
ROM 测试 ……… 60
3.3.3 类 DRAM 和类 ROM
的 BIST 的结果和
讨论 ………… 61
3.3.4 类 DRAM 和类 ROM 的
BIST 的局限性 …… 62
3.3.5 总结 ………… 62
3.4 基于多电压级环形振荡器
的 TSV 参数测试 …… 62
3.4.1 环形振荡器测试电路

及缺陷模型 ……… 63
3.4.2 电阻故障检测和电源
电压的影响 ……… 65
3.4.3 泄漏故障检测和电源
电压的影响 ……… 66
3.4.4 环形振荡器测试电路的
检测分辨率和面积
开销 ………… 67
3.4.5 基于环形振荡器的
BIST 的局限性 …… 69
3.4.6 总结 ………… 69
3.5 结论 ……………… 70
第4章 基于 TSV 探测的键合前
TSV 测试 ………… 71
4.1 引言 ……………… 71
4.1.1 探测设备及键合前
TSV 探测难点 …… 72
4.2 键合前 TSV 测试 …… 74
4.2.1 通过探测 TSV 网络进行
参数化 TSV 测试 … 79
4.2.2 键合前探测的模拟
结果 ………… 82
4.2.3 键合前 TSV 探测的
局限性 ………… 89
4.2.4 总结 ………… 90
4.3 通过 TSV 并行测试和故
障定位减少测试时间 …… 90
4.3.1 一种并行 TSV 测试集
设计算法的开发 … 92
4.3.2 创建测试组算法的
评估 ………… 95
4.3.3 创建测试组算法的
局限性 ………… 98
4.3.4 总结 ………… 99

4.4　结论 ……………………… 99

第 5 章　基于 TSV 探测的键合前扫描测试 ………… 100

5.1　引言……………………… 100

5.2　基于 TSV 探测的键合前扫描测试 ……………… 101

　　5.2.1　键合前扫描测试…… 102

　　5.2.2　键合前扫描测试的可行性和结果……… 110

　　5.2.3　总结……………… 118

5.3　结论……………………… 119

第 6 章　芯片间关键路径上测试架构的时间开销优化技术 ……………… 120

6.1　引言……………………… 120

　　6.1.1　芯片测试外壳对功能延迟的影响……… 121

　　6.1.2　寄存器时序优化及其在延迟恢复中的应用…………… 123

6.2　3D 堆叠集成电路的 DFT 插入后的时序优化技术 ………………… 124

　　6.2.1　芯片和堆叠级别的时序优化方法……… 127

　　6.2.2　逻辑再分配算法…… 130

　　6.2.3　时序优化在恢复测试架构带来的延时影响的有效性 ……………… 133

　　6.2.4　总结……………… 139

6.3　结论……………………… 140

第 7 章　键合后测试外壳和新兴测试标准 …………… 141

7.1　引言……………………… 141

7.2　基于 3D 堆叠集成电路标准测试接口的芯片测试外壳……………… 143

　　7.2.1　芯片测试外壳架构 ……………… 144

　　7.2.2　基于 1500 的芯片测试外壳………… 145

　　7.2.3　基于 JTAG 1149.1 的芯片测试外壳……… 147

　　7.2.4　P1838 芯片测试外壳实例应用…………… 148

　　7.2.5　用于实验基准的芯片级测试外壳的成本和实现……………… 151

　　7.2.6　总结……………… 153

7.3　用于 MoL 3D 堆叠的JEDEC 宽 I/O 标准 ……… 153

　　7.3.1　扩展 P1838 芯片测试外壳在 JEDEC 环境中的测试………… 155

　　7.3.2　总结……………… 159

7.4　结论……………………… 159

第 8 章　测试架构优化和测试调度 ……………… 161

8.1　引言……………………… 161

　　8.1.1　3D 测试架构和测试调度………… 162

　　8.1.2　考虑多重键合后测试插入和 TSV 测试的优化需求 ……………… 163

8.2　堆叠后测试架构和调度优化 ………………… 165

　　8.2.1　堆叠后测试的测试架构优化…………… 171

　　8.2.2　用于 PSHD 的 ILP 方法 ……………… 171

8.2.3　用于 PSSD 的 ILP
　　　　方法 ················ 176

8.2.4　用于 PSFD 的 ILP
　　　　方法 ················ 176

8.2.5　基于 ILP 的堆叠后
　　　　测试优化的结果和
　　　　讨论 ················ 178

8.2.6　总结 ·············· 191

8.3　针对多次测试插入和互连
　　　测试的扩展测试优化 ······ 191

8.3.1　改善优化问题
　　　　定义 ············· 192

8.4　扩展 ILP 模型的推导 ······ 197

8.4.1　P_{MTS}^{H} 问题的 ILP
　　　　模型 ················ 197

8.4.2　P_{MTS}^{S} 问题的 ILP
　　　　模型 ················ 201

8.4.3　其他问题的 ILP
　　　　模型 ················ 201

8.5　多测试插入 ILP 模型的
　　　结果和讨论 ·············· 207

8.5.1　总结 ·············· 213

8.6　结论 ················· 214

第 9 章　结论 ················· 215

参考文献 ···················· 217

第1章

引　言

从服务器到移动设备等广泛的细分市场中，半导体行业不懈地追求更小的器件尺寸和低功耗芯片。随着晶体管不断通过更小的技术节点继续微型化，器件扩展往往会达到极限。互连，尤其是全局性互连，正在成为集成电路（IC）设计的瓶颈。由于互连线的规模不如晶体管，长互连线开始主导电路延迟和功耗。

为了克服尺寸缩小的挑战，半导体行业最近开始研究三维堆叠集成电路（3D SIC）。通过设计具有多个有源器件层的电路，可以将大型 2D 电路创建为互连线明显较短的 3D 电路。因此，3D SIC 将导致平均互连线长度的减少，并有助于消除长全局互连线引起的问题[25,28,29]。这不仅可以大幅降低延迟，而且还可以获得具有更高封装密度和更小空间占比的低功耗、高带宽电路。由于 3D 堆叠中的晶圆可以单独制造，因此将不同技术异构集成到单个 3D 堆叠中也有更大的优势。

本书假定读者已经熟悉电路测试中的基本概念。读者应该已经熟悉测试的目的和种类，特别是结构测试，具有故障模型、自动测试设备（Automated Test Equipment，ATE）、自动测试向量生成（Automated Test Pattern Generation，ATPG）的概念，以及用于测试 2D 电路的许多测试标准和体系结构。如果读者不熟悉这些概念，或阅读本书时需要一些参考，参考文献中的［1，2］这几本相关的书籍将提供所需的材料。本书也不是关于 3D 单片或堆叠集成电路的制造和设计的入门书，尽管它将涵盖那些对测试工程师很重要的与 3D 制造相关的主题。对于更完整的关于 3D 集成电路制造的入门书籍，此处推荐其他书籍，比如参考文献［3］。

本书将涵盖有关 3D 集成电路测试的广泛主题，从晶圆匹配到键合前 BIST 技术，以及从存储器测试到晶圆探测。本篇引言是对测试、3D 可测性设计和测试优化需求的一个概述。本书的其余部分为 3D 集成电路测试提供了深入的描述、结果、理论推进、架构和优化方法。

第 2 章讨论了两个相关的主题——晶圆匹配和 3D 存储器测试。本章介绍了堆叠过程中晶圆匹配的目的，以及静态和动态存储器之间的差异及其对堆叠良率和成本的影响。介绍了几种不同的晶圆匹配方法，包括匹配的算法和匹配的标准，以及为使用 TSV 作为位线和字线的堆叠存储器的故障行为开发的故障模型。介绍了几种具有不同测试、修复和冗余架构的 3D 存储器架构，并进行了成本和良率的比较。

第 3 章提供了使用内置自检（Built - In Self - Test，BIST）对 TSV 进行键合前测试的一些前沿建议的完整概述。为 TSV 柱及其制造过程中可能出现的缺陷开发了电气模型。比较了几种 BIST 体系结构在检测 TSV 缺陷方面的不同效果。

第 4 章提供了另一种通过 TSV 探测进行键合前 TSV 测试的解决方案。讨论了目前的探针卡技术和 TSV 探测的局限性，以及用于实现键合前参数化 TSV 测试的晶圆和探针卡结构。详细分析了探测的可行性和准确性。还介绍了通过单个探针同时测试多个 TSV 来减少键合前 TSV 测试时间的算法。

在后续章节中介绍了用于减少键合前测试开支和测试成本的各种优化举措。第 5 章展示了如何将第 4 章中提出的架构用于键合前结构测试，并对该方法的可行性、速度和缺点进行了完整的分析。

第 6 章展示了如何使用寄存器时序优化和应用新的时序优化流程来最小化第 4 章和第 5 章中提到的因设计带来的延迟开销。

第 7 章详细讨论了可能是未来 3D SIC 测试主流的新兴测试标准。将引入芯片级测试外壳，作为在 3D 堆叠中能够使芯片标准化的键合前和键合后测试接口的一种手段。还对 JEDEC 标准进行了讨论，该标准为逻辑 - 存储器堆叠提供高速总线接口，并兼容存储器测试。

最后，第 8 章对 3D 测试访问机制（Test Access Mechanism，TAM）和 2D TAM 进行了统一的协同优化，通过优化测试架构设计和测试计划来最小化测试时间。这种优化可以覆盖所有可能的键合后测试插入，涵盖了各种针对 3D 测试的约束，例如在任意两个芯片之间添加的测试 TSV 的数量。

3D SIC 是一个全新而又令人兴奋的领域，本文将继续介绍电路测试的总体概述。

1.1 测试基础

通过测试激励和评估测试响应对已制造的 IC 进行测试是 IC 制造流程的必要组成部分。这确保了晶圆的较高的良率，并且任何给定的产品在交付给消费者之前都能正常工作。IC 的测试是一个很宽泛的主题，我们在这部分只讨论一些基础知识。首先，我们先来讨论这四类测试：验证测试、制造测试、老化测试和进厂检验[1]。然后我们将会研究功能、结构和参数测试之间的差异。

1.1.1　测试分类 ★★★

验证测试应用于生产前的设计。其目的是确保设计功能正确并满足规范要求。功能测试和参数检验（将在后面讨论）通常用于表征。IC 中网络的单独探测、扫描电子显微镜，以及其他测试中不常用的方法都会被使用。在此期间，根据设计的特点，纠正设计错误，更新规格，并开发生产测试程序。

制造测试，或者说生产测试，生产出的每一个晶圆都会被测试[1]。它不如验证测试全面，旨在确保每个晶圆都符合规范，而不符合标准的则被剔除。由于每个晶圆都必须进行测试，因此制造测试致力于保持低测试成本，这就要求每个晶圆的测试时间尽可能短。制造测试通常不是详尽无遗的，其目的是对于模型故障和最有可能发生的缺陷达到较高的覆盖率。在本书的后续部分，我们仅会对制造测试展开讨论。

即使通过了制造测试且芯片功能符合规范，由于老化和潜在缺陷，有些设备在正常使用中还是会迅速失效。老化测试通常在较高的电压和温度下进行，目的是促使设备失效。这个过程会去除早期失效的芯片。

进厂检验测试发生在芯片出货后，且并不总被执行[1]。在进厂检验期间，芯片的采购者在将其纳入更大的设计之前再次对其进行测试。这些测试的细节差别很大，可以从随机样本设备的特定应用测试到比制造测试更全面的测试，但目标都是确保当测试变得更加昂贵时，芯片集成到更大的系统里可以发挥预期的功能。

1.1.2　功能、结构和参数测试 ★★★

功能测试旨在验证电路是否满足其功能指标[1]。一般来说，功能测试是从电路的功能模型中产生的，当电路处于特定状态，同时给定特定输入的状态时，会有确定的预期输出。

功能测试的一个优势是测试本身可以很容易地派生出来，因为它们不需要低层次设计的知识。由于验证测试中使用的向量与功能测试类似，因此可以很容易地将向量转换为功能测试向量，从而降低测试开发成本。此外，功能测试可以检测出其他测试方法难以检测到的缺陷。

尽管有这些优势，功能测试仍然存在严重的缺点[1]。为了测试一个电路中的每个功能模式，每个可能的激励组合都必须作为主要输入，除非只对整个测试计划中的部分子测试项进行测试，否则通常功能测试耗时将非常长。然而，这会减小功能测试的缺陷覆盖率。目前，尚未提出能有效评估功能测试有效性的方法。

功能测试虽然有其缺点，但其仍常与结构测试一起包含在产品测试中。与功能测试不同，结构测试不把电路本身当作黑盒，而是基于网表中特定区域的故障来生成向量[1]。其中有许多故障模型，它们可用于形成结构测试，在这里不讨论其细节。与功能测试相比，这些模型可用作特定关键路径的测试、延迟测试、桥接测试等，产生结构感知向量会导致较高的故障覆盖率，并且通常会减少测试时间。由于使用了特定模型，结构测试得以更容易地评估故障覆盖率。结构测试的缺点是需要了解电路的门级知识并且结构测试有时会因为过度测试而导致功能正常的电路失效。

参数测试旨在测试芯片或其部分特性，并通常依赖于技术[1]。参数测试可以分为两类——直流测试（DC tests）和交流测试（AC tests）。直流测试可以包括漏电测试、输出驱动电流测试、阈值电平测试、静态和动态功耗测试等。交流测试包括建立测试和保持测试、上升时间测量和下降时间测量等类似的测试。

1.2 可测性设计

考虑到当今 IC 设计的复杂性，如果没有特定的测试硬件支持，就不可能进行全面的测试。可测性设计（Design For Testability，DFT）是指那些能够进行超大规模集成电路（Very Large - Scale Integration IC，VLSI IC）测试的设计方案。本节中，我们将研究支持测试数字逻辑电路的 DFT 技术。其他用于测试存储单元、模拟和混合信号电路的方法不在本节进行讨论。

1.2.1 扫描测试 ★★★

当今绝大多数 IC 都是依靠触发器和时钟来产生功能的时序电路。时序电路的测试是非常困难的，因为触发器必须初始化、必须保存状态，并且通常会有反馈。这极大地影响了可控性和可观测性，可控性是指通过其主要输入将系统置于所期望状态的难易程度，可观测性是指电路的内部状态传播到主要输出的难易程度。为了兼顾触发器的可控性和可观测性，我们通常在电路中设计扫描链。

一个 IC 可以设计成具有特定的测试模式，独立于功能模式，并且还可以切换为功能模式，扫描链就是基于这样的想法。而在测试模式下，一组触发器键合在一起形成一个扫描链的移位寄存器，称为扫描链。为了做到这点，每个触发器被设计成一个扫描触发器，在测试模式下，它在一个功能输入和一个测试输入之间复用。测试输入要么是待测电路（Circuit Under Test，CUT）的一次输入，要么是扫描链中的前一个扫描触发器。

扫描链使电路中的每一个扫描触发器都具有可控性和可观测性。测试向量从输入端一次 1bit 扫描到扫描链中，这些 bits 在扫描链中进一步移位到扫描触发器中。然后锁存测试响应，通过扫描链的输出将响应扫描输出。尽管每个扫描链在

CUT 中需要自己的输入和输出，多个扫描链可以并行测试以减少测试时间。扫描测试也会带来一些开销，包括门极、面积和性能开销等，但其在可测性方面的优势使得在大多数 VLSI IC 中通常会采用扫描测试。

1. 2. 2　模块化测试、测试外壳和测试访问机制　★★★

DFT 的模块化测试方法能将一个可能由数十亿个晶体管组成的大型系统晶圆（System - On - Chip，SOC）分离成许多较小的测试模块。这些模块通常基于功能组进行分区，范围从整个核心到模拟电路模块。这些模块可以被认为是 SOC 中其余模块的独立测试实体。该划分使得每个模块的测试都可以独立于 SOC 中其他模块的开发，相比于顶层 SOC 开发测试，这样大幅降低了测试生成的复杂度。此外，如果在同一 SOC 内或多个 IC 设计之间对同一模块进行多实例化，则可以实现测试复用。这也使得从第三方购买模块并入 SOC 成为可能，即可直接提供模块测试，不需要了解模块是如何实现的。

为了方便测试每个模块，必须向 SOC 集成商提供一个标准化的测试接口。正因如此，开发了诸如 IEEE 1500 标准[20]之类的测试标准。测试外壳用于在模块的边界上提供可控性和可观测性。测试外壳进一步为模块启用合适的测试向量，并在模块中组织扫描链以进行测试向量交付。下面我们将以 1500 标准为测试外壳设计的实例进行简要研究。

1500 测试外壳包含一个测试外壳指令寄存器（Wrapper Instruction Register，WIR），其可以配置为将测试外壳放置到特定的功能或测试模式中。这是通过测试外壳串行接口端口（Wrapper Serial interface Port，WSP）配置的，串行接口端口包含测试外壳串行输入（Wrapper Serial Input，WSI）、测试外壳串行输出（Wrapper Serial Output，WSO）、测试外壳时钟（WRapper Clock，WRCK）、测试外壳复位（Wrapper ReSeTN，WRSTN）和其他信号。存在一个测试外壳边界寄存器（Wrapper Boundary Register，WBR），可以将向量转移到其中，用于模块之间逻辑的外部测试或通过模块的扫描链进行内部测试。测试外壳旁路寄存器（Wrapper BYpass Register，WBY）允许测试向量或测试响应绕过 SOC 中的其他模块或在外部 SOC 引脚处输出。尽管所有测试都可以使用 WSP 执行，但许多测试外壳还包含测试外壳并行输入（Wrapper Parallel In，WPI）和测试外壳并联输出（Wrapper Parallel Out，WPO）总线。这些测试外壳由两个或多个位线组成，用于同时加载和卸载多个内部扫描链。该设计减少了测试时间，但需要更多的测试资源。

为了将测试数据从外部测试引脚路由到 SOC 中的所有模块，需要一种测试访问机制（Test Access Mechanism，TAM）。构建 TAM 的方法有很多，包括多路复用、菊花链和分布设计[32]。如何利用有限的测试资源优化 TAM 和测试外壳，以最小化测试时间，一直是许多研究的主题，本书将在后面进行讨论。

1.3　3D 集成技术

虽然已有很多3D集成技术被纳入考虑，但只有两种主要技术脱颖而出——单片集成和堆叠集成[4]。虽然在以下章节中提出的研究是基于堆叠方法，其中每个具备有源器件层的2D电路彼此互连，这里将首先简要介绍单片集成技术。

由于每个堆叠的晶圆掩模板数量和工艺复杂度显著增加，于是便提出了堆叠的替代方案——单片集成。采用单片3D集成电路，在单个晶圆上重复创建有源器件的过程，从而实现晶体管的3D堆叠。由于器件及其布线是在单一基板上加工的，因此不存在减薄、对准和键合等额外的制造复杂性，也不存在对TSV的需求。

由于单片集成需要在已经制备好的器件衬底上制备器件，因此必须在制备工艺和技术上做大幅改变[5]。目前有源器件加工时的高温会损坏沉积的晶体管，并熔化现有的布线。因此需要开发低温加工工艺。近期发展的技术[6,7]已经能够实现在实验室完成单片集成设计[5]。

与单片集成不同，基于堆叠的有源器件层是在单独晶圆上制造的。因此，每一组有源器件层和相关的金属层都使用现有的制造技术在晶圆上进行加工，然后将衬底堆叠在另一个晶圆上，制备出3D集成电路。由于在制造技术上不需要进行重大改进，基于堆叠的集成比单片集成更实用，因此一直是3D集成电路的研究重点[4]。

基于堆叠的集成可以根据3D堆叠的方法进一步分为三类：晶圆-晶圆堆叠、裸芯片-晶圆堆叠、裸芯片-裸芯片堆叠[4]。在晶圆-晶圆堆叠中，两个或更多晶圆堆叠在一起（每个晶圆都有设计好的电路及其复制电路），大面积3D堆叠晶圆随后被切割成单独的3D堆叠IC（SIC）。在裸芯片-晶圆堆叠中，同样需要制造两个晶圆，但其中一个晶圆被切割成单独的裸芯片，然后堆叠在另一片晶圆上。之后，可以堆叠更多的裸芯片。在裸芯片-裸芯片堆叠中，两片晶圆都被切割成更小的晶圆，然后堆叠在一起。裸芯片-裸芯片堆叠是可取的，因为它允许在引入堆叠前对单个芯片进行测试。除了通过舍弃坏的裸芯片来提高堆叠良率外，裸芯片-裸芯片堆叠还允许舍弃裸芯片以匹配堆叠的性能和功耗。

在3D SIC中，多种实现晶圆互连的方法被提出，包括引线键合、使用微凸点、非接触式键合和TSV键合[25]。尽管引线只能布置在堆叠的外围，引线键合实现了堆叠IC和电路板之间的键合，或裸芯片本身之间的键合。因此，引线键合密度低，可键合的数量有限，并且由于外部引线的机械应力而需要横跨金属层焊盘。微凸点是软钎料或其他金属在晶圆表面制备而成的小球，用于将晶圆绑定在一起。它们比引线键合具备更高的密度和更低的机械应力。然而，微凸点不会减少寄生电容，因为它们需要将信号路由到堆叠 IC 的外围，以到达其中的目的地。非接触式方法包括电容和电感耦合两种方法。虽然精简了加工步骤，但制造困难和密度不足限制了这些方法。TSV 具有最大的潜力，因为它们具有最大的互连密度，尽管它们也需要更多的制造步骤[28]。在本书所有章节中我们假定基于堆叠的集成，无论是晶圆 – 晶圆、裸芯片 – 晶圆，还是裸芯片 – 裸芯片都存在 TSV。

TSV 是垂直金属互连线，在制造过程中被加工到基板上的某个位置。在前道工序（Front – End – Of – the – Line，FEOL）中，TSV 首先被植入到衬底中，之后植入到有源器件和金属层。在后道工序（Back – End – Of – the – Line，BEOL）中，会首先处理有源器件，随后处理 TSV 和金属层[3]。在有限的堆叠方法中，TSV 也可以在后道工序中制造（后 BEOL）。该过程可以在键合前（首先过孔）或键合后（最后过孔）完成。

在所有 TSV 制造方法中，TSV 都嵌入在基板中，并且需要暴露出来。TSV 会经过"减薄"工艺流程暴露，即基板被研磨直到 TSV 暴露出来。经过这一流程制备成的芯片比传统 2D 基板薄得多，因此非常脆弱，并通常在 3D 集成之前贴合在载体晶圆上。为了在 3D 堆叠中附着在其他裸芯片上，裸芯片必须经过"对齐"和"键合"过程。在对齐过程中，需小心放置裸芯片，使得其 TSV 彼此互连。在键合过程中，裸芯片会永久性地互连在一起（现有技术不支持芯片"无键合"），使 TSV 之间接触。键合可以通过多种方法完成，包括金属 – 金属直接键合、氧化硅直接键合或用胶黏剂键合[3]。对准和键合过程继续进行，直到所有减薄的裸芯片都集成到 3D SIC 中。

裸芯片堆叠存在两种不同的方法，包括面对面和面对背面键合。在面对背面键合中，一个裸芯片（表面）的最外层金属层键合到另一个裸芯片基板侧（背面）的 TSV 上。在面对面堆叠中，裸芯片两面彼此互连，这可以减少键合所需的 TSV 数量，但在一个堆叠中只能支持两个裸芯片，除非对其他裸芯片进行面对背键合。尽管背对背键合是可行的，但这不是一种常见的方法。

为了更好地描述 3D 集成结构，图 1.1 展示了一个 3D SIC 的例子。这是两个裸芯片面对面键合的堆叠示例。只有芯片 2 有 TSV 可以键合到外部 I/O 凸点，因此它需要减薄工艺，而芯片 1 不需要。在堆叠外部附有一个散热器。

目前，采用带有 TSV 的 3D 堆叠的商业产品是可用的[8,9]，但仅限于存储器堆叠。由于存储器件的测试和修复相对容易，内置自检（BIST）和晶圆匹配技术可以显著提高堆叠良率。无法修复的故障堆叠 IC 将被舍弃。为了充分发挥 3D 集成的潜力，例如存储器堆叠在核心、3D 核心，以及涉及的混合工艺等，需要开发用于 3D 制造的测试技术。

1.3.1　3D 测试　★★★

相比于2D IC 的测试，3D SIC 的测试面临许多新挑战。3D SIC 中的每个裸芯片的良率损失会随着堆叠增加，因此未经测试的裸芯片堆叠会导致极低的堆叠良率。这就增加了键合前的测试需求，或者在键合至 3D 堆叠前对裸芯片进行测试。这允许对已知无缺陷的裸芯片进行堆叠，使得裸芯片能够匹配，从而可以根据速度或功耗等指标选择同一堆叠结构中的裸芯片。键合后的测试也同样重要，即测试尚待键合的部分或全部堆叠结构。键合后的测试确保了堆叠能按预期运行，并且在减薄、对齐和键合过程中没有产生错误或引入新的缺陷。

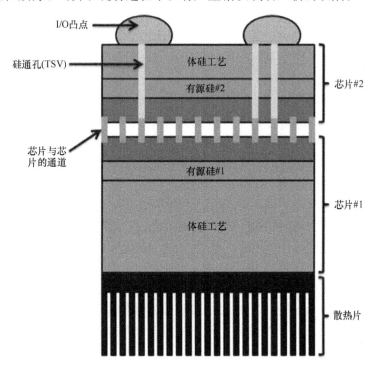

图 1.1　两个裸芯片面对面键合的 3D SIC 实例

裸芯片键合前的测试提供了较多可测试性设计（DFT）挑战。首先，减薄的晶圆远比未减薄的晶圆脆弱，因此在探测过程中必须确保较少接触，因此低接触力探针是必不可少的。由于 3D 堆叠中的设计分区，一个裸芯片可能只包含部分逻辑，而不是完整功能的电路。目前，这限制了可以应用于具有部分逻辑电路的测试数量，尽管未来的技术突破可能使这些晶圆更具有可测性。TSV 还呈现出键合前的测试问题，因为高密度和小尺寸这些特征使它们难以采用当前技术进行单独探测。专用测试 TSV 的限制、用于探测和测试信号的超大测试焊盘，以及仅通过堆叠结构的一端 I/O 引脚的可实现性，使得设计和优化工具对于合理的测试资源分配非常重要。该资源限制在键合后也呈现出来。

与键合前测试一样，键合后测试也存在 2D IC 测试中未曾遇到的困难。为确保在堆叠过程中不会引入新的缺陷，需要对部分堆叠结构进行测试。这需要一个测试架构和适当的优化，以确保测试时间依然很短，并且可以进行部分堆叠测试。嵌入式核心和堆叠的其他部分可能跨越多个裸芯片，使得测试更加复杂化。很少有测试 TSV 可用于堆叠，因为所需要的每一个额外的 TSV 都限制了有源器件的数量，而大多数 TSV 都需要用于时钟、电源和其他功能信号。此外，少数专用引脚存在测试访问方面的限制，这些引脚只能通过堆叠结构的一端提供测试访问。

文献[35]提供了一种裸芯片级测试外壳和相关的 3D 架构，可以进行键合前和键合后的所有测试，并支持现行标准 JTAG 1149.1 和 IEEE 1500。除具备功能模式和测试模式外，裸芯片级测试外壳还能允许在键合前测试中绕过堆叠中较高裸芯片的测试数据，并减少测试带宽。虽然这提供了 3D SIC 测试架构中 3D 测试外壳和 TAMS 的实际场景，但它对优化和测试计划没有提供见解。

其他考虑因素也可能影响 3D SIC 的测试方法。热约束可能会限制在任何给定时间可以测试哪些模块上的哪些芯片，或者需要产生低功耗向量。基板和氧化层的堆叠大幅增加了散热难度，尤其是距离散热器较远的芯片。由于堆叠结构的升温速率通常比正常运行时高，会引发一系列的问题，尤其是在测试过程中。

TSV 本身也可能影响周围器件的运行。由于每个 TSV 周围的"禁布"区域可能会对 3D 集成的区域使用产生显著影响。因此在布局中，有源器件可能会被放置在靠近 TSV 的位置。由于 TSV 的存在引起的半导体晶体中的应力可能改变 TSV 附近的电子和空穴迁移率。根据 TSV 附近晶体管的距离和方向，这可能导致它们比正常情况下运行得更慢或更快，这些考虑在测试开发中很重要。

1.3.2 总结 ★★★

本章概述了行业大量采用 3D SIC 前必须克服的测试挑战。无论在测试访问还是测试计划方面，都需要优化技术来充分利用有限资源。此外，还需要新的方法和突破，以降低 TSV 测试的成本，并能实现部分逻辑的测试。从这一点出发的每个章节都将提供关于单独 3D SIC 测试主题的深入研究，并描述之前的工作，以便在合适背景下了解研究进展。

第 2 章 »

晶圆堆叠和3D存储器测试

2.1 引　言

在任何 3D 制造和测试流程中，都需要确定应该执行哪些测试、何时执行测试，以及如何进行堆叠才能最大限度地降低成本。这对于确保较高的复合堆叠良率或在堆叠层上堆叠后续层的良率是必要的。本章将研究两个相关问题——堆叠过程（特别是晶圆分类的收益和成本），以及 3D 堆叠 IC 中的 3D 存储器测试架构和良率保证。逻辑、存储器和互连的键合前测试是实现晶圆配对的必要条件。由于可以通过修复获得更高良率，存储器更易采用晶圆堆叠方案，因此存储器的测试，特别是堆叠结构的存储器的测试尤为重要。

本章其余安排如下。本节主要介绍了晶圆配对和 3D 存储器测试和修复的概念。2.2 节提供了一个数学模型，其可用于评估利用静态存储器进行晶圆配对的良率和成本，并验证了晶圆配对为 IC 堆叠带来的良率改善。2.3 节将 2.2 节的讨论扩展到动态存储器，并评估不同配对流程的优势。2.4 节讨论了 TSV 上具有电阻开路的堆叠存储器的故障建模，TSV 被用作存储器芯片间的位线和字线。最后，2.5 节研究了基于不同的测试、修复和冗余方法的三种不同堆叠存储器，以及它们对堆叠良率和成本的影响。2.6 节总结了本章内容。

2.1.1 晶圆堆叠方法 ★★★

制备 3D SIC 的芯片堆叠通常基于以下三种方式之一进行：晶圆 - 晶圆（Wafer - to - Wafer，W2W）堆叠、裸芯片 - 晶圆（Die - to - Wafer，D2W）堆叠和裸芯片 - 裸芯片（Die - to - Die，D2D）堆叠。在 W2W 堆叠中，两片晶圆相互键合，在每片晶圆相同位置处进行裸芯片堆叠。W2W 键合在所有堆叠方法中的优点在于最高的制造良率，因为只需要一个对准步骤就可以同时键合具备多个堆叠的两层芯片。此外，当裸芯片相对较小时，用机器对齐较大的晶圆比对齐较小的裸芯片更容易堆叠。对于晶圆良率特别高的工艺，可能不需要进行键合前测试，并且可以将未分选的晶圆堆叠起来以保持较低的测试成本。W2W 键合的缺点是，判断哪些芯片是否键合在一起的灵敏度很低。因此，W2W 堆叠在三种方法中可能会有较差的复合堆叠良率，因为它可能无法阻止一个坏的裸芯片和一个好的裸芯片键合在一起。此外，从功率、速度、散热或其他堆叠设计方面考虑，裸芯片之间不容易配对。W2W 键合要求每片晶圆上的芯片尺寸相同或相近。

在 D2D 键合中，晶圆被切成小的裸芯片，并在键合前对芯片进行测试。然后，根据设计考虑，每个芯片可以被保留以配对最佳的另一个芯片，有问题的裸芯片被完全舍弃。通过该方式，只有配对的已知的好芯片才能相互键合，这可以产生非常高的复合堆叠良率。D2D 堆叠的缺点是制造产出低，因为与 W2W 键合相比需要更多的对齐步骤。此外，当处理特别小的裸芯片时，可能很难及时实现高对准精度。

D2W 介于 W2W 键合和 D2D 键合之间，可以提供与 D2D 键合相似的良率。在 D2W 工艺中，对构成堆叠的两层晶圆进行键合前测试。将其中一层的晶圆切成小裸片，然后将裸芯片配对并键合到第二层晶圆上的芯片上。值得注意的是，一个完整 3D 堆叠的测试和制造工艺可能会使用多种键合方法。例如，三芯片堆叠的前两个芯片可以借助 D2W 工艺流程键合，然后第三个芯片采用 D2D 工艺流程键合到堆叠结构。

本章涉及堆叠方法的剩余部分将着重于 W2W 键合和方法，并通过晶圆分选和晶圆存储器来提高良率。为了提高 W2W 堆叠良率，除了随机晶圆堆叠之外，可以进行键合前测试，为晶圆上的裸芯片创建晶圆图，该晶圆图包含每个芯片的位置以及是否通过了键合前测试。为了从晶圆图中获益，存储器用于为 3D 堆叠的每一层存储多个晶圆。然后，利用晶圆配对算法将一个存储器中的晶圆与一个或多个存储器中的最佳配对晶圆进行配对，以实现键合后复合堆叠良率的最大化。虽然在晶圆分选过程中考虑到许多因素，但通常选择晶圆是为了最大限度增加晶圆上的好芯片和坏芯片的数量，使它们分别与第二个晶圆上的好芯片或坏芯片结合。在晶圆之间配对好的芯片和坏的芯片的 3D 晶圆配对问题已被证明是 NP – hard[65]（非确定性多项式困难问题）。但本章将不关注晶圆分选算法，而是关注 W2W 堆叠方法本身。

2.1.2　W2W 堆叠与晶圆配对　★★★

图 2.1 展示了一个三芯片堆叠的 W2W 堆叠流程示例。首先，为堆叠结构中的每个芯片分别制造晶圆，晶圆 1 包含最低堆叠层芯片，晶圆 2 包含第二堆叠层芯片，依此类推。然后，对这些晶圆进行键合前测试，并创建好的芯片和坏的芯片的晶圆图。然后，晶圆 1、2 和 3 被放置在单独的存储器中，继续进行晶圆制造和测试，直到晶圆存储器包含适当数量的晶圆。一旦存储器被填满，就可以进行晶圆配对和分选。

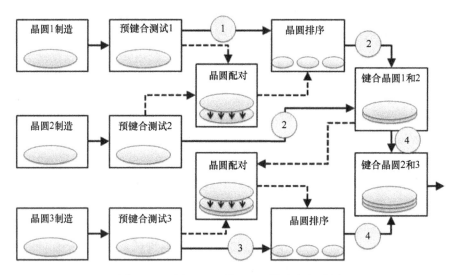

图 2.1　三层 3D SIC 的 W2W 堆叠流程示例

开始键合之前，首先将晶圆 1 存储器和晶圆 2 存储器中的晶圆图发送到计算机，并根据晶圆配对算法进行配对。得到的配对数据与图 2.1 中点 1 处的晶圆 1 存储器一起发送到晶圆分拣机。对晶圆 1 存储器进行分选，使晶圆 1 与晶圆 2 存储器中的配对晶圆对齐。在点 2 处，晶圆 1 和晶圆 2 存储器键合到一起，以形成部分堆叠。

此时，为了解释可能由键合或机械故障引起的堆叠故障，可以执行部分堆叠测试来更新晶圆 2 的晶圆图。然而，在图 2.1 的流程中，没有进行部分堆叠测试，而是将晶圆 1 和晶圆 2 的晶圆图组合在一起，这样新的晶圆图就包含了晶圆 1 和晶圆 2 的坏芯片。这个新的晶圆图被用来与晶圆 3 存储器中的晶圆图配对。然后，在点 3 处，根据配对结果对晶圆 3 存储器进行分选。最后，在点 4 处，进行 W2W 键合，将晶圆 3 与晶圆 2 和晶圆 1 的堆叠结构键合起来。这里，在堆叠进行组装、封装和最终测试之前，可以在将堆叠拆分之前或之后执行堆叠测试。

图 2.1 提供了 W2W 过程的总体概述，但该过程中有许多步骤可以改变 W2W 堆叠的总体成本和良品率[66]。首先，根据存储器的功能，存储器可以是静态的，也可以是动态的。其次，晶圆匹配过程确定了匹配晶圆时所考虑的间隔尺寸级别。最后，配对准则决定了什么标准的晶圆相互匹配。

2.1.2.1　静态和动态存储器

在制备流程中，生产的所有晶圆与所有其他晶圆相匹配的代价是非常昂贵的。通过使用有限大小的存储器，只有少量的晶圆必须相互配对，从而将配对问题的规模减少到可控级别。两种类型的存储器——静态或动态存储器，可用于晶圆配对。

假设一个存储器可以容纳 m 个晶圆，而生产运行的晶圆为 e（$m \leqslant e$）。在静态存储器中，存储器首先由 m 个晶圆填充。此存储器中的晶圆与一个或多个其他存储器配对，然后清空所有存储器中配对的晶圆。只有在完全清空存储器之后，才会对存储器进行补充，并且这个过程将重复 e/m 次。

在动态存储器中，存储器从填充开始，晶圆配对过程与静态存储器类似。然而，在每个配对步骤后，只有最佳配对晶圆在存储器中被移除。在晶圆被移除后，它会立即被一个新的晶圆替换，并在完整的存储器中再次进行配对。这个过程会发生 e 次。

与动态存储器相比，静态存储器在晶圆配对过程中提供较少的晶圆选择。在静态存储器的第一个晶圆配对步骤中，有 m 个晶圆可供选择。对于第二次配对，有 $m-1$ 个晶圆供选择，依此类推。每配对一次，其他选择的自由度就会减少。相比之下，动态存储器通常会维护一个完整的存储器，所以总有 m 个晶圆可供选择。然而，在实际操作中，在动态存储器中可能发生存储器污染，这也会减少晶圆配对的选择。存储器污染指的是在多次配对迭代中，特别差的晶圆可能无法与另一个晶圆配对，事实上这会导致它们占用存储器中的空间，减少可选择的优质晶圆数量。

与动态存储器相比，静态存储器通常更容易在实际制造过程中实现。在实际的生产线中，晶圆容器用于将晶圆组从一台机器移动到另一台机器。这些可以作为晶圆配对、分选和堆叠的静态存储器。为了创建一个可运行的存储器，晶圆容器必须多次从键合机移动到晶圆生产线以便晶圆的添加，或者额外的容器必须与存储器容器一起运输，以便为额外的晶圆提供来源。

2.1.2.2　晶圆配对过程

可用的晶圆配对由配对过程中同时使用的存储器数量和每个存储器中的晶圆数量决定。根据所使用的存储器数量，存在两个匹配维度：

● 双层堆叠配对（Layer – by – Layer，LbL）过程如图 2.1 所示。在 LbL 配对中，在任何给定时间只考虑两个存储器。对于三芯片堆叠，包含前两层堆叠的晶圆存储器相互配对，然后实现晶圆键合。为了完成堆叠，将部分堆叠的存储器与包含芯片 3 的晶圆存储器进行配对，然后将该晶圆键合到部分堆叠结构上。这个配对过程是在堆叠层进行再次堆叠的重复过程。

● 统一堆叠配对（ALL – Layers，AL）指的是一个配对过程，它同时考虑堆叠结构中每层所有的存储器。这个过程是完整的，可能会得到比 LbL 过程更好的结果，但在计算上也更困难。

根据每个存储器中需要同时考虑的晶圆数量，也存在两个晶圆匹配维度：

● 晶圆间配对（Wafer – by – Wafer，WbW）是一种独特的配对过程，每次只考虑存储器之间最配对的晶圆。然后将这些最佳配对晶圆从存储器中删除，以便进行配对，并从剩余的晶圆中选择最佳配对晶圆。这个过程一直持续到存储器被清空。

● 全配对（ALL－Wafers，AW）是一种完全配对过程，该过程同时考虑每个存储器中的每个晶圆。换言之，在两个或多个存储器中，对 m 个晶圆中的每个晶圆的配对结果进行检查。然后根据相应标准进行晶圆配对，例如，使所有晶圆的总预期复合堆叠良率达到最大化。

上述晶圆配对工艺方法可以组成 5 种完整工艺。图 2.2 提供了这 5 个流程以及它们是如何从配对维度中产生的。可能的配对过程如下：

● LbL→WbW 每次在两个存储器上迭代。在每次迭代中，在每个存储器中选择两个最配对的晶圆并从中删除。每一个后续步骤都配对剩下的晶圆，在第一步之后，对于静态存储器是 $m-1$，对于动态存储器还是 m。这一过程将持续到所有晶圆都完成配对，然后该过程将转移到下一层堆叠的存储器，依此类推。

● WbW→LbL 与 LbL→WbW 相似，不同之处在于，在从前面两个存储器中选择了第一个最佳配对晶圆对之后，它会尝试将该晶圆对与下一层存储器中的最佳配对晶圆对进行配对，依此类推，直到一个晶圆从所有层的存储器中删除。对每个存储器中的一个晶圆继续执行此操作，直到所有存储器都被清空。

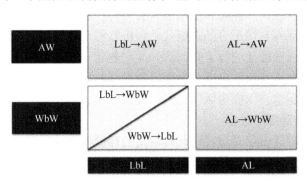

图 2.2　二维尺度上晶圆配对流程

LbL→AW 也类似于 LbL→WbW，因为它每次迭代只考虑两个存储器。然而，对于每次迭代，一个存储器中的所有晶圆都与另一个存储器中的所有晶圆相配对。这是一个利用静态存储器的过程，因为存储器在补充晶圆之前是完全匹配和清空的。这个配对过程持续到下一个存储器，完全配对所有晶圆，依此类推，直到堆叠完成。

AL→WbW 同时考虑 3D 堆叠中所有 n 层的所有存储器。选择最配对的 n 个晶圆，以便从每个存储器中删除一个晶圆。重复这个过程，从每个存储器中删除下一个最佳配对的晶圆，依此类推，直到存储器为空。这个过程与静态存储器和动态存储器都兼容。

AL→AW 可能是最详尽的配对过程。在该情况下，根据配对标准同时配对所有 n 个存储器中的所有 m 个晶圆，并在补充之前同时清空所有存储器。这个过程只能用于静态存储器，并且需要大量计算。

2.1.2.3　晶圆配对标准

可以根据每个存储器的晶圆图选择许多不同的配对标准进行配对。以下三个标准是有用的度量标准，但它们并非详尽的。

- 在 $Max(MG)$ 标准中，晶圆间相互配对是基于最大化晶圆间彼此对齐的好芯片的数量。
- 在 $Max(MF)$ 标准中，晶圆间的配对是基于最大化晶圆间彼此对齐的故障芯片的数量。
- $Min(UF)$ 是一个配对晶圆的标准，目的是将晶圆之间不配对的故障芯片的数量最小化。实际上，该方法通过堆叠晶圆来提高堆叠率，从而使好芯片键合故障芯片的数量最小化。

值得注意的是，如果根据重要性对每个标准施加权重，那么就可以利用这些配对标准的组合。如果我们为存储器中晶圆的故障图定义一个向量 F，这些标准即可用来进行数学建模，其中 F 是一串二进制值，表示晶圆上每个位置芯片的好坏。可以定义函数 $G(F_i)$ 表示具有故障图 F_i 的晶圆上的故障芯片数量。然后我们可以对标准进行如下建模（注意 $0 \leq i$、$j \leq m$，其中 m 是存储器尺寸，& 表示按位逻辑与）：

$$Max(MG) = \max_{i,j}\{G(\overline{F_i}\&\overline{F_j})\} \ \forall\, i,j \qquad (2.1)$$

$$Max(MF) = \max_{i,j}\{G(\overline{F_i}\&\overline{F_j})\} \ \forall\, i,j \qquad (2.2)$$

$$Min(UF) = \min_{i,j}\{G(F_i\oplus F_j)\} \ \forall\, i,j \qquad (2.3)$$

在使用静态存储器的 AW 配对流程中，使用哪种标准并不重要，因为详细的配对流程将提供相同的复合良率。然而，如果使用 WbW 配对过程或使用动态存储器，所选择的标准将影响复合良率。

图 2.3 证明了静态存储器上晶圆配对标准之间的差异。晶圆 W_a 与三个可能的晶圆（$W_1 \sim W_3$）进行配对。每个晶圆上有 8 个芯片，编号从 1 到 8，这样晶圆 W_a 上的芯片 1 将与另一个晶圆上的芯片 1 相配对，依此类推。每个晶圆都有一定数量的故障芯片，就 W_a 而言，芯片 2、3、6 和 7 被标注为故障芯片。该图底部的表格标注了符合 W_a 和 W_1 特定标准的芯片数量。例如，W_a 和 W_1 之间有 4 个合适的芯片，W_a 和 W_2 之间有 3 个，W_a 和 W_3 之间有 1 个。

以图 2.3 为例，很明显，每个配对标准都会导致不同的晶圆配对。对于 $Max(MG)$，晶圆 W_1 将与 W_a 配对，因为它有最多的好芯片（芯片 1、4、5 和 8）与在 W_a 晶圆图上的好芯片对应。如果使用 $Max\ (MF)$，则选择 W_3，因为它对应

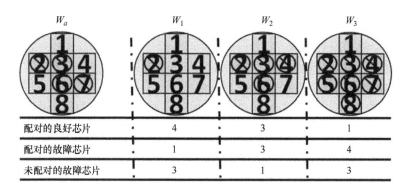

	W_a	W_1	W_2	W_3
配对的良好芯片		4	3	1
配对的故障芯片		1	3	4
未配对的故障芯片		3	1	3

图 2.3　三种不同标准的晶圆配对示例

的故障芯片（芯片 2、3、6 和 7）数量最多。如果使用 Min（UF），则选择 W_2，因为两个晶圆之间不配对的故障芯片（只有芯片 4）数量最少。在本例中，在不考虑堆叠缺陷的情况下，使用 Max（MG）、Max（MF）或 Min（UF）对应的复合堆叠良率分别为 50%、12.5% 和 37.5%。尽管 Max（MG）在该特殊配对情况下良率最高，其他标准可能会有更高的整体良率。

2.1.3　3D 存储器架构和存储器测试　★★★

在大多数 3D 堆叠 DRAM 存储器中，无论它们是存储器 – 逻辑堆叠还是存储器 – 存储器堆叠，其存储器阵列都是被放置在堆叠层上，这不同于解码器和感测放大器等外部逻辑[67]。这是因为 DRAM 单元是用 NMOS 工艺制备的，而外部逻辑和计算核心是用 CMOS 工艺制备的。芯片之间的分离技术利用了 3D 堆叠为异构集成提供的优势，如降低制造成本和复杂性。将存储器阵列从逻辑中分离出来也可以实现更好的层优化，例如优化存储器阵列的密度和逻辑的速度。

在 3D 堆叠中重新采用 2D 式存储器布局是可能的。例如，通过在每个 DRAM 层中加上外部逻辑，并利用 TSV 作为总线将存储器层连接到逻辑层。这样的设计将减少所需 TSV 的数量，同时也减少存储器的访问时间，但它没有从异构集成中获益，也没有增加存储器结构本身之间的带宽。相比之下，图 2.4 给出了存储器 – 逻辑堆叠的示例，其利用了 3D 集成的优点。该图提供了堆叠最底层的一个逻辑芯片与它键合的两个存储器芯片。

在图 2.4 中，外部逻辑、存储器控制器和逻辑核心都属于底层逻辑芯片，其他两个芯片包含 DRAM 内存阵列。TSV 充当位线和字线，将阵列单元键合到底部芯片上的外部逻辑。解码器和多路复用器可以添加到存储器阵列芯片中，以在多个字线间共享单个 TSV，并从几个位线中选择一个键合到外设感测放大器。文献[68，69]中提出了类似的设计，Tezzaron 半导体公司在硅中创造了这样的设计[70]。

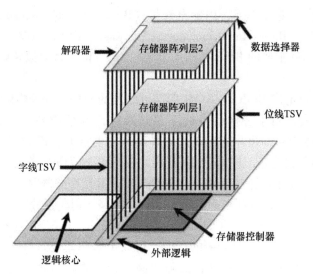

图 2.4　具有两层 DRAM 阵列的存储器 – 逻辑（Memory – on – Logic，MoL）堆叠示例

图 2.4 的设计是一个 3D 存储器架构的例子，称为堆叠在逻辑核心上的单元阵列[71]。这是设计 3D 存储器的三个主要方案之一。这三种存储器架构定义如下：

• 堆叠模块指的是存储器被模块化划分，一个模块可以堆叠在另一个模块之上的架构。每个模块包含所有外部逻辑、存储器阵列和其他电路（地址解码器、写入驱动程序等），它们组成了一个完整的存储器系统。该 3D 存储器结构具有最大的间隔尺寸，但会减少导线长度，从而减少读写存储器时的功率和访问延迟。

• 图 2.4 所示为堆叠在逻辑核心上的单元阵列的存储器架构类型，是目前 3D 存储器的主流设计。外部逻辑包含在一个纯逻辑芯片上，两个或更多的存储器阵列芯片被加到堆叠结构中。如前所述，该方法允许对逻辑和存储器阵列芯片进行单独优化，并且该架构可以用于 DRAM 和 SRAM。通过采用 TSV 作为字线和位线来降低功耗和延迟。该存储器架构可以采用两种方法分割存储器阵列。在分列设计中，位线被写到单独的芯片上。在分行设计中，字线被分隔在芯片之间。除非使用解码器，否则一个字线可以写到一个 TSV 上。

• 单元内（bit）区域划分指的是一种 3D 存储器架构，其中存储器单元本身被划分到多个芯片中。这种将相对较小的存储器单元与 TSV 进行集成的架构是比较困难的，但对于某些设计是可行的[72]。

测试3D存储器与2D存储器并无本质区别。许多理念、设计和应用都较为类似。例如，存储器内置自检（Memory Built‑In Self‑Test，MBIST）仍然被用来定位有故障的存储器单元，内置自修复（Built‑In Self‑Repair，BISR）机制和内置冗余分析（Built‑In Redundancy‑Analysis，BIRA）电路具有一定程度的可修复性。有两种主要的BISR架构用于2D设计，同时也可以映射到3D集成存储器中：

• 解码器重定向BISR是一个由四部分组成的架构。存储模块中包含一个或多个冗余行或列，用于替换具有故障存储器单元的行或列；一个相对简单的MBIST电路可以用来创建并发送测试向量到存储器单元；BIRA电路用来分析来自BIST电路的测试响应，并决定如何利用冗余行和/或列进行修复；熔断器宏将永久存储来自BIRA的路径信息，并更新解码以利用冗余存储器取代故障存储器。

• 故障缓存BISR也利用MBIST和BIRA电路，但包括故障缓存而不包括解码器，并使用全局冗余单元（Global Redundant Units，GRU）代替冗余行和/或列。GRU与单个存储模块是分隔的，因此可以用来修复任何存储模块。BIRA结果存储在故障缓存中。本应存储在故障存储单元中的数据被存储在GRU中，故障缓存将调节存储在GRU中的数据访问。

尽管2D和3D存储器测试和修复有相似之处，但也存在着重大区别。在3D存储器中电阻开路故障对基于TSV的字线和位线的影响与使用传统互连的2D存储器是不同的。这是因为高密度TSV之间的电容耦合比2D互连之间的电容耦合更为显著，因此TSV之间的耦合噪声更严重。在3D电路中，检测开路故障变得更加困难，因为TSV的故障性能取决于来自相邻TSV的寄生电压，取决于故障TSV是否受到读或写操作，以及耦合电容与周围环境的影响。此外，2D电路的传统地址故障（Address Fault，AF）模型不能直接映射到3D存储器的地址解码器中的开路缺陷。

在修复方面，2D和3D存储器之间的差异是由于3D存储器的设计类型，以及3D集成时所提供的冗余类型和测试电路位置的额外自由度。一般来说，在3D存储器架构中可能存在三种类型的冗余[71]：

• 层内冗余最类似于2D冗余架构。在该设计中，堆叠中的每个存储模块包含其自己的冗余资源，可用于修复芯片上的故障存储单元。堆叠中的每个存储器芯片不与其他芯片共享其冗余资源。

• 层间冗余是指每个芯片可能包含或不包含其自身的冗余资源。如果一个芯片包含其自身资源，那么它可以与其他芯片共享这些资源，并可以访问其他芯片上的资源。

这样来说，如果一个芯片不能用它自身的资源修复它所有的故障存储单元，它就可以利用另一个芯片上的冗余资源。假设每个芯片都没有自己的冗余资源，那么它会访问和共享堆叠内另一芯片上的冗余资源。

　　● 分层冗余是指在芯片或晶圆级存在冗余资源的修复架构。也就是说，任何给定的 3D 存储器堆叠都可能有一个或多个用于冗余存储阵列的芯片，这些芯片可以用于修复。如果存储器芯片因大量故障的存储器单元而无法自我修复，则必须用冗余的存储器芯片替换整个芯片。

　　在本章中，我们将研究 2.4 节中精确测试 3D 存储器所需的新故障模型。这些故障模型将由堆叠在 3D 存储器逻辑模型上的单元阵列推导出来。在 2.5 节中，我们将对 3D 存储器堆叠进行三种不同的冗余设计。前两种设计利用了层间冗余，要么芯片彼此共享资源，要么所有资源都放在具有 BISR 电路的主要逻辑芯片上。第三种设计将用备用芯片检查分层冗余。

2.2　静态存储器的测试成本和良率收益

　　本节从配对静态存储器中评估了被测晶圆堆叠的收益优势以及对测试成本的影响[63]。这是一种 W2W 堆叠方法，它发生在键合前测试和创建晶圆图之后，该图描述了每个晶圆上的芯片的好坏。对每个存储器中的晶圆图进行对比，对个别存储器中的晶圆进行分选，以便在堆叠之前与另一个存储器中的晶圆上的好芯片实现最佳配对。重复此过程，堆叠的顶部晶圆与堆叠中包含下一个芯片的晶圆存储器相配对，直到整个堆叠组装完成。

　　本节将考虑影响堆叠良率和测试成本的四个因素。

　　第一个因素是晶圆的良率。晶圆的良率以百分比给出，指的是该晶圆上通过已知良好芯片（Known Good Dies，KGD）测试的芯片数量。也就是说，95% 的良率意味着晶圆上 95% 的芯片都是好芯片。好芯片和故障芯片在晶圆上的分布对晶圆配对很重要。

　　第二个要考虑的因素是堆叠中芯片的数量。随着堆叠尺寸的增加，堆叠的复合良率预计将下降，特别是在 W2W 键合的情况下。复合良率指的是当每个后续的芯片被添加到堆叠中时，堆叠被认为是完好的可能性。例如，如果堆叠中的所有芯片都是相同的，每个晶圆的良率为 95%，假设堆叠过程的良率为 100%，那么两个芯片堆叠的复合良率将为 90.3%，三个芯片叠加的复合良率为 85.7% 等。如果每个堆叠过程都有可能导致堆叠失败，这些良率会更差，对复合良率有更大的影响，在一个堆叠中的芯片数量越多影响也是如此。

　　第三个因素是每个晶圆的芯片数量。每个晶圆的芯片数量是每个芯片的面积和晶圆大小的函数。较小的芯片可以通过利用更多的晶圆面积来降低制造成本，而较大的芯片则导致晶圆边缘周围有更多未使用的空间。此外，对于给定的缺陷密度，较小的芯片有较高的良率。

最后一个要考虑的因素是晶圆存储器的大小。假定堆叠中每个芯片的晶圆存储器大小相同。更大的存储器有望提高晶圆之间的配对质量，但由于需要更多晶圆存储器和更大、更复杂的分拣机，可能会导致更高的测试成本。

2.2.1　静态存储器配对良率计算 ★★★◀

考虑到本节起始讨论的因素，为堆叠的预期复合良率 Y 创建了一个递归模型[63]。由于堆叠造成的缺陷导致的良率损失将暂时忽略。此外，暂不考虑存储器大小 m 的影响，令 $m=1$。较大的 m 值将在后面考虑。

首先定义将在模型中使用的变量。每个晶圆包含 d 个芯片，每个堆叠由 n 个芯片组成。对于晶圆堆叠中的每个键合步骤，我们只检查两个晶圆，而不考虑堆叠层——晶圆 a 和晶圆 b。晶圆 a 上有 g_a 个故障芯片，晶圆 b 上有 g_b 个故障芯片，因为已经进行了 KGD 测试，所以晶圆图已知。在良率模型中，哪片晶圆被称为 a，哪片晶圆被称为 b，是可以互换的，只要满足 $0 \leqslant g_a \leqslant g_b \leqslant d$。如果 g_a 大于 g_b，则晶圆 a 和晶圆 b 为了上述模型可以互换。其中一个晶圆指的是被添加到部分分选的晶圆堆叠中；另一个晶圆指的是堆叠结构中包含数量最少芯片的晶圆（如果还没有堆叠），或在部分堆叠存在的情况下，键合到堆叠结构中芯片数量最多的晶圆。

2.2.1.1　存储器大小 $m=1$ 时的良率

函数 $y(i)$ 相当于晶圆 a 和晶圆 b 堆叠的复合良率，其中 i（$0 \leqslant i \leqslant g_a$）个故障芯片作为同一堆叠结构的一部分键合在一起。这个函数可以为每个堆叠步骤定义，计算方式为

$$y(i) = \frac{\max(d - g_a - g_b + i, 0)}{d} \tag{2.4}$$

max 函数用晶圆上的芯片总数 d 减去晶圆 a 和 b 中的故障芯片数量。这是如果没有故障芯片重叠的情况下，将两个好的芯片键合在一起堆叠的数量。这个重叠 i 被重新添加进来，以防止重复计算故障堆叠。如果由于某种原因，代数的结果为负，则 max 函数和良率为 0。max 函数除以 d 得到晶圆堆叠的故障堆叠数与总堆叠数之比。关于 g_a 和 g_b 更为完整的定义将在后面进行描述，以解释在前面的堆叠步骤中创建的故障堆叠。

我们定义另一个函数 $p(i)$ 来对应其概率，比如 i 的每个可能值，以及恰好有 i 个芯片被键合在一起的概率。函数 $p(i)$ 定义为

$$p(i) = \binom{g_b}{i} \cdot \frac{\binom{d - g_b}{g_a - i}}{\binom{d}{g_a}} \tag{2.5}$$

第一个选项是在晶圆 a 中 i 个坏芯片和晶圆 b 中 g_b 个坏芯片可能配对的数量。这是第二个选项的乘数，相当于在晶圆 a 剩下的 $g_a - i$ 个坏芯片和在晶圆 b 上的 $d - g_b$ 个好芯片可能配对的数量，为了获得适当的概率，将该乘积作为晶圆 a 上所有坏芯片与晶圆 b 上所有芯片的可能配对数的比率。通常的情况是

$$\sum_{i=0}^{g_a} p(i) - 1 \qquad (2.6)$$

堆叠的预期复合良率现在可以定义为

$$Y = \sum_{i=0}^{g_a} \left[y(i) \cdot p(i) \right] \qquad (2.7)$$

为了验证如何得到 Y，我们将以图 2.5 所示的两个晶圆为例，其中 $d = 6$，$g_a = 2$，$g_b = 3$，存储器的大小是 $m = 1$，所以这两个晶圆必须堆叠。我们计算 $y(i)$ 的三种可能性：一是没有坏芯片（$i = 0$）；二是只有一个坏芯片（$i = 0$）；三是两个坏芯片重叠（$i = 0$）：

$$y(0) = \frac{1}{6}, y(1) = \frac{1}{3}, y(2) = \frac{1}{2}$$

然后我们计算 i 值范围内的 $p(i)$，从 0 个坏芯片被键合在一起的概率开始，

$$p(0) = \binom{3}{0} \cdot \frac{\binom{6-3}{2-0}}{\binom{6}{2}} = \frac{1}{5}$$

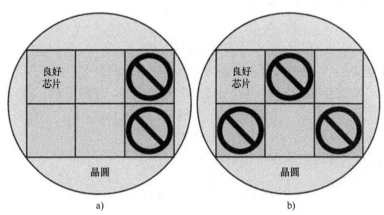

图 2.5　当 $d = 6$，$g_a = 2$，$g_b = 3$ 时晶圆 a 和 b 的示例

对于 $i = 1$，有

$$p(1) = \binom{3}{1} \cdot \frac{\binom{6-3}{2-1}}{\binom{6}{2}} = \frac{3}{5}$$

最后对于 $i = 2$ 有

$$p(2) = \binom{3}{2} \cdot \frac{\binom{6-3}{2-2}}{\binom{6}{2}} = \frac{1}{5}$$

现在，预期复合良率 Y 可以计算为（两个精确计算）

$$Y = \sum_{i=0}^{2} \left[y(i) \cdot p(i) \right] = \frac{1}{6} \cdot \frac{1}{5} + \frac{1}{3} \cdot \frac{3}{5} + \frac{1}{2} \cdot \frac{1}{5} = 33.33\%$$

这个预期的复合率并不取决于晶圆图。如果 $i = 1$，根据图 2.5 中的晶圆，实际良率将为 1/3。

2.2.1.2　任意大小存储器的良率

在前一节中，假设存储器大小 $m = 1$，创建了预期复合良率的方程。现在，我们假设 m 可以是任意大小[63]。因此，将从 m 个晶圆存储器中选择一个晶圆 a 来配对晶圆 b。假设存储器中的每个晶圆都有相同数量的坏芯片，则可能有不同的晶圆图。

函数 $y(i)$ 与存储器大小无关，因此必须更改函数 $p(i)$。我们将式（2.5）展开到 $p(i, m)$ 上，现在它指的是，在给定存储器的大小 m 下，晶圆 a 上恰好有 i 个坏芯片与晶圆 b 上的坏芯片键合的概率。在静态存储器中，每个后续晶圆 m 将减少 1，直到所有晶圆都被键合，在此之后存储器将被重新填充。为了表示 $p(i, m)$，我们首先定义一个函数 $s(i)$：

$$s(i) = \sum_{j=0}^{i} \left[p(j) \right] \tag{2.8}$$

也就是说，$s(i)$ 是键合过程中晶圆 a 和晶圆 b 之间最多 i 个坏芯片配对的概率，而 $p(i)$ 是键合过程中恰好 i 个坏芯片配对的概率。我们将 $p(i, m)$ 表示为

$$p(i, m) = \begin{cases} q(i)^m - q(i-1)^m & , \quad i > 0 \\ q(0)^m & , \quad i = 0 \end{cases} \tag{2.9}$$

预期复合良率则表示为 m 的函数：

$$Y(m) = \sum_{i=0}^{g_a} y(i) \cdot p(i, m) \tag{2.10}$$

重新讨论图 2.5 中的两个示例晶圆，可以计算任意大小存储器的良率。例如，当 $m = 5$ 时，对于 5 个晶圆的存储器，i 的三个可能值的 $p(i, m)$ 可计算为

$$p(0, 5) = q(0)^5 = 0.2^5 = 0.00032$$
$$p(1, 5) = q(1)^5 - q(0)^5 = 0.8^5 - 0.2^5 = 0.32736$$

与

$$p(2, 5) = q(2)^5 - q(1)^5 = 1^5 - 0.8^5 = 0.67232$$

那么预期复合良率就变成

$$Y(5) = \sum_{i=0}^{2} [y(i) - p(i,5)]$$

$$= \frac{1}{6} \cdot p(0,5) + \frac{1}{3} \cdot p(1,5) + \frac{1}{2} \cdot p(2,5) = 44.73\%$$

与 $m=1$ 时的预期良率相比，有显著的改善。在 $m=1$ 时，良率计算为 33.33% 。事实上，对于这两个晶圆，我们看到一个晶圆将配对到另一个晶圆的概率显著增大，因为更多坏芯片的位置对齐。如图 2.6 所示，图中提供了当 m 从 1 增加到 8 时，对应 i 的每个 $p(i, m)$ 的值。随着 m 的增加，晶圆 a 上的所有坏芯片都将与晶圆 b 上的坏芯片配对的可能性增加，如 $p(2, m)$ 所示。正是通过增加晶圆堆叠过程中坏芯片与坏芯片配对的可能性，同样可以通过将更多好芯片与其他好芯片配对来提高预期复合良率。

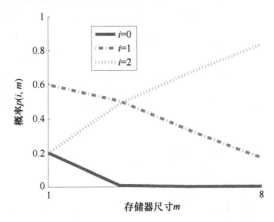

图 2.6　两个晶圆堆叠的 $p(i, m)$ 值随 i 和 m 变化的实例

2.2.1.3　完善递归的预期复合良率函数

在不考虑堆叠过程中产生的故障的情况下，计算预期复合良率最后考虑的是堆叠中芯片的数量 n[63]。因为堆叠是一个迭代过程，所以良率计算必须递归进行。例如，在两个晶圆堆叠后，产生的部分堆叠被晶圆 b 使用，晶圆 a 从分选存储器中取出。如果在部分堆叠的晶圆图中坏芯片的重叠较差，则故障芯片可能比前两个晶圆中的任何一个都要多。因此，每次进行堆叠操作后，必须重新计算 g_b。每个晶圆在堆叠级别 k 时包含 g_k 个故障芯片。

对于 n 个芯片的堆叠，其中 n 必然大于 1，从基数计算开始，预期复合良率 $Y(2, m)$ 表示为

$$Y(2,m) = \sum_{i=0}^{g_a} y(i) \cdot p(i,m) \qquad (2.11)$$

式中，$g_a = g_2$；$g_b = g_1$。与两个晶圆示例相同。对于后续的每个堆叠步骤，$Y(n, m)$ 表示为

$$Y(n,m) = \sum_{i=0}^{g_a} y(i) \cdot p(i,m) \qquad (2.12)$$

式中，$g_a = g_n$；$g_b = [1 - Y(n-1,k) \cdot d + 0.5]$。

2.2.2 存储器配对的良率改善方法 ★★★

文献[63]的作者采用300mm晶圆的基准工艺得出了一些结果。这些晶圆的边缘间隙为3mm（晶圆边缘周围不能放置芯片），缺陷密度（d_d）为0.5/cm^2，缺陷聚类参数（α）为0.5。该堆叠结构应用了两个芯片，每个芯片的面积（A）为50mm^2。这导致每个晶圆需要1278个芯片，晶圆良率为81.65%。晶圆良率计算为$(1 + A \cdot d_d / \alpha)^\alpha$。根据这个值，我们可以计算出 g_a 和 g_b 均为235。

图2.7提供了对于多个堆叠和存储器尺寸，其预期堆叠良率的增加曲线。对于每个堆叠尺寸，预期堆叠良率值都被归一化处理。本文给出的数据来自复合良率式（2.11）和式（2.12），没有进一步模拟，因此没有模拟晶圆图。如图2.7所示，即使使用很小的存储器也可以获得显著的良率提高，大多数良率提高都是在存储器尺寸小于10的情况下。随着存储器规模进一步增加，良率的增长开始趋于平稳。

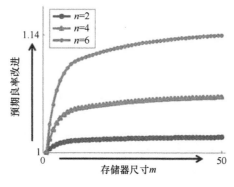

图2.7 不同堆叠尺寸 n 和存储器尺寸 m 预期堆叠良率的增加曲线（彩图见插页）（一）

数据还显示，堆叠规模 n 越大，使用归一化的良率提高越显著。堆叠规模越大，预期复合良率就越低——对于图2.7所示数据，当 $n=2$、$n=4$ 和 $n=6$ 时，$m=1$ 的预期良率分别为66.6%、44.4%和29.6%。但是，随着存储器的添加，堆叠结构变大。当 $m=50$ 时，$n=2$、$n=4$ 和 $n=6$ 时的堆叠良率分别为67.6%、47.2%和33.6%。

为了评估递归良率模型对实际堆叠过程的准确性，文献[63]的作者编写了

一个晶圆堆叠的仿真环境。该环境包括一个晶圆图生成器和一个用于配对和分选存储器的晶圆配对算法。晶圆图的生成方式如下：晶圆上的每个芯片都是根据随机的故障概率来确定好坏的。通过该方式，晶圆有不同数量和位置的故障芯片。

晶圆配对算法同时作用于两个静态存储器。一个存储器中的所有晶圆与另一个存储器中的晶圆配对，因此可以利用所有晶圆，存储器在重新填充之前完全被清空。该算法是 LbL→WbW，此算法是迭代的，因为它配对堆叠中前两个芯片的存储器，执行堆叠后将部分堆叠存储器与堆叠中下一个芯片的晶圆存储器配对，依此类推，直到堆叠完成。

两个存储器之间的晶圆配对是一个迭代贪婪的过程。从尺寸为 m 的两个完整存储器开始，将第一个存储器中的每个晶圆与第二个存储器中的每个晶圆进行配对，检查所有的 m^2 个配对组合，最后选择产生最高复合良率的配对。从存储器中删除两个配对的晶圆，然后重新开始算法，现在将第一个存储器中的 $m-1$ 个晶圆与第二个存储器中的 $m-1$ 个晶圆进行配对。这一过程一直持续到所有的晶圆都被配对为止。

该模拟进行了 10000 次，两次模拟之间的数据被平均化，以获得更真实的晶圆配对结果。图 2.8 使用模拟数据与数学模型进行比较，再现了图 2.7。可以看出，计算数据与模拟数据曲线相似，但模拟数据的归一化预期良率略低。当存储器尺寸 $m=1$ 时，每个堆叠大小 $n=2$、$n=4$ 和 $n=6$ 时的实际复合良率分别为 66.6%、44.4% 和 29.6%。当 $m=50$ 时，分别增加到 67.3%、46.3% 和 32.5%。这些提高几个百分点的良率是非常显著的，从图 2.8 中可以看出，即使是小的存储器也会导致良率显著提高。

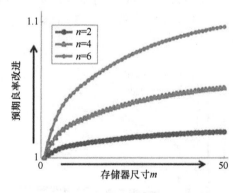

图 2.8　不同堆叠尺寸 n 和存储器尺寸 m 预期堆叠良率的增加曲线（彩图见插页）（二）

如图 2.9 所示，考虑到每个晶圆 f 的三种不同的坏芯片预期数量时，随着存储器尺寸增大，预期复合良率的标准化增长。因为晶圆可以容纳 1278 个面积为 50mm² 的芯片，f 的每个值将对应每个晶圆的预期良率。当 $f=128$ 个（每个晶圆上）预期坏芯片时，预期良率为90%。当 $f=383$ 和 $f=639$ 时，良率分别下降到 70% 和 50%。可以看到，与较大的堆叠结构类似，单晶圆良率较低的流程从存储器的使用中获益最多。对于 $f=639$ 的过程，将存储器尺寸从 $m=1$ 增加到 $m=50$ 会导致复合良率从 25.0% 增加到 26.2%。对于 $f=383$ 和 $f=639$，变化分别从 49.0% 增加到 50.0%，从 81.0% 增加到 81.3%。

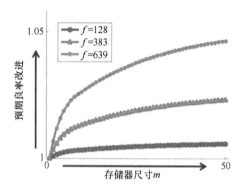

图2.9　缺陷单晶圆 f 和存储器尺寸 m 的平均数不同时，预期
堆叠良率增加曲线（彩图见插页）

图2.10 再次提供了 m 增加时预期复合良率的增加曲线图，但这一次是针对三种不同的芯片面积 A。每片晶圆上预期坏芯片的数量保持不变，因此增加芯片面积将降低单晶圆的良率，因为晶圆可容纳的芯片数量减少了。可以看出，一个制造流程中复合良率越差，在该情况下，芯片面积最大时使用晶圆配对的优势就越大。最坏情况下的芯片面积为 $125mm^2$，当 $m=50$ 时，绝对良率从 $m=1$ 时的 44.4% 增加到 46.0%。当 $A=75mm^2$ 和 $A=25mm^2$ 时，会分别从 57.0% 增至 58.1%、从 80.0% 增至 80.3%。

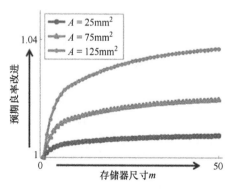

图2.10　不同面积尺寸 A 和存储器尺寸 m 的芯片预期堆叠良率增加曲线（彩图见插页）

所有三种模拟结果一致表明，存储器之间的晶圆配对可以显著提高良率，特别是对于预期复合良率较低的工艺。随着堆叠芯片数量的增加，单晶圆预期坏芯片数量的增加，或晶圆上预期坏芯片面积的增大，会降低预期复合良率。尽管晶圆分选有助于处理数值较高的 m、f 和 A，但 W2W 堆叠可能不适合这些工艺。这是因为即使是存储器，良率通常也很低（<40%）。因此，为了获得能接受的良率，可以采用 D2W 或 D2D 堆叠方法。

2.2.3　晶圆配对测试成本评估　★★★

在使用晶圆存储器时，评估测试成本与良率是很重要的[63]。如果测试的总体成本没有被良率改进所抵消，那么存储器将不是一个很好的选择。为了使用存储器，必须首先进行键合前芯片测试以创建每个晶圆的晶圆图。该键合前测试会显著增加测试成本。

为了创建 W2W 堆叠测试成本的比较基准，考虑一个只在堆叠之后测试芯片和 TSV 的测试流程。在该情况下，没有进行键合前测试，因此不能使用晶圆存储器。晶圆被盲目堆叠，然后进行测试。这个流程的成本可以建模如下：

让 c_b 作为基准流线的成本。我们引入变量 c_{die} 和 c_{TSV}，分别测试每个芯片的成本和每个芯片的 TSV 互连线。为了成本模型，这些值是相对的且可以是任意单位。变量 y_{die} 和 y_{TSV} 分别取每个芯片的良率和每个堆叠测试的互连值。使用这些新变量，c_b 可以表示为

$$c_b = d \cdot [n \cdot c_{die} \cdot (n-1) \cdot c_{int}] + \\ d \cdot Y(n,1) \cdot y_{die}^n \cdot y_{TSV}^{n-1} \cdot [n \cdot c_{die} \cdot (n-1) \cdot c_{int}] \tag{2.13}$$

这个成本方程是产品的和，其中每个产品包括测试项目的数量和成本。在式（2.13）中，第一个乘积是测试堆叠（相当于 d，一个晶圆上的芯片数量）乘以测试每个堆叠的成本，测试每个堆叠的成本即测试每个芯片的时间（$n \cdot c_{die}$）乘以测试每个芯片之间互连的成本 $[(n-1) \cdot c_{int}]$。由于仅在相邻的芯片之间存在要测试的互连线，因此互连测试的数量为 $n-1$，n 是堆叠中的芯片数量。

为了将良率考虑到测试成本中，只考虑对那些被认为是好的堆叠进行最终的堆叠测试。这需要考虑良率因素，所需的测试次数为 $d \cdot Y(n-1) \cdot y_{die}^n \cdot y_{TSV}^{n-1}$。这个最终测试的测试成本与之前的堆叠测试相同。我们不考虑由于封装造成的良率损失，因为比较测试流程会遭受同等损失。

现在我们有了一个基准模型和一个为不同测试流程建模的方法，我们定义其他两个比较流程。测试流程 1 的成本用 c_1 表示，它利用存储器和晶圆匹配。这需要键合前的测试。此外，还需要在堆叠后进行堆叠测试，并在组装和封装后再次进行测试。这就导致了在堆叠后对两个互连进行测试，以及在键合前测试外对

键合后芯片进行第二轮测试。流程 1 的测试成本可以建模为

$$c_1 = d \cdot (n \cdot c_{die}) +$$
$$d \cdot Y(n,k) \cdot [n \cdot c_{die} \cdot (n-1) \cdot c_{int}] + \qquad (2.14)$$
$$d \cdot Y(n,k) \cdot y_{die}^n \cdot y_{TSV}^{n-1} \cdot [n \cdot c_{die} \cdot (n-1) \cdot c_{int}]$$

用于比较的第二个测试流程，其成本用 c_2 表示，也利用了存储器和晶圆配对。然而，它是一种优化的晶圆配对测试流程，在堆叠过程中不需要重新测试芯片，只需要测试互连。假定在堆叠过程中出现的任何因不测试芯片本身而被忽略的缺陷都会在封装测试中被捕获。流程 2 测试成本可以建模为

$$c_2 = d \cdot (n \cdot c_{die}) +$$
$$d \cdot Y(n,k) \cdot (n-1) \cdot c_{int} + \qquad (2.15)$$
$$d \cdot Y(n,k) \cdot y_{TSV}^{n-1} \cdot [n \cdot c_{die} \cdot (n-1) \cdot c_{int}]$$

图 2.11 提供了相对于基准测试成本 c_b 的晶圆配对流程 1 和优化的晶圆配对流程 2 的相对成本。例如，10% 的值表示测试成本比 c_b 多 10%。图 2.11a 提供了增加 f 或每个芯片的坏晶圆数量的相对成本，图 2.11b 提供了增加堆叠尺寸的相对成本。这个数字使用 $m = 50$，$c_{die} = 5000$ 单位，$c_{TSV} = 50$ 单位^2，$y_{die} = 99\%$ 和 $y_{int} = 97\%$。

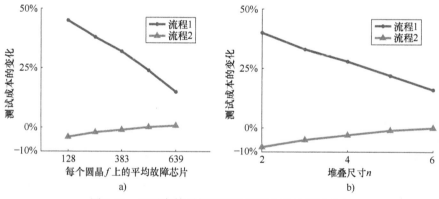

图 2.11 配对存储器相对于无晶圆分选的测试成本
a）只配对测试流程的晶圆 b）优化的晶圆配对测试流程

图 2.11 证明了在键合后堆叠和最终测试的基础上，键合前测试的测试成本显著增加。在最坏的情况下，测试成本将增加大约 50%，因为只执行三个测试插入，而不是只有两个。然而，如图 2.11a 和 b 所示，随着晶圆或堆叠的良率降低（f 或 n 增加），测试成本也会降低。这是因为可以使用键合前的测试信息，例如晶圆图，以此来确定哪些堆叠发生故障，而不需要执行堆叠测试。当良率较低时，不执行这些额外的堆叠测试可以显著降低成本，但随着良率的增加，测试的额外成本在 c_b 上增加了 50%。

虽然流程 1 会增加测试成本，但流程 2 经常会使测试成本总体下降。这是因为芯片到最终测试时只测试一次，以避免对故障堆叠的互连测试。然而，流程 2 注重于最终测试的测试质量，在此期间，必须检测在堆叠过程中发生故障的芯片。

2.2.4　总结　★★★

小节总结：
- 静态存储器和晶圆配对可用于提高堆叠良率。
- 堆叠良率随晶圆良率的降低、芯片尺寸的增加、堆叠尺寸的增加和存储器尺寸的减小而降低。
- 在较小的静态存储器尺寸下，堆叠良率会有相对较大的提高，尽管该提高会随着预期堆叠良率的增加而减少。当存储器尺寸变大时，良率改善幅度就会下降。
- 测试成本随着键合前测试的增加而增加，尽管这可以通过重用键合前测试的数据来避免测试已知的故障堆叠抵消。

2.3　动态存储器的良率收益

文献[66]的作者在考虑与动态存储器的各种不同匹配进程中开展了实验。每个存储器的尺寸是 m，堆叠中的芯片数量是 n，总共有 e 个在生产过程中制造的 3D SIC。作者研究了三种可能的 WbW→LbL 配对过程：
- FIFO1 WbW→LbL；
- FIFOn WbW→LbL；
- 最佳配对（BP）WbW→LbL；

FIFO1 WbW→LbL 配对过程以先进先出（First – In First – Out，FIFO）的方式从构成堆叠最底层的晶圆存储器中选择晶圆。因为使用了动态存储器，这个存储器的尺寸不需要大于 $m=1$，晶圆总是被移除和补充。此存储器也不可能存在污染。然后，从第一个存储器中选择的晶圆与堆叠中下一个晶圆存储器中的晶圆配对。这个过程一直持续到第一个晶圆堆叠按照从存储器 1 到 n 的顺序被配对，然后在后续的每个晶圆堆叠中再次开始。FIFO1 算法运行时复杂度为 $O[e \cdot m \cdot (n-1)] = O(e \cdot m \cdot n)$。最坏情况下的存储器复杂度相当于存储每个存储器中所选晶圆的位置列表所需的存储器，即 $O(n)$。

FIFOn WbW→LbL 配对工艺比 FIFO1 工艺更能控制污染。为此，它以先进先出的方式改变从哪个存储器中选择第一个晶圆。例如，对于一个标记为 1 到 3 的 $n=3$ 存储器流程，对于第一个配对流程，通过 FIFO 顺序从存储器 1 中选择一个晶圆，并与其他存储器中的晶圆配对。在第二个配对过程中，首先从存储器 2 中按 FIFO 顺序选择一个晶圆，并与其他存储器配对。在此之后，首先从存储器 3 中选择一个晶圆。在为所有存储器完成此操作后，从存储器 1 重新开始分选。当存储器通过 FIFO 顺序选择第一个晶圆时，该过程可以通过强制选择在存储器中保存时间最长的晶圆来控制污染。因此，晶圆在存储器中最多保留 $n \cdot m$ 次迭代。此进程与 FIFO1 进程的存储器和运行时复杂性相同。

BP 配对过程首先根据配对标准配对前两个所选存储器中的晶圆，而不是基于任何先进先出顺序。该配对在存储器中继续进行，直到形成一个完整的晶圆堆叠。然后，该过程在前两个存储器重新开始，直到创建所有 e 个堆叠。BP 工艺在配对晶圆方面有最大的自由度，因为没有像 FIFO 工艺那样强制做出晶圆选择。缺点是没有减少存储器污染。

BP 流程的运行复杂度与 FIFO 相同。为了配对前两个存储器，在第一个存储器中的所有晶圆和第二个存储器中的所有晶圆之间进行 m^2 次比较。一旦在存储器中选择了两个最配对的晶圆，就需要 $(n-2) \cdot m$ 次比较来配对晶圆与存储器的其余部分。对于配对过程的下一个迭代，只需要 $2 \cdot m - 1$ 次的对比，因为来自第一个配对迭代的数据可以重用。这导致运行时复杂度为 $O(e \cdot m \cdot n + m^2) = O(e \cdot m \cdot n)$，这与 FIFO 过程相同。

存储器的复杂性比 FIFO 过程要大，因为除了保存每个存储器中所选晶圆的位置列表外，还必须存储前两个存储器之间的 m^2 次可能的配对组合。因此，存储器复杂度为 $O(m^2 \cdot n)$。

文献［66］中模拟的实验设置与第 2.2.2 节相同。也就是说，晶圆直径为 300mm，晶圆边缘间隙为 3mm，缺陷密度（d_d）为 0.5/cm^2，缺陷聚类参数（α）为 0.5，正方形芯片面积（A）为 50mm^2，每个晶圆 1278 个芯片，晶圆良率为 81.65%。生产尺寸 e 被选择为 25000 个完整的芯片堆叠。

图 2.12 提供了使用 FIFO1 WbW→LbL 流程时，与存储器大小为 $m=1$ 时相比，复合堆叠良率的增加。每个图包含了存储器大小从 1 到 50 的三个堆叠大小 $n=2$、$n=4$ 和 $n=6$ 时的曲线。图 2.12a 提供了使用配对标准 $Max(MG)$ 的结果，图 2.12b 为 $Max(MF)$，图 2.12c 为 $Min(UF)$。与第 2.2.2 节的结果类似，随着工艺流程的减少，预期复合良率不断增加。例如，当堆叠大小从 $n=2$ 增加到 $n=6$ 时。虽然只提供了 FIFO1 过程的数据，但在 FIFOn 和 BP 过程中也观察到类似趋势。

同样重要的是，当堆叠尺寸大于 $n=3$ 时，$Min(UF)$ 配对标准比其他标准获得了最大的良率收益，但对于较小的堆叠尺寸则不是这样。当晶圆良率变化时，$Min(UF)$ 配对标准在 50% ~ 70% 的晶圆良率改善方面优于其他标准，但对于较大的晶圆时良率较差。在晶圆较大的情况下 $Max(MF)$ 良率超过 80%，优于其他标准。

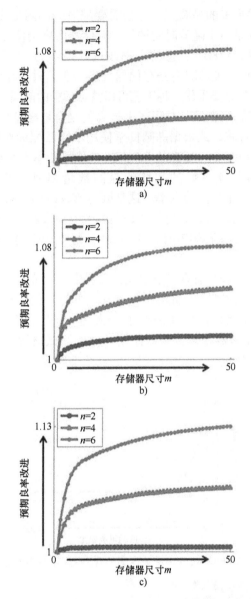

图 2.12　采用 FIFO1 增加不同堆叠尺寸 n 以及不同晶圆和运行晶圆存储器
尺寸 m 时复合堆叠良率曲线（彩图见插页）

a）*Max*（MG）　b）*Max*（MF）　c）*Min*（UF）

当将 FIFO1 与 FIFOn 进行比较时，FIFOn 在良率改进方面总是优于 FIFO1。这表明 FIFO1 进程遭受了 FIFOn 可以克服的存储器污染。当存储器大小 m 固定为 50 时，存储器污染对 FIFOn 和 FIFO1 过程的影响如图 2.13 所示。随着生产堆叠数量的增加，需要更多的晶圆配对。当需要配对的晶圆增多，FIFOn 和 FIFO1 工艺的良率降低。这是由于随着时间增加，存储器污染会使存储器的有效大小缩小。随着时间的推移，FIFO1 工艺的良率改进效果不如 FIFOn 工艺。这是因为 FIFOn 过程最终会迫使污染晶圆离开存储器。当 e 变大时，存储器污染的影响趋于稳定。因此，重要的是要采用一种工艺可以清除污染的晶圆，以使良率最大化。

与两种 FIFO 方法相比，BP 过程产生最高的复合堆叠良率，参考文献［66］还表明，自适应 BP 过程，或根据晶圆良率使用不同匹配标准的过程，可以进一步提高良率。采用 $Min(UF)$ 标准的 BP 工艺在晶圆良率为 50% ~70% 时的良率最高。这是因为在晶圆上，好的和坏的晶圆数量相似。当晶圆良率较低时，$Max(MG)$ 标准往往产生最高的良率。这是因为 $Max(MG)$ 标准试图将好的芯片与其他好的芯片相匹配，因为好的芯片是晶圆上的少数芯片，最好的匹配产生更高的良率。当晶圆良率高于 80% 时，$Max(MF)$ 标准产生的良率更高，因为晶圆上的坏的芯片是少数。

当比较动态存储器和静态存储器之间的模拟时，动态存储器可以产生比静态存储器高出 2.29% 的改进[66]。此外，动态存储器算法的运行时间和内存复杂度可以明显优于静态存储器，特别是对于较大的 n。动态存储器的测试成本与图 2.11 所示的静态存储器相似，并且使用类似的测试流程。然而，这并不包括将动态存储器合并到实际生产线中所增加的复杂性和成本。

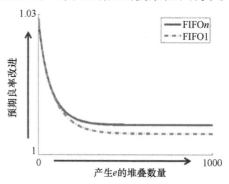

图 2.13　FIFO1 和 FIFOn 过程中堆叠良率随着产生 e 的堆叠数量的增加而增加

2.3.1　总结　★★★

小节总结：

- 与静态存储器相比，动态存储器可以使复合堆叠良率得到更大改进。

- 与已发布的静态存储器配对算法相比，动态存储器配对算法的运行时间和存储器复杂度更低。

- BP 工艺比 FIFOn 和 FIFO1 工艺的复合良率改善更大。根据晶圆良率，采用不同的配对条件可以进一步提高堆叠良率。

- 随着堆叠生产规模的增大，FIFO1 和 FIFOn 过程都容易造成存储器污染，从而随着时间的推移有效地降低复合良率。

2.4　堆叠 DRAM 中 TSV 电阻开关的故障建模

在类似于图 2.4 所示的存储器堆叠中，TSV 组成字线和位线，用于访问存储阵列芯片上每个 DRAM 单元中的数据，并将数据路由到逻辑芯片上的外围逻辑。这些电阻开路缺陷与 2D 互连相比，TSV 会导致不同的故障性能[67]。这是由于被测 TSV 和相邻密集 TSV 之间产生的电容耦合更为严重。该耦合对性能的影响取决于发生在故障 TSV 上的操作类型（读或写）和相邻 TSV 的电压。

文献[67]的作者研究了电阻开路故障对字线和位线 TSV 的影响。他们对耦合电容在 0.6 ~1f F 范围内的 TSV 及其相邻 TSV 进行了 HSPICE 模拟。假设较远的 TSV 的影响可以忽略不计。通过比较，模拟了在 30f F 时的存储单元电容。字线电容在 1 ~100f F 范围内。

我们定义的符号将用于本节的其余部分。符号"YwX"表示将值为 X 的逻辑写入逻辑值为 Y 的存储单元的写操作（X 和 Y 分别为"1"或"0"）。例如，1w0 表示将"0"写入当前值为"1"的逻辑单元格。同样，符号"Xr"表示逻辑值为 X 的写操作，只有改变存储器单元值的读操作和写操作（例如 1w0 和 0w1）对故障检测有用。

2.4.1　TSV 字线的电阻开路故障的影响　★★★

图 2.14 提供了具有两个寄生字线的字线 WL_1 上的电阻开路缺陷 R_F 的示意图。WL_1 和其他两个字线之间的耦合电容用 C_{1-0} 和 C_{1-2} 表示。NMOS 传输门被标记为 M_0 到 M_2 对应的字线。这些提供了 $Cell_0$ 通过 $Cell_2$ 访问存储单元电容的途径。位线用 BL 表示。图中没有提供字线电容 C_w 和位线电容 C_b。

WL_1 上的一个较大的电阻开路缺陷使调整管 M_1 的栅极处于浮动状态。M_1 的栅极源电压（V_{gs}）和晶体管的工作区将受到多种因素影响。相邻字线上的电压与浮动字线上的电压具有侵略者－受害者关系，并改变晶体管栅极电压。其次，漏极源电压（V_{ds}）将改变晶体管的工作区域，影响单元电荷。在制造过程中晶体管浮栅上留下的捕获电荷也会影响晶体管的状态。

在以下两种情况下，存储器操作会受到 WL_1 上电阻开路的影响。第一，WL_1 被打开（高电位）以访问 $Cell_1$。WL_0 和 WL_2 都将被关闭，因为每个存储器单次只能访问一个字线。该情况下，由于故障是一个简单的开路，因此可以映射到 2D 存储器的传统 AF 模型中。第二种情况下，要么访问 WL_0，要么访问 WL_2，这将对 $Cell_1$ 产生更复杂的影响。

回到图 2.14，当 $Cell_0$ 被访问时（WL_0 被打开），$Cell_1$ 是浮动的。这两个单元

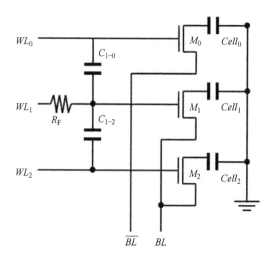

图 2.14　具有两个寄生字线的字线电阻开路缺陷示例

位于互补位线上，位线上的值被反馈给一个读出放大器。当 $Cell_2$ 被访问时，$Cell_1$ 仍然是浮动的，但它们在同一个位线上。在写操作期间，这两种情况在功能上没有区别，因为两个位线都是由一个电源驱动的。在读操作期间，没有电源驱动位线，并且被访问的单元是否与浮动单元属于相同位线将影响内存阵列的故障性能。

图 2.15 提供了相邻字线上 1w0 和 0w1 的 $Cell_1$（$VCell_1$）的电压随时间的变化。无论访问 $Cell_0$ 还是 $Cell_2$，其趋势都是相似的。用于生成此图的字线电容为 $C_w = 10\text{fF}$。可以看出，在相邻的任何一个字线上的 0w1 操作都不能将 $VCell_1$ 拉到 0.4V 以上。这在很大程度上是由于 NMOS 晶体管表现出较差的上拉特性。对于 1w0 操作，寄生效应较为显著，足以拉低 $VCell_1$。如果字线 C_w 的电容性负载增加到 50fF 或更高，对于任何写操作，$VCell_1$ 的变化都可以忽略不计。

相邻 TSV 上的读操作也会影响 $VCell_1$。对相邻字线上的读操作可能会导致 $Cell_1$ 和被访问的单元中的值同时被读出，部分原因是调整管栅极上的捕获电荷产生了足够高的 V_{gs}。模拟表明，为了影响读操作，捕获电压必须相对较高（最低 0.7V）。在该情况下，可以同时访问 $Cell_1$ 和相邻单元，如果 $Cell_1$ 和相邻的单元位于同一位线上并有相反值，或者当它们位于互补线上并有相同值，则会影响读取行为。

通过这些模拟，可以为 TSV 字线上的电阻开路故障建立合适的故障模型。在访问有故障字线的读写操作情况下，无法访问与字线关联的单元。写操作不能给单元电容充电或放电，读操作使位线处于参考电压。这直接导致了 2D 存储器的 AFna 内存地址错误，该错误中任何内存地址都未和一个单元绑定。3D 存储器和 2D 存储器中的 AFna 故障的区别在于，来自附近模块或其他存储器故障模块的电容耦合可能会影响故障行为。这高度依赖于 3D 存储器架构。

将相邻字线读取到错误的字线上，可能导致被访问单元中的值和关联错误字线单元中的值被同时读取。这会导致位线上的值和被访问单元中的值是错误的，并映射到读取干扰故障（Read Disturb Fault, RDF）。

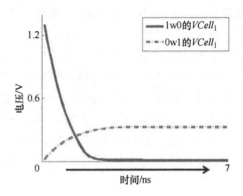

图 2.15　对于 1w0 和 0w1 操作，在 $Cell_1$ 上电压随时间变化

2.4.2　TSV 位线的电阻开路故障的影响　★★★

位线上的电阻开路故障性能与字线上类似故障不同。考虑到图 2.16，其中提供了三个位线（$BL_0 \sim BL_2$）及其互补位线，三个重要的字线（$WL_0 \sim BL_2$），以及八个标记为 $Cell_0 \sim Cell_8$ 的存储单元。$Cell_1$ 和 $Cell_2$ 属于位线 BL_0，$Cell_0$ 属于补位线。这一趋势在其他两个位线上也会继续。位线 BL_1 包含一个电阻开路故障，左浮动也是如此。

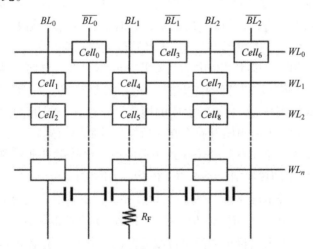

图 2.16　内存阵列中位线电阻开路故障示例

对于任何给定的写操作，当位线包含电阻开路故障时，无论相邻的位线是否被驱动到 "1" 或 "0"，模拟提供对故障位线上存储单元中的值没有显著影响。

如果故障位线上的单元处于0V，即使所有相邻位线上的单元都被驱动到"1"，它们也将大致保持在0V。类似地，如果单元包含一个逻辑上的"1"，则即使所有相邻的位线都被驱动到0V，故障位线上的单元电压也不会显著降低。通过该方式，任何写操作的位线开路故障都可以被建模为AFna内存地址故障，类似于具有开路故障的字线的读写访问，因为无法访问与故障位线相关的单元。

故障位线上单元中的值的静态性质有两个原因。首先，在写操作期间，读出放大器是闲置的，这样在故障位线上的单元只能通过故障位线上的寄生电容放电。其次，位线的寄生电容明显大于相邻位线的耦合电容，因此不受这些位线值的影响。

读操作会影响位线开路故障，且更加复杂，并且取决于访问哪个字线，以及存储在相邻位线内存单元中的值。由于 BL_1 是浮动的，因此将位线与补位 $\overline{BL_1}$ 进行比较的读出放大器的一个输入是浮动的。当字线 WL_0 被访问时，$\overline{BL_1}$ 被驱动到存储在 $Cell_3$ 中的电压。虽然 BL_1 是浮动的，但它将与 $\overline{BL_1}$ 上的值进行比较，读出放大器将检测到差异，然后驱动 BL_1 和 $\overline{BL_1}$ 到相反的电压，就像没有位线故障一样。这意味着 WL_0 上的读操作将无法检测到位线开路故障。

如果 WL_1、WL_2 或任何其他不是 WL_0 的字线被访问，位线开路会导致错误的内存访问性能。例如访问 WL_1。因为在 $\overline{BL_1}$ 上没有任何单元被访问，所以 BL_1 和 $\overline{BL_1}$ 都是浮动的。为了确定读出放大器将检测什么作为 BL_1 和 $\overline{BL_1}$ 上的电压，相邻位线上的电压变得与之相关。BL_1 会与 $\overline{BL_0}$ 发生耦合，其电压取决于 $Cell_1$ 上 BL_0 的值。同样，$\overline{BL_1}$ 将经历与 BL_2 的耦合，其电压由 $Cell_7$ 的值决定。因此，存储在相邻位线上的单元中的逻辑值与 BL_1 上开路故障的响应相关。

当 WL_1 被访问时，要对 BL_1 上的电阻开路故障建模，有两种情况需要考虑。第一种，$Cell_1$ 和 $Cell_7$ 包含相同的逻辑值。在该情况下，$\overline{BL_0}$ 和 BL_1 将被驱动到相反的电压。这些位线与 BL_1 和 $\overline{BL_1}$ 之间的耦合将导致 BL_1 和 $\overline{BL_1}$ 中的电压向相反的逻辑值移动，就像没有电阻开路存在时所发生的那样。然后，该差异被读出放大器放大，驱动故障位线及其补位线到相反的值。该故障性能被称为兼容耦合，因为 $Cell_1$ 和 $Cell_7$ 中的逻辑值决定了 BL_1 和 $\overline{BL_1}$ 上的电压。

要考虑的另一种情况是 $Cell_1$ 和 $Cell_7$ 包含相反的逻辑值。这将导致 BL_1 和 $\overline{BL_1}$ 被驱动到相同的电压，与 BL_1 和 $\overline{BL_1}$ 耦合将倾向于将这两个位线拉到相似的电压。为了确定读出放大器读出的两个位线之间的电压差，有必要确定 BL_1 和 $\overline{BL_1}$ 是否与相邻位线的耦合更强。位线之间的距离越远耦合越弱。由于 $\overline{BL_1}$ 和 BL_2 比 BL_1 和 BL_0 更接近，所以 $\overline{BL_1}$ 上的值将占主导地位，读出放大器将驱动 BL_1 到其相反的电压。这被称为竞争性耦合。

由于位线开路故障的读操作的性质，它被建模为相邻矢量敏化故障（Neighborhood Pattern Sensitive Fault，NPSF），需要对任何给定的位线进行三个测试，包括测试 A、B 和 C，如下所示：

$$测试 A:\{ \Uparrow (w0); \Uparrow (r0,w1,r1) \}$$
$$测试 B:\{ \Uparrow (w1); \Uparrow (r1,w0,r0) \}$$
$$测试 C:\{ \Uparrow (w1); \Uparrow (r1) \}$$

2.4.3　总结　★★★

小节总结

- 与 2D 字线和位线相比，由于 TSV 字线和位线之间的耦合显著增加，3D 存储器对 TSV 上的电阻开路故障需要不同的故障模型。
- 访问故障字线进行读、写或试图写入故障的位线会导致没有单元访问，这可以建模为 AFna 故障。
- 试图从与故障字线相邻的字线读取的操作可以建模为 RDF 故障。
- 当从故障位线读取时，故障性能依赖于与相邻位线的耦合，可以建模为相邻矢量敏化故障。

2.5　3D 堆叠存储器的层和层间冗余修复

完整的 DFT 视图和 3D 存储器的良率保证涉及存储器测试、冗余和修复以及晶圆配对的组合。3D 存储器所使用的 DFT 类型和测试类型取决于 3D 存储器架构、可用于修复的冗余类型、预期堆叠良率以及测试和修复成本。本节将概述三种不同的存储器架构及其相关修复机制。

第一个例子是一个堆叠在逻辑存储器堆叠架构上的单元阵列，它包含 3D 堆叠中的整个冗余层，这样堆叠中的一个不可修复的芯片可以用堆叠中其他地方的新芯片替换。

第二个例子是一个堆叠式存储器架构，它包括存储芯片之间的冗余共享和晶圆匹配的组合，以确保高堆叠良率。

第三个例子是堆叠在逻辑存储器架构上的单元阵列，其中冗余资源、BIST 电路和 BIRA 电路只存在于堆叠的底部芯片，但在所有的存储器芯片之间共享。

2.5.1　单元阵列逻辑堆叠的层间冗余　★★★

在文献[71]中描述的可修复 3D 存储器架构示例中，使用了类似于图 2.4 的逻辑堆叠的单元阵列架构。逻辑核心、缓存和外围逻辑只存在于堆叠结构最低位置上，TSV 被用作字线和位线来绑定多个单元阵列芯片。在冗余资源和故障分布方面，假设堆叠中的芯片彼此独立。对于这个例子，我们不考虑每个芯片上的冗余细节。相反，我们认为一个芯片要么是故障的，要么是良好的，在故障情况下，冗余资源不足以完全修复芯片。堆叠中的好芯片数量被称为堆叠的芯片良率 Y_D，在本例中 $Y_D = 85\%$。

对于3D堆叠存储器，除了芯片良率之外，还必须考虑良率指标。减薄和键合等制造步骤可能会将缺陷引入到芯片或叠层中，而这些缺陷在键合前并不存在。我们利用堆叠芯片良率 Y_{SD} 来表示由于堆叠过程产生的故障堆叠芯片数量。在本例中，$Y_{SD} = 99\%$。该故障会导致一个故障的存储器堆叠。还需要考虑存储器堆叠中 TSV 的良率 Y_{TSV}。对于本例，我们将假设修复故障 TSV 的机制不存在，并且由于 TSV 被所有存储器用于内存访问，因此假设两层之间的故障 TSV 会使整个堆叠存储器被认为有故障。在本例中，$Y_{TSV} = 97\%$。

利用这些良率指标，我们可以模拟层间冗余对3D堆叠存储器良率和成本的影响。考虑一个由 n 个非冗余层和 r 个额外冗余芯片组成的存储器堆叠。堆叠的总层数 s 等于非冗余层数 + 冗余层数，或 $s = n + r$。对于没有冗余层的堆叠，总复合堆叠良率 Y 可以建模为堆叠中关于芯片数量以及芯片、堆叠和 TSV 的各种良率的函数，见式（2.16）：

$$Y(n) = Y_D^n \cdot Y_{SD}^{n-1} \cdot Y_{TSV}^{n-1} \tag{2.16}$$

TSV 和堆叠良率只考虑 $n-1$ 次，因为在一个堆叠尺寸大小为 n 的堆叠中，芯片之间有 $n-1$ 次键合。

在堆叠中增加冗余层会改变良率方程。如果有 r 个冗余层，堆叠中可能有 r 个故障的内存阵列芯片，但堆叠结构仍然被认为是良好的。如果故障层数超过 r 层，该堆叠结构应该被放弃。为了确定具有层间冗余的良率方程，我们必须首先计算堆叠中 s 层中 i 层是好的概率 $p(i)$。如果 $i > n$，那么堆叠是好的。$p(i)$ 被定义为如下：

$$p(i) = \binom{s}{i} \cdot Y_D^i \cdot (1 - Y_D)^{s-i} \tag{2.17}$$

具有层间冗余度 $Y(n,s)$ 的堆叠良率可以写成：

$$Y(n,s) = \left[\sum_{i=n}^{s} p(i) \right] \cdot Y_{SD}^{s-1} \cdot Y_{TSV}^{s-1}$$

$$= \left[\sum_{i=n}^{s} \binom{s}{i} \cdot Y_D^i \cdot (1 - Y_D)^{s-1} \right] \cdot Y_{SD}^{s-1} \cdot Y_{TSV}^{s-1} \tag{2.18}$$

注意，对于有层间冗余的情况，有 $s-1$ 次键合步骤，而不是 $n-1$ 次。非冗余层和冗余层都可能是故障的，并且必须至少有 n 层是无故障的，才能认为堆叠是好的。当 $n = s$ 时，式（2.18）和式（2.16）是等价的，也就是不使用层间冗余。如果将式（2.18）在式（2.16）基础上归一化，就可以得到有层间冗余的存储器架构相对于没有层间冗余的存储器架构的良率改善表达式。良率改善方程

推导如下:

$$\frac{Y(n,s)}{Y(n)} = \frac{\sum\limits_{i=n}^{s} p(i)}{Y_D^n} \cdot Y_{SD}^{s-n} \cdot Y_{TSV}^{s-n}$$

$$= \left[\sum_{i=n}^{s} \binom{s}{i} \cdot Y_D^{i-n} \cdot (1 - Y_D)^{s-i} \right] \cdot Y_{SD}^{s-n} \cdot Y_{TSV}^{s-n} \tag{2.19}$$

图 2.17 提供了在没有层间冗余的基本情况下 ($n = s$),从式 (2.19) 推导出的良率改进提高的百分比。在 x 轴上有四个 r 值的变化 n 时,良率有所提高。$r > n$ 的堆叠数据没有提供,这意味着冗余层比功能层更多,这是不具有成本效益的。

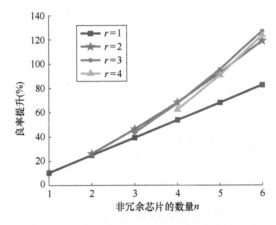

图 2.17　对于不同的 n 和 r 的堆叠,在没有层间冗余的基本情况下的良率改进

从图 2.17 可以看出,在 n 和 r 值不同的情况下,层间冗余提高了堆叠良率。随着堆叠增多,由于堆叠中存在故障芯片的可能性增加,堆叠良率的改进也显著增加。对于堆叠而言,能够带来最大良率提高的冗余层数取决于 Y_D、Y_{SD} 和 Y_{TSV}。为了说明这一点,考虑 $n = 3$ 和 $r = 3$ 的情况。尽管与 $r = 2$ 的堆叠相比,$r = 3$ 具有更多的冗余层,但由于 TSV 故障和堆叠引起的故障增加,$r = 3$ 的良率提高较低。应该注意的是,随着 Y_{SD} 的增加,层间冗余的收益减少,因为增加的堆叠尺寸开始对堆叠良率产生负面影响。对于较大的 Y_{SD},不应使用层间冗余。

2.5.1.1　层间冗余存储器的良率和成本建模

为了恰当地评估层间冗余的优势,应该考虑增加冗余层时制造堆叠的额外成本。若 C_w 表示制造晶圆的成本,C_{stack} 表示绑定两个芯片的所有堆叠过程的相关成本,如 TSV 制备、减薄、键合等。那么制造成本 $C_m(s)$ 可定义为堆叠尺寸的函数:

$$C_m(s) = s \cdot C_w + (s - 1) \cdot C_{stack} \tag{2.20}$$

注意，C_{stack} 的成本只增加了 $s-1$ 次，因为在一个大小为 s 的堆叠中需要 $s-1$ 次键合。在没有层间冗余的情况下，用 n 替换 s 仍然可以使用式（2.20）。

在3D存储器中使用冗余芯片的成本效益评估取决于堆叠的成本和使用有层间冗余的良率改进。这被定义为好的堆叠成本 C_{GS}，并被定义为堆叠制造成本归一化到堆叠良率的成本效益。对于没有层间冗余的堆叠，成本率 $C_{GS(n)}$ 表示为

$$C_{GS}(n) = \frac{C_m(n)}{Y(n)} \tag{2.21}$$

有层间冗余的堆叠成本率为

$$C_{GS}(n,s) = \frac{C_m(s)}{Y(n,s)} \tag{2.22}$$

用式（2.22）除以式（2.21）提供了一个衡量使用有层间冗余与没有层间冗余的成本改进的指标。得到的方程如下：

$$\frac{C_{GS}(n,s)}{C_{GS}(n)} = \frac{s \cdot \dfrac{C_w}{C_{stack}} + (s-1)}{n \cdot \dfrac{C_w}{C_{stack}} + (n-1)} \cdot \frac{Y(n)}{Y(n,s)} \tag{2.23}$$

3D制造成本介于晶圆成本的 $10\% \sim 90\%$ 之间 $\left(0.1 \leqslant \dfrac{C_w}{C_{stack}} \leqslant 0.9\right)$，$\dfrac{C_w}{C_{stack}}$ 对成本改进 $\dfrac{C_{GS}(n,s)}{C_{GS}(n)}$ 的影响很小，特别是对于 $n > 3$。此外，预计随着 n 的增加，层间冗余对制造一个好的存储器堆叠结构的成本将产生更显著的影响。

图2.18提供了有层间冗余的成本占没有层间冗余的存储器堆叠成本的百分比［根据式（2.23）］。当时，结果提供了 n 和 r 的不同值。如果该百分比高于100，则表示每一个好的堆叠的层间冗余的成本高于无冗余的情况。

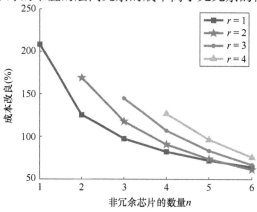

图2.18　对于 $\dfrac{C_{stack}}{C_w} = 3$ 的 n 和 r 变化的堆叠，在没有层间冗余的基本情况下的成本改进

研究图 2.18，可以看出，对于较小的堆叠结构，层间冗余是无成本效率的。例如，当 $n=1$ 和 $r=1$ 时，生产一个具有层间冗余的良好堆叠的成本是生产一个没有层间冗余的良好堆叠的 2 倍多。这是因为增加一个冗余层使堆叠制造的成本翻倍，但对堆叠良率没有显著影响。

当 n 变大时，层间冗余开始有利于良好堆叠的成本。大约在 $n>3$ 时，具有冗余层的堆叠可以显著提高堆叠良率，大幅弥补了制造更大堆叠结构的额外成本。需要注意的是，层间冗余对成本改进的影响高度依赖于工艺参数、堆叠尺寸和冗余层数。例如，随着芯片良率的降低，层间冗余对制造一个好的堆叠结构的成本具有越来越重要的影响。

2.5.2　晶圆匹配与芯片间冗余共享对 3D 存储器良率的影响 ★★★

在文献[73]中，引入了一种堆叠式存储器架构，该架构结合了存储器芯片之间的冗余共享和晶圆配对，以确保高堆叠良率。存储堆叠构建在逻辑芯片上，每一层都有自己的外围逻辑，TSV 仅充当底层逻辑芯片的内存数据总线。每个芯片都包含自己用于自我修复的冗余资源，但如果不需要充分利用它们，也可以与其他芯片共享其资源。

图 2.19 提供了共享式存储器所使用的冗余共享架构。为简单起见，该图只提供了备用行，不过也可能存在备用列。每个芯片都有一个可编程解码器，以便使用其冗余资源。TSV 将每个芯片上的冗余资源绑定到每个相邻芯片的解码器上，其中包含一个多路复用器，该复用器可以在利用同一芯片上的资源或利用相邻芯片上的资源之间进行选择。这样，每个芯片上的存储模块不仅可以访问其冗余资源，还可以访问相邻芯片的资源。图 2.19 中方案的 TSV 数量为 $n+m$ 个 TSV，其中 n 和 m 分别为每个芯片上的备用行和列的数量。

冗余共享的优势是，如果堆叠中单个存储器芯片有太多的故障行或列需要自我修复，这并不一定会导致堆叠变坏。如图 2.19 中的两个芯片堆叠。如果芯片 1 有一个故障行，芯片 2 有 4 个故障行，整个堆叠必须在没有冗余共享的情况下被舍弃，因为芯片 2 只有三个备用行可以自我修复。通过冗余共享，芯片 1 有两个没有被利用的额外的备用行。芯片 2 可以利用其中一个额外的行和它自己的三个备用行，以便完全修复它的故障行，此时堆叠就被认为是好的。

在文献[73]中，作者采用一种算法进行晶圆配对，该算法考虑了相邻芯片之间的冗余共享能力，以确保较高的存储器堆叠良率。该算法利用 LbL→WbW 芯片配对方案，因为在考虑冗余资源的情况下，在任何给定时间内配对超过两个芯片是一个计算复杂的问题。为了确定芯片是否可修复，需要对芯片上的每个故障位进行分类，判断它们是否可以通过备用行（F_i^r）、备用列（F_i^c）或行或列（F_i^o）来进行修复。对于一个内存块 i，设 R_i 为备用行数，C_i 为芯片的备用列数。

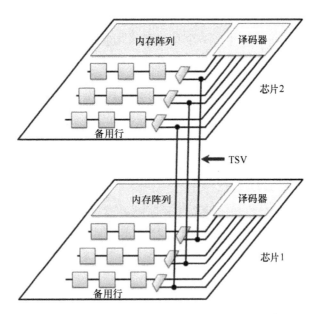

图 2.19 在堆叠存储器体系结构中芯片间的冗余资源共享架构

对于相邻芯片上的任意两个内存块 i 和 j，如果采用以下公式，就可以判断堆叠后是否可修复：

$$R_l = (R_i + R_j - F_i^r - F_j^r) \geqslant 0 \tag{2.24}$$

$$C_l = (C_i + C_j - F_i^c - F_j^c) \geqslant 0 \tag{2.25}$$

$$R_l + C_l \geqslant F_i^o + F_j^o \tag{2.26}$$

式中，R_l / C_l 构成修复故障单元后剩余的备用行和列的数量，这些单元只能用备用行或备用列进行修复。如果上述条件适用于两个存储器芯片之间的所有存储器模块，则可以将两个存储器芯片键合在一起形成功能堆叠。一旦两个内存芯片被键合，每个模块的备用行和列的数量被更新，不包括使用的备用件，这样就可以进行适当的可修复性分析，并将未来的芯片添加到堆叠结构中。

为了评估冗余共享的良率改进，考虑一个双芯片存储器堆叠。两个由 500 个晶圆组成的静态存储器用于配对，每个晶圆包含 4×4 个 8k×8k（行×列）存储器单元的存储器模块。每个晶圆都服从 $\lambda = 2.13$ 的泊松故障分布。通过添加泊松分布的故障中，单个单元故障占 40%，双单元故障占 4%，单排故障占 20%，单列故障占 20%，双排故障占 8%，双列故障占 8%。两个芯片之间的 TSV 良率为 99.9%。

图 2.20 提供了芯片间冗余共享的晶圆配对算法和仅基于存储模块使用备用资源进行自我修复能力的晶圆配对算法的良率提高百分比。晶圆配对算法使用式（2.24）~式（2.26）的可修复性条件来确定相邻的芯片是否具有可修复性。

使用7种不同尺寸的修复结构，范围是从6×6到18×18的备用行和列。

从图2.20可以看出，当在芯片之间共享冗余资源时，特别是当每个芯片上的备用件较少时，有显著的良率提高（接近30%的8×8个备用件）。这是因为在每个芯片上的冗余资源较少的环境中，给定的芯片更有可能无法仅使用其自身的资源来完全自我修复。当共享资源时，晶圆配对可以将有很多故障的芯片与有很少故障的芯片配对，从而显著提高良率。随着备用件数量的增加，芯片用自己的资源修复所有故障的行和列的可能性增加，减少了通过冗余共享获得的良率改进。

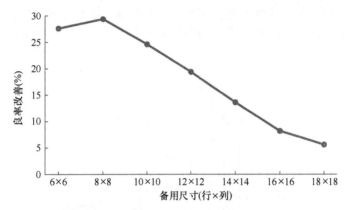

图2.20　晶圆配对过程中，考虑不同数量的备用行和列在芯片间冗余共享对良率的改善

2.5.3　3D存储器中单芯片的全局BIST、BISR和冗余共享 ★★★

文献[74]的作者介绍了一种堆叠的存储器架构，其中存储芯片共享冗余资源、BIST和BISR电路，这些电路只存在于堆叠中的底层逻辑或存储芯片上。图2.21提供了该结构的三芯片堆叠的例子。堆叠底层是逻辑芯片，包括所有逻辑核、测试和修复电路，以及用于堆叠存储芯片的备用资源。这些电路和资源在所有的存储器之间共享。存储芯片自身包含分布在堆叠的存储器层中的SRAM库。

作者使用了一种故障缓存式BISR电路。包含所有存储芯片冗余资源的BIST、BISR、故障缓存、BIRA和全局冗余单元（GRU）被放置在堆叠的底层。每个存储芯片上都包括有限状态机（Finite State Machines，FSM）和比较器，与BIRA和BIST电路绑定，以实现所有存储器的测试，并将测试数据路由到逻辑芯片。当故障的存储单元被定位时，来自BIRA的数据被输入到故障缓存中，BISR电路利用这一信息将冗余资源分配到存储芯片，必要时进行修复。

具有类似于图2.21所示测试架构的3D存储器的优势是，测试和修复电路所需的面积开销显著减少，因为每个存储芯片不需要自己的电路。由于冗余资源是全局共享的，因此预期的良率与具有本地冗余的设计相比更高，因为可以优化并利用空闲资源。此外可以减少测试时间，因为测试架构支持所有存储芯片的并行测试。该结构的一个显著缺点是不能进行键合前存储器测试，因为所有的测试电路都存在于底层芯片上，因此不能利用晶圆配对。这可能对堆叠良率有显著的负面影响，除非在键合前芯片良率相对较高。

架构的空闲资源和修复单元的一个新特点是，除了备用行和备用列之外，还包括备用圆柱。这是3D存储器特有的备用结构。备用圆柱能够沿着存储器堆叠的垂直切片替换故障单元，而不是替换2D的行和列。为了利用备用圆柱，故障缓存将与故障单元相关联的本地行和列的地址存储在堆叠的垂直带中，而不是存储层地址。通过该方式，在垂直带的任何单元上的地址访问将被重定向到一个备用圆柱。

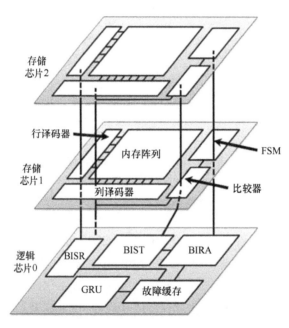

图 2.21   在堆叠最底层具有共享全局冗余、测试、修复资源的存储器架构的模块级示意图

这是有利于测试体系结构的，因为故障数据必须通过串行总线穿过所有介入的存储芯片返回到底部芯片，即使存储器可以并行测试。如果串行数据从更高的存储器层进入 BISR，则表明在多个存储器层上有故障，那么 BISR 不需要等待所有测试数据返回。一个备用圆柱可以简单地分配到该区域，减少测试时间。此外，可以为故障单元的实例保存备用的行和列，以便更好地利用备用件。

整个存储器架构的面积消耗相对较小，这是共享测试和修复资源的一个优势。测试和修复架构所需的额外消耗主要有两个来源。首先，每个存储器芯片需要它自己的 FSM 控制器、一个比较器和一些额外的专用逻辑。这些专用电路所使用的 TSV 需要更大的芯片面积。比较器需要 8 个 TSV 来实现一个四芯片存储器堆叠，FSM 需要 $\log_2 4$ 个 TSV，而附加逻辑还需要 3 个 TSV 来实现，总共 13 个 TSV。在 TSV 间距为 $10\mu m$、工艺为 50nm、DRAM 密度为 $27.9Mb/mm^2$，在四芯片存储器的情况下，每个芯片的面积开销约为 0.46%，相对较小。

用前面例子中给出的技术制作的 3D 堆叠存储器中有 a 个芯片，每个芯片具有 b 个存储单元，每个存储单元有 c 个字位，每个存储芯片的面积开销 A_h 可以确定为

$$A_h = \frac{3488 \cdot (\log_2 a + c + 3)}{b \cdot c} \tag{2.27}$$

式中，$\log_2 a + c + 3$ 是修复架构所需 TSV 的数量。

全局冗余架构还会在测试电路（如 BIST、BISR 等）和 GRU 的底层芯片上增加额外的开销。底层芯片上的故障缓存必须存储任何故障单元的所有地址位置，以便在任何位置为故障存储器或故障行利用空闲资源（我们将在下一节中详细讨论）。在最坏的情况下，用于故障缓存和所有测试和修复电路的面积开销将达到 11.5%，尽管实际上可能会更少。

2.5.3.1　备用件分配与修复分析

为了在 2D 存储器中分配冗余资源，工业上常用的算法是改进的基本备用旋转算法（Modified Essential Spare Pivoting，MESP）[75]。文献 [74] 的作者针对图 2.21 的 3D 存储器架构改善了该算法。改进后的算法称为 3D 全局基本备用旋转算法（3D – Global Essential Spare Pivoting，3D – GESP）。3D – GESP 算法与 MESP 算法主要有两个不同之处。首先，3D – GESP 不区分备用行和备用列。GRU 中的每个备用入口都可以被用作由 BIRA 电路确定的行或列。这将最大限度地利用空闲资源，例如，当只有备用列未使用时，BIRA 将永远不需要备用行。其次，3D – GESP 和 MESP 之间的另一个主要区别是，在 3D – GESP 中，每个 GRU 入口都可以用于错误的存储器行或列的任何位置。在 MESP 中，GRU 替换只能在存储器的边界，而不考虑故障单元的位置。

通过仿真，确定了全局冗余架构和 3D – GESP 算法的优点。采用聚类故障模型，平均每个芯片有 23.5 个故障单元。每个芯片包含一个 $1024 \times 1024 \times 8$ 位的内存阵列。每个芯片上的 GRU 的数量是不同的，它指的是可供修复的备用件的数量。例如，如果有 10 个 GRU，那么 10 个故障行和列的任何组合都可以被替换。每个 GRU 的网格大小也是不同的，其中网格大小指的是每个 GRU 可以替换的列或行的宽度。例如，如果网格大小为 32，GRU 可以替换或列为 32×8 连续字位。

图 2.22 比较了本节讨论的全局冗余架构与局部和半全局冗余架构。在

GRU 网格大小为 128 的情况下，对 1000 个八芯片存储器堆叠进行了模拟。在该情况下，修复率被认为是在每种架构下完全可修复的八芯片存储器堆叠的百分比。半全局体系结构是指底部和顶部的 4 个芯片都可以访问一半的 GRU 资源，而对于本地冗余方案，每个存储芯片包含自己的 GRU 资源份额，不与其他芯片共享。

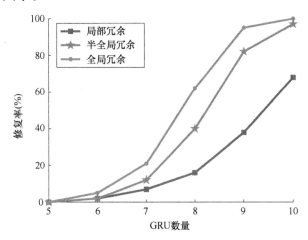

图 2.22　对于不同数量的 GRU，全局冗余、局部和半全局冗余架构比较

如图 2.22 所示，在所有五种 GRU 尺寸上，全局冗余共享方案优于半全局和局部共享方案。全局修复架构的性能比本地架构平均高出 27%，其中 8 个 GRU 资源的最大改善率为 59.9%。全局修复方案比半全局修复方案平均高出 8.6%，其中 8 个 GRU 资源的改善幅度最大，达到 22.3%。随着 GRU 资源数量的增加，由于局部和半全局修复方案有更多的可用资源来实现完全修复，全局修复所提供的修复率改善效果逐渐减弱。这表明全局方案能够更好地将多余的资源分配给那些需要这些资源的芯片。

与全局冗余存储器架构的 2D MESP 算法相比，图 2.23 展示了 3D 感知 3D - GESP 算法在分配备用资源方面的优势。图 2.23a 提供了网格大小为 4 的结果，而图 2.23b 和 c 分别提供了网格大小为 8 和 16 的结果。对于所有网格大小，3D - GESP 算法在分配备用资源上显著优于 MESP 算法，从而提高堆叠良率。平均而言，3D - GESP 算法比 MESP 算法多修复 8.3% 的存储器，最大改善幅度为 27.6%。

随着备用资源网格大小的增加，3D - GESP 算法的改进效果减小。这部分是由于使用了聚类故障模型。当 MESP 算法试图修复故障存储器时，与 3D - GESP 算法相比，需要在存储器边界分配资源，需要更多的 GRU 入口来实现修复。然而，随着网格大小的增加，GRU 资源更有可能用单个 GRU 资源覆盖存储单元故障集群。

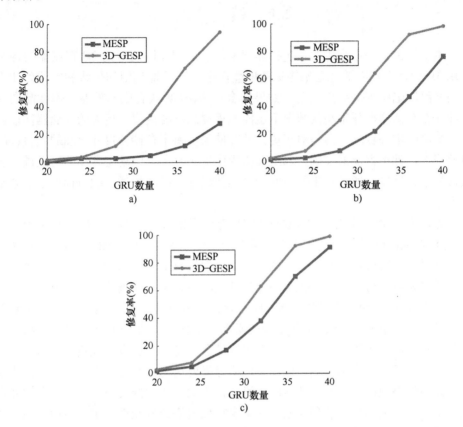

图 2.23　3D – GESP 算法与 MESP 算法用于 3D 存储器的修复性能比较

a）网格尺寸为4　b）网格尺寸为8　c）网格尺寸为16

2.5.4　总结　★★★

小节总结

- 讨论了三种测试和修复体系结构——层间冗余、芯片间冗余共享和全局冗余共享。
- 层间冗余是提高堆叠良率的一种经济有效的方法，特别是对于有许多芯片的存储器堆叠。
- 芯片之间的冗余共享，特别是与晶圆匹配相结合时，可以显著提高堆叠良率。当每个芯片的备件数量较低时，改进更为显著。
- 与半全局和局部架构相比，全局冗余共享可以减少存储器芯片的面积开销并提高良率，但由于无法进行键合前存储器测试，不能使用晶圆配对。

2.6 结 论

本章讨论了一系列主题，包括晶圆配对、利用晶圆配对的 3D 存储器架构和利用 3D 设计中特有的冗余架构提高堆叠良率，以及检测用作位线和字线的 TSV 上的开路缺陷所需的故障模型。如果键合前 KGD 测试有成本效益，那么晶圆配对即使在存储器尺寸很小的情况下也能显著提高堆叠良率。更大的存储器往往会产生更高的堆叠良率，但是对于更大的存储器，每个存储器尺寸增加的收益提高显著降低。动态存储器在制造和组装流程中更为复杂，但动态存储器可以进一步改进静态存储器。通过优于其他匹配过程的最佳的晶圆配对，配对标准也显著影响良率。

测试依赖 TSV 作为字线和位线的 3D 存储器架构所需的故障模型与用于测试 2D 存储器的故障模型不同。这主要是由于相邻 TSV 之间耦合的增加。访问故障的字线进行读写或试图写入错误的位线将导致没有单元访问。从与故障字线相邻的字线读取数据可能会由于耦合而导致性能故障，该故障被建模为 RDF 故障。

晶圆配对和 BIST 电路能够感知 3D 存储器的测试需求，这对于保证存储器堆叠良率非常重要。3D 存储器架构的类型、所使用的冗余类型、测试和修复电路的位置，以及备用资源极大地影响了存储器的良率和成本。冗余层可以用来提高良率，而且具有成本效益，即使它们明显需要更高的制造成本。冗余层的成本效益随着堆叠规模和每个芯片故障的增加而增加，尽管低堆叠良率会对层间冗余的成本产生负面影响。利用层间冗余共享可以更好地分配堆叠中的备用资源，并配合晶圆配对来显著提高堆叠良率。全局冗余可以作为一种低成本的测试和修复方法，但不能用于晶圆配对，因为它不允许键合前测试。

第 **3** 章 »

TSV内置自检

3.1 引　　言

在堆叠之前对单个芯片进行键合前测试对于保证 3D SIC 的良率至关重要[42,43]。一个完整的确定合格晶圆（Known – Good – Die，KGD）测试需要测试芯片逻辑、电源和时钟网络，以及在堆叠中键合后互连的 TSV。本章及之后的第4 章将重点介绍键合前 TSV 测试。在本章中，我们将探讨 BIST 技术、其对键合前 TSV 测试的适用性，以及 BIST 方法的优缺点。

TSV 测试可以分为两个不同的类别——键合前测试和键合后测试[42,43]。键合前测试使我们得以检测 TSV 制造中的固有缺陷，如杂质或空洞，而键合后测试可以检测由减薄、对齐和键合引起的故障。成功的键合前缺陷筛选可以使有缺陷的晶圆在堆叠前就被舍弃。因为"脱键"晶圆的方法还没有实现，甚至仅仅一个有缺陷的晶圆也会迫使我们舍弃已堆叠的 IC，包括堆叠中的所有合格晶圆。

除了舍弃有缺陷的芯片外，键合前 TSV 测试还有其他优势。键合前测试和问题诊断有助于在键合前对缺陷进行定位和修复，例如在包含备用或冗余 TSV 的设计中。微凸点沉积后可以进行的 TSV 测试也可以针对微凸点内部或 TSV 与微凸点键合处出现的缺陷进行测试。此外，可将晶圆按功率或工作频率等参数进行分档，然后在堆叠过程中进行匹配。

TSV 起到互连作用，因此有许多键合前缺陷会影响芯片功能[38]。图 3.1 给出了几个缺陷实例及其对 TSV 电学特性的影响。图 3.1a 展示了一个无缺陷的 TSV，它被建模为一个集总 RC 电路，类似于导线。TSV 的电阻取决于它的几何形状和 TSV 柱的材料。例如，如果我们不失一般性地假设一个 TSV 由铜（Cu）制成，且具有氮化钛（TiN）的扩散势垒，则可以确定体 TSV 电阻（R_{TSV}）见式（3.1）[26]：

$$R_{TSV} = \frac{4\rho_{Cu}h}{\pi d^2} \left\| \frac{\rho_{TiN}h}{\pi(d + t_{TiN})t_{TiN}} \right.$$ 　　　　(3.1)

式中，h 为 TSV 柱的高度；d 为柱的直径；t_{TiN} 为 TiN 扩散阻挡层的厚度；ρ_{Cu} 和

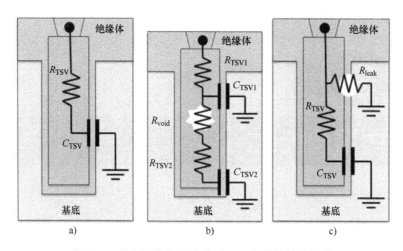

图 3.1　几个缺陷实例及其对 TSV 电学特性的影响

a）无故障 TSV　b）具有空洞缺陷的 TSV　c）具有针孔缺陷的 TSV 的电气模型示例

ρ_{TiN} 分别为 Cu 和 TiN 的电阻率。TSV 的电阻确定为铜柱电阻和氮化钛势垒电阻的并联电阻。一般而言，TSV 柱的直径 d 远大于 TiN 势垒的厚度 t_{TiN}，并且 ρ_{TiN} 几乎比 ρ_{Cu} 大 3 个数量级。因此，R_{TSV} 可以近似写为

$$R_{TSV} \approx \frac{4\rho_{Cu}h}{\pi d^2} \tag{3.2}$$

类似地，TSV 的电容可以由支柱和绝缘体的材料和几何形状来确定。我们再假想一个 Cu 柱和作为介质绝缘体的二氧化硅（SiO_2）。对于图 3.1a 所示的 TSV，其埋置在衬底上，柱子的两侧和底部均为绝缘体，其体 TSV 电容可以计算见式（3.3）[26]：

$$C_{TSV} = \frac{2\pi\epsilon_{ox}h_c}{\ln[(d+2t_{ox})/d]} + \frac{\pi\epsilon_{ox}d^2}{4t_{ox}} \tag{3.3}$$

式中，t_{ox} 是绝缘体的厚度；ϵ_{ox} 是 SiO_2 的介电常数；体电容 C_{TSV} 是低频、高电压工作下的最大电容。在式（3.3）中，右边第一项模拟了 TSV 柱与侧壁之间形成的平行板电容，右边的第二项对 TSV 柱和底盘之间的电容进行了建模。如果将 TSV 埋置在沿底部无绝缘层的基板中，或者在芯片减薄后露出 TSV 柱，则 TSV 电容变为

$$C_{TSV} = \frac{2\pi\epsilon_{ox}h_c}{\ln[(d+2t_{ox})/d]} \tag{3.4}$$

TSV 柱或侧壁绝缘体中的缺陷会改变 TSV 的电气特性。图 3.1b 提供了 TSV 柱中微孔的影响。微孔是 TSV 柱材料中的一种破损，可由不完全填充、TSV 的应力开裂和其他制造问题引起。这些微孔增加了 TSV 柱的电阻，并且根据缺陷

的严重程度，会表现为小的延迟缺陷乃至阻性开路等症状。在高阻值和微孔开放的情况下，从电路端可以看出，TSV 的体积电容可能会减少，因为很大一部分贡献电容的 TSV 可能会从电路中分离出来。如图 3.1b 所示，TSV 的体电阻和体电容分别为 R_{TSV1}、R_{TSV2} 和 C_{TSV1}、C_{TSV2}。

图 3.1c 提供了侧壁绝缘体的针孔缺陷。针孔缺陷是指 TSV 周围的绝缘层中存在的孔洞或不平整，导致 TSV 与衬底之间存在阻性短路。针孔缺陷可能是由困在绝缘体中的杂质、不完全的绝缘体沉积或绝缘体中的应力断裂等引起的。根据缺陷的严重程度，TSV 的泄漏可能会因为泄漏到基板的路径的存在而显著增加。

键合前存在的微孔、针孔和其他 TSV 缺陷可能会随着时间的推移而加剧。电迁移、热迁移和物理应力会导致 TSV 早期失效。许多缺陷会导致功耗和发热的增加，并可能在键合前和键合后加剧物理应力，也就进一步加剧早期和长寿命的失效故障。一个彻底的键合前 KGD 测试应该包括一个 TSV 老化测试，以筛选这些类型的故障。

由于多种因素的影响，键合前 TSV 测试难度较大。因为 TSV 间距和密度的限制，键合前测试访问受到严重限制。目前使用悬臂或垂直探针的探针技术要求最小间距为 35μm，但 TSV 的间距为 4.4μm，间隔密度为 0.5μm[50]。如果不在 TSV 上引入大的探针垫或在晶圆的表面引入类似的着陆垫[27]，目前的探针技术还做不到与单个 TSV 接触。添加大量着陆垫是不可取的，因为它们显著减小了 TSV 和 TSV 着陆垫的间距和密度。因此，与键合后测试期间可用的 I/O 相比，键合前测试人员可用的测试 I/O 数量显著减少。此外，TSV 在键合之前是单端的，即只有一端绑定到晶圆逻辑上，另一端是浮动的（或者在沉积的 TSV 没有底部绝缘的情况下键合在衬底上）。这使得 TSV 测试变得复杂，因为标准的功能和结构测试技术，比如固定测试和延迟测试，无法在 TSV 上进行。

由于这些困难，研究中引入了一些新兴的 BIST 技术来进行键合前 TSV 测试[26,38,41,61]。BIST 技术只需要很少的外部信号来执行测试，通常只需要电源/接地、时钟和 BIST 使能触点。因此，BIST 技术非常适合于键合前测试的测试-访问约束。此外，BIST 技术不需要昂贵的测试仪器或探针卡与电路接口，并提供测试数据或分析测试响应。

BIST 技术也有缺点。目前没有用于键合前 TSV 测试的 BIST 架构能够检测距离有源器件层最远的 TSV 附近或末端的阻性缺陷。这是由于这些阻性缺陷导致 TSV 电容没有明显的增加或减少，因为大部分最接近测试架构的 TSV 是完整的。此外，BIST 技术并没有为 TSV 老化测试提供途径，因此无法筛选出可能故障的 TSV。BIST 技术所使用的测试电路，如分压器或读出放大器等，无法事先校准，并且在芯片上会受到工艺变化的影响。这会影响参数测试的准确性。

本章的剩余部分探讨了几种用于执行键合前 TSV 测试的 BIST 技术。3.2 节探讨了基于分压器和比较器（包括有限的修复能力）检测 TSV 短路的技术。3.3 节研究了使用读出放大器的类 DRAM TSV 测试架构。3.4 节讨论了一种使用环形振荡器配合多个电压等级来提高测试精度的测试方法。最后，3.5 节对本章进行了总结。

3.2　通过电压分频和比较器进行 TSV 短路检测和修复

本节描述了一种键合前 BIST 架构[41]，该架构能够检测到接地的 TSV 短路，其电特性如图 3.1c 所示，并将其分为 3 个不同的类别：合格的 TSV、可修复的 TSV 和损坏的 TSV。这些类别是根据 TSV 路径的接收端信号退化程度进行区分的。

图 3.2 提供了 TSV 短路的影响结果。所有曲线的横坐标关于泄漏电阻 R_{leak} 呈对数增长。图 3.2a 提供了 R_{leak} 对信号摆动的影响。500Ω 或更大的漏电阻导致 TSV 电压（V_{TSV}）在从低到高的转变过程中没有明显变化。图 3.2b 提供了 R_{leak} 对 TSV 延迟的影响。在这个例子中，与大约 20kΩ 或更小的 R_{leak} 相关联的高延迟会导致 TSV 路径上的时序故障。图 3.2c 提供了 R_{leak} 对跨 TSV 的驱动/接收对的综合功耗影响。高功耗会导致电力网络故障和热引诱故障。

该架构的目的在于，一个合格的 TSV 被认为是一个由低到高转换后电压超过 90% 的 V_{DD}。这对应一个高 R_{leak} 电阻，或一个绝缘完好的 TSV 柱。在图 3.2a 的例子中，在 R_{leak} 大于约 20kΩ 时，会出现该情况。

可修复 TSV 是指其 V_{TSV} 能达到可接受的 V_{DD} 值，例如超过 50%，但不是无缺陷的 TSV。在考虑信号和电源噪声时，可接受的值将取决于 BIST 架构持续检测到较高的电压范围。尽管在修复前信号摆动已经减少，该有缺陷的 TSV 将在修复前后在接收器处引起逻辑转换。在图 3.2a 的例子中，当 R_{leak} 在 $10 \sim 20\text{k}\Omega$ 之间时，会出现该情况。在该架构中，可修复的 TSV 可能恢复接收端的信号完整性。

损坏的 TSV 是具有低 R_{leak} 值的 TSV，因此 TSV 上的信号无法转换。如图 3.2c 所示，这些缺陷也会导致显著的功耗，并且容易导致过热。以图 3.2a 为例，一个损坏的 TSV 漏电阻阻值小于 10kΩ。

3.2.1　TSV 短路检测/修复 BIST 体系结构的设计　★★★◀

图 3.3 展示了基本的测试架构。该架构利用分压器和比较器来解决 TSV 短路故障，并为一些 TSV 提供可修复性。在示意图的底部提供了 TSV。该架构中的 TSV 柱可以被测出其是否嵌入在基板中且完全被绝缘体包围，或者其是否在减薄后暴露。该测试架构无法检测嵌入在衬底中且 TSV 柱底部没有绝缘体的

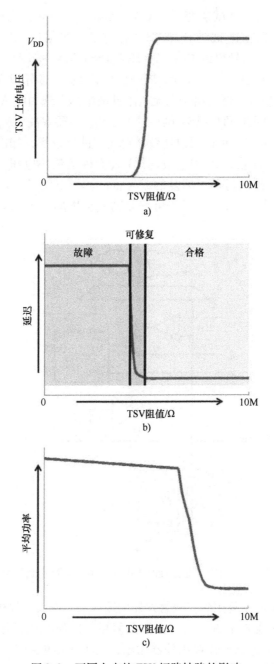

图 3.2　不同大小的 TSV 短路缺陷的影响

a）对信号摆动的影响　b）对传播延迟的影响　c）对平均驱动器和接收器功率的影响

TSV 上的故障。

在图 3.3 中，TSV 测试逆变器（TSV – Test – Inverter，TTI）被添加到 TSV 路径中。TTI 输出到立即被键合到 TSV 的网络。在测试 TSV 过程中，TTI 门（TTI – Gate，TTIG）信号得以维持，而 TSV_TEST 信号被保持在低位。在此模式下，TTI 的 PMOS 电阻（R_{pTTI}）和 TSV 柱电阻的一部分以及 TSV 短路缺陷（R_{leak}）的电阻形成分压器。由于在无电阻性故障的 TSV 中，R_{leak} 对分压器的影响比 R_{TSV} 大得多，因此 TTI – TSV 网络的电压 V_{TSV} 主要取决于 R_{leak} 的值。

为了确定电压 V_{TSV}，可以通过比较器对电压进行采样，如图 3.3 所示。将其与参考电压 V_{ref} 进行比较，其中 V_{ref} 被选作 V_{TSV} 允许的最小电压，同时考虑到 R_{leak} 足够大，因此 TSV 被认为是可修复的或合格的。举个例子，V_{ref} 可以设置为 V_{DD} 的 50% 或 60%。因此，比较器对于可修复的或合格的 TSV 输出 1，对于损坏的 TSV 输出 0。

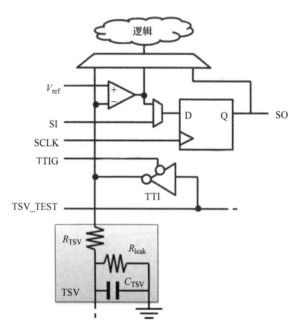

图 3.3　具有可修复性的 TSV 短路故障分箱测试架构

比较器的输出可以复用到扫描触发器的输入端。图 3.3 提供了比较器的输出与扫描触发器的正常扫描输入（SI）多路复用，以便在测试模式下读取它。扫描时钟（SCLK）通过脉冲锁存比较器输出，由于输出依赖于分压器的值，不需要复杂的信号传播，因此对 SCLK 的时序没有明显的限制。比较器的输出被锁存到扫描触发器中（扫描触发器穿过所有在晶圆上测试的 TSV），然后扫描输出响应以进行分析。

这样的第一道测试将可修复的和合格的 TSV 与损坏的 TSV 分开，但没有为测试人员提供足够的信息用以从可修复的 TSV 中区分出好的 TSV。为了将两者分开，需要进行第二道检测流程。对于第二道，V_{ref} 被提升到更高的电压，例如 V_{DD} 的 90%，对应于 V_{TSV} 的最低电压，这个电压对于合格 TSV 来说是可以接受的。再次锁存比较器的输出并将结果扫描输出来。第二道检测的结果可以与第一道进行比较，导致第一次输出为 0 的 TSV 是损坏的，导致第一次输出为 1 而导致第二次输出为 0 的 TSV 是可修复的。其余所有的 TSV 都是合格的。

在正常电路工作或正常测试期间，TTIG 不再保持，从而产生高阻抗输出到 TTI，以免干扰 TTI – TSV 键合处的信号。在正常测试模式下，扫描触发器可以接收输入进行标准结构测试。

3. 2. 2　基于 BIST 结构的 TSV 修复技术　★★★

图 3.3 的架构可用于恢复正常电路工作期间修复 TSV 的退化信号。比较器利用其第一道 V_{ref} 值作为电平转换器。在该情况下，它接收一个由于低泄漏电阻 R_{leak} 而退化的信号作为输入，例如 V_{DD} 的 50% 或 60%，并在比较器的输出处将其恢复到 V_{DD} 的 90% 或更高。

经过测试后，当所有可修复的 TSV 被识别时，比较器和其余芯片逻辑之间的多路复用器的输入信号可以永久设置为通过比较器的输出，从而使测试电路处于修复模式。通过该方式，比较器以一些小的附加延迟恢复通过 TSV 的任何信号。对于合格的 TSV，多路转接器设置为在 TTI – TSV 键合处传递值，从而使测试电路处于旁路模式。当检测到一个或多个损坏的 TSV 时，这些 TSV 不能使用，并且必须舍弃晶圆，除非还存在其他修复架构。

3. 2. 3　BIST 和修复架构的结果和校验　★★★

通过对 3D SIC 基准的模拟，可以检验所提出架构的可行性。使用 45nm 预测技术节点[56]对文献 [62] 中描述的快速傅里叶变换（Fast – Fourier – Transform,FFT）3D SIC 进行了仿真。FFT 电路包含 320000 个逻辑门，分布在一个面对面堆叠中的两个晶圆上。在文献 [62] 的设计中，TSV 使用过孔优先工艺创建。堆叠中的每个晶圆包含 6 个金属层，每个晶圆的平面尺寸为 1.08mm × 1.08mm。

在不同的 TSV 计数下，产生了不同的 3D SIC 设计。为此，采用最小切割算法将网络列表划分为两个芯片。之后再执行一定数量的切割，每个晶圆上的每道切割会形成一个 TSV。然后将 TSV 和标准单元置于每个 TSV 位置的约束下。然后执行布线和优化以完成 3D SIC。我们使用 Synopsis（新思）公司的 Primetime 工具用于时序分析。

利用 45nm 的设计和适当的 V_{ref}，该架构已被证明能够将大量的 R_{leak} 值分为合格的、损坏的和可修复的类别。图 3.4 显示的分别是，与设计中 TSV 的面积开销相比以及 BIST 和修复架构的面积开销。随着设计中 TSV 数量的增加，TSV 面积和测试架构面积开销都大致呈线性增长。在所有情况下，TSV 的面积开销都远大于 BIST 架构。例如，当有 1500 个 TSV 时，TSV 占用了大约 20% 的晶圆面积，而测试架构占用的晶圆面积不到 4%。在有 2000 个 TSV 的情况下，BIST 架构的面积开销保持在 5% 以下。

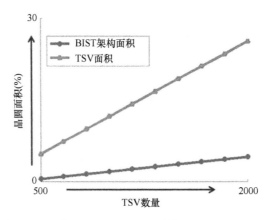

图 3.4　给定晶圆上的 TSV 数量，TSV 和 BIST 结构的面积开销百分比（彩图见插页）

图 3.5 提供了在不同 R_{leak} 电阻下，测试架构和修复架构对 TSV 路径延迟的影响。该延迟影响是通过 HSPICE 仿真来模拟的。提供了未添加 BIST 架构情况下的 TSV 路径、测试架构为旁路模式的 TSV 路径和测试架构为修复模式的 TSV 路径的趋势线。x 轴方向是呈对数增长的。对于低 R_{leak} 阻值的 TSV，当 R_{leak} 阻值为 8kΩ 时，TSV 和测试电路在旁路模式下的 TSV 的延时显著增加，最多可达

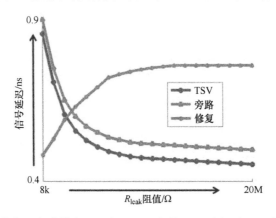

图 3.5　在修复和旁路模式下，有无 BIST 架构 TSV 路径延迟（彩图见插页）

0.9ns。当比较器用作电平转换器时，使用测试架构的修复模式可以显著降低该延迟。在该情况下，路径延迟在R_{leak}为8kΩ时减少到5ns以下。这是由于信号摆幅的改善。随着R_{leak}阻值增加到合格值时，实验表明在旁路模式下BIST架构对路径延迟的影响很小——比单独的TSV大约长0.3ns。

3.2.4　BIST 和修复架构的局限性 ★★★

在本章描述的各种架构中，BIST技术是独一无二的。因为它的电路可以被重复使用来修复有缺陷的TSV，这为它的使用增加了重要的实用性。此外，不需要使用任何可能导致测量不准确的数字测量电路。然而，制造过程中的工艺变化会给本章中描述的BIST体系结构增加很大的不确定性。工艺变化会导致PMOS TTI电阻发生变化，从而改变电压V_{TSV}，其中TTI作为分压电阻的一部分继续工作。同样的，比较器电路中的工艺变化也会进一步影响分装结果。

TSV故障的严重程度也会使测量复杂化。TSV有可能同时出现BIST架构无法检测到的漏电和阻性缺陷。例如，如果一个小于20kΩ的R_{leak}被认为是错误的。采用分压测量的方法，在15kΩ的TSV和8kΩ的R_{leak}的情况下，一个阻性缺陷不会被记录为损坏，即使它有明显的故障。在许多情况下，TSV泄漏和阻性变化会组合出现，例如当有一个巨大的杂质破坏TSV柱和周围的绝缘体时。

使用该方法的可修复的TSV类别可能只有有限的适用性。在实际电路中，较低的R_{leak}阻值可能会影响TSV的可靠性。由于加热、电迁移等原因，TSV可能会随着时间的推移而迅速退化。例如，用一个备用TSV替换一个可修复的TSV的修复方案不会随着时间的推移而退化，但是利用比较器进行电平转换架构的修复方法会因此而退化。因为随着时间的推移，TSV短路变得更强，该架构的修复机制最终将失败。

3.2.5　总结 ★★★

小节总结

● 可以将逆变器添加到TSV路径以通过分压检测短路。

● 比较器可以在不同的参考电压下使用，将TSV分为合格、损坏和可修复的类别。

● 比较器可用作电平转换器，为可修复的TSV提供有限的修复。

● BIST架构面积开销随TSV数量线性增长。

● 工艺变化和阻性TSV故障会影响测试电路结果的质量。

● 随时间推移，修复架构无法顾及TSV可靠性。

3.3 基于读出放大器对 TSV 进行类 DRAM 和类 ROM 测试

本节详细介绍了键合前 BIST 架构,如文献 [26] 所述。根据晶圆中存在的 TSV 类型,使用两种不同的测试方法。第一种类型的 TSV,其 TSV 柱在减薄后裸露或在减薄前完全绝缘被称为盲 TSV。可将盲 TSV 看作 DRAM 单元,在测试期间对其电容进行充电和放电,以确定 TSV 时间常数是否在可接受范围内。第二种类型的 TSV 称为孔壁开槽 TSV。在该情况下,TSV 缺乏底部绝缘体帽,以至于 TSV 的末端被短路接到衬底上。孔壁开槽 TSV 可以像 NOR 型 ROM 单元一样处理,其中分压器用于判断 TSV 是否有故障电阻。

3.3.1 盲 TSV 的类 DRAM 测试 ★★★

利用类 DRAM 测试来确定盲 TSV 的时间常数。一组 TSV 属于同一个测试电路,它们共享一个读出放大器电路、预充电电路和写入电路。组内的每个 TSV 都按五个步骤进行测试:

1. 复位—所有 TSV 预充电到 V_{DD}。
2. 保持—通过关闭访问交换机隔离 TSV。将一个电荷共享电容偏置到设定电压。
3. 电荷共享—在 TSV 和电荷共享电容之间产生一个电荷共享电路。
4. 与 V_{RL}(参考电压低值)比较—通过读出放大器将电荷共享电压与 V_{RL} 比较。
5. 与 V_{RH}(参考电压高值)比较—通过读出放大器将电荷共享电压与 V_{RH} 比较。

对于一个被测 TSV(TSV Under Test,TUT),测试电路的电气模型如图 3.6 所示。TSV 电阻和电容分别用 R_{TSV} 和 C_{TSV} 表示。一个带有可变电阻 R_{switch} 的开关位于 TSV 和读出放大器及其对应的负载 C_{sense} 之间。图中提供了 TSV 电压(V_{TSV})和读出放大器的一个输入端的电压(V_{sense})。

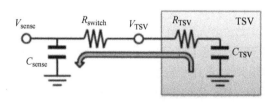

图 3.6 用于测试盲 TSV 的电荷共享电路的电气模型

每个 TSV 被有效地处理为一个 DRAM 单元。给每个 TSV 单元添加开关以使得它能被选择性地读取和写入。每个单元写入一个值，使得 TSV 电容上的电荷是已知的。然后读出该值并与通过读出放大器获得的参考电压进行比较。

在复位步骤中，TSV 电容 C_{TSV} 被充电到 V_{DD}。所有 TSV 同时进行这个步骤。在步骤 2 或保持步骤中，所有 TSV 都通过开关与 V_{sense} 节点断开键合，该情况下 R_{switch} 处于高阻抗状态。此时，C_{sense} 被充电到一个选定的偏置电压 V_{b}。

在步骤 3 或电荷共享步骤中，对应于 TUT 的开关切换到其低阻抗状态。这就在 C_{TSV} 和 C_{sense} 之间创建了一个电荷共享电路，其中电荷将从 TSV 电容移动到负载电容，如图 3.6 中箭头所示。该电荷共享是在一段时间内进行的，以使电压 V_{TSV} 和 V_{sense} 得以解决，并且考虑到有缺陷的 TSV 中的泄漏。因此，根据与 TSV 相关的时间常数，电压 V_{sense} 将稳定到不同的电压。

步骤 4 和步骤 5 将 V_{sense} 和两个参考电压之间的读出放大器进行比较。参考电压的选择取决于 C_{TSV} 的可接受范围。选择低电容 C_{L} 和高电容 C_{H}，如果 $C_{\text{L}} \leqslant C_{\text{TSV}} \leqslant C_{\text{H}}$，则 TSV 就没有故障。然后选择两个参考电压，$V_{\text{RL}}$ 和 V_{RH}，以选定在 V_{sense} 上可接受的电压，用于一系列时间常数。如果 $V_{\text{RL}} \leqslant V_{\text{sense}} \leqslant V_{\text{RH}}$，TSV 不存在故障。在步骤 4 中，将 V_{sense} 与 V_{RL} 进行比较，在步骤 5 中，将 V_{sense} 与 V_{RH} 进行比较。

图 3.7 提供了类 DRAM TSV 测试方法的单个测试模块电路实现。TSV 作为单元绑定到模块上，每个模块有 N 个 TSV。N 是根据面积开销、泄漏和寄生电容选择的。随着 N 的减小，TSV 测试的面积开销增加，因为在设计中需要更多的测试模块和相关电路来测试所有的 TSV。随着 N 的增加，TSV 选择线上的漏电流和寄生电容增加，因为在测试单个 TSV 时，未选择的 TSV 数量是增加的。

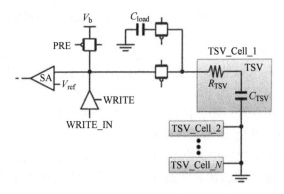

图 3.7　用于类 DRAM 型盲 TSV 测试的详细测试模块电路

在图 3.7 的电路中，传输门用于选择每个 TUT，并在保持期间将 V_{sense} 偏置到 V_{b}。三态缓冲区用于将写入驱动程序写入到每个 TSV 单元。一个读出放大器用于比较电荷共享到 V_{ref} 后的电压，其中 V_{ref} 是 V_{RL} 或 V_{RH}。

3.3.2　孔壁开槽 TSV 的类 ROM 测试　★★★

类 ROM 测试可以用来确定孔壁开槽 TSV 的电阻。假设 TSV 的末端，由于它被短接到衬底上，类似于接地。与类 DRAM 测试一样，多个 TSV 属于同一个测试模块。在该情况下，组内的每个 TSV 都需依次进行测试，分为 3 个步骤：

1. 选择—选择 TUT，打开其开关并关闭所有其他 TSV 开关。

2. 分压—通过 TSV 向地供应电流，创建分压器。

3. 读出—使用读出放大器将 TSV 电压与选定的电压电平进行比较。

对于一个 TUT，类 ROM 测试电路的电气模型如图 3.8 所示。TSV 电阻和电容分别用 R_{TSV} 和 C_{TSV} 表示。一个带有可变电阻 R_{switch} 的开关位于 TSV 和读出放大器及其对应的负载 C_{sense} 之间。V_{DD} 的电流源可用于通过 TSV 及其导通电阻 R_{source} 产生电流。该图展示了 TSV 电压（V_{TSV}）和读出放大器的一个输入端的电压（V_{sense}）。

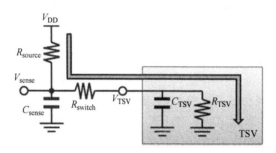

图 3.8　用于测试盲 TSV 的电荷共享电路的电气模型

每个 TSV 被有效地处理为一个 NOR 型 ROM 单元。开关被添加到每个 TSV 单元，以使它能被有选择地读写为内存阵列中的一列。分压用于创建一个电压 V_{sense}，通过读出放大器将其与可接受的电压进行比较。

在步骤 1（选择步骤）中，待测试的 TSV 开关被打开，所有其他 TSV 开关被关闭。对于 TUT，其 R_{switch} 将处于低阻抗状态。

在步骤 2（分压步骤）中，电流源键合到 TSV。电阻 R_{source} 为电流源的有效源电阻。当电流从电流源流出，穿过 TSV，并在 TSV 的孔壁开槽端接地时，这就产生了一个分压器。这个电荷流由图 3.8 中的箭头表示。然后，V_{sense} 的电压值将是关于 R_{source} 和 R_{switch} 的函数，这两个函数在一个工艺范围内已知，而 R_{TSV} 是我们想要确定的值。

在步骤 3（测试的感知阶段）中，电压 V_{sense} 通过读出放大器与参考电压 V_{ref} 进行比较。V_{ref} 的值是根据可接受的 TSV 电阻来选定。如果一个电阻 R_{H} 的值 $0 \leqslant R_{\text{TSV}} \leqslant R_{\text{H}}$，则认为 TSV 没有故障。需要说明的是，由于 R_{TSV} 相对于泄漏电阻

R_{leak} 较小，因此该测试方法将无法检测短路缺陷。选择参考电压，使得在分压期间如果 $V_{\text{sense}} < V_{\text{ref}}$，则 V_{sense} 无故障。对于一个包含多个 TSV 的测试模块，需要通过重复测试步骤依次测试每个 TSV。

图 3.9 给出了类 ROM 测试模块的详细电路实现。图中的传输门可充当开关，用来选择正在测试的 TSV，以及绑定或断开电流源。电流源如图 3.9 所示，负载为 1pF。三态缓冲器用于写入电路。一个读出放大器用于比较 V_{sense} 和 V_{ref}。

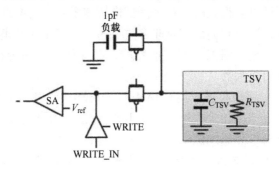

图 3.9　用于类 ROM 孔壁开槽 TSV 测试的详细测试模块电路

3.3.3　类 DRAM 和类 ROM 的 BIST 的结果和讨论 ★★★

文献［26］的作者进行了蒙特卡罗 HSPICE 仿真，以确定工艺变化对 BIST 测试的影响。晶体管尺寸和控制时序被设计为可以容纳 $N=100$ 的 TSV。也就是说，每个测试模块理想情况下应该会有 100 个 TSV 属于它，发生在 100 个 TSV 中的变动会产生不太准确的测试结果。

对于盲 TSV 的 BIST，当 $N=100$ 时，在工艺变化的情况下，过杀率（即合格的 TSV 被检测为故障的比率）<5%。过杀率随 N 的变化显著，$N=50$ 时约为 10%，$N=200$ 时则接近 30%。回想一下，当 $N=100$ 时，检测电路（读出放大器和相关逻辑）被校准，这也解释了当 N 偏离 100 时过杀率增加的一部分。这表明该方法对正确校准的敏感性，以及测试电路中的工艺变化会如何影响测试质量。

当一个有缺陷的 TSV 在 BIST 测试期间被认为合格时，缺陷的逃逸率也受到 N 和工艺变化的影响。对于所有的 N 值，当 TSV 电容值高于无故障 TSV 的最高可接受电容时，逃逸率较大。当 $N=100$ 时，在最大可接受无故障值以上，TSV 电容增加 20%，逃逸率接近 0%。当 $N=200$ 时，逃逸率大约为 5%，同样增加了 20%。随着 TSV 电容的进一步增大，逃逸率降低。

孔壁开槽 TSV 测试方法的结果表明，该方法不能用于有效筛选 TSV 的阻性缺陷。对于 TSV 电阻的标称值，$N=1$ 和 $N=200$ 的过杀率都接近 50%。如果将可接受的阻值范围提高到 43Ω 左右，$N=1$ 和 $N=200$ 的过杀率分别变为9%和15%左右。逃逸率在该松弛的抗性范围内也较高，分别为21%和18%。

3.3.4 类 DRAM 和类 ROM 的 BIST 的局限性 ★★★

虽然从已发表的作品中无法获得面积开销量，但与其他 BIST 技术相比，该开销很可能比较高。设计中的每个 TSV 单独作为测试目的的存储单元进行布线的难度和相关的开销可能很大的。每个测试模块需要一些大型组件，例如读出放大器和三态缓冲器，这对它们而言是非常重要的。这些元件可能包含较大的模拟元件，并且为了更好地抵消工艺偏差的影响，必须使用比作者在文献［41］中模拟的更复杂的读出放大器。

如文献［41］中模拟所述，类 DRAM 和类 ROM 测试方法在工艺偏差下表现不佳。居高不下的过杀率和逃逸率，表明 BIST 方法在有许多 TSV 的环境中可能无法使用，特别是对于分压测试电路。此外，分压法根本不能检测出短路缺陷。但这并不在我们的意料之外，因为孔壁开槽 TSV 测试困难，因此没有其他的 BIST 方法可用于 TSV 中的缺陷检测。一种更好的方法是在减薄后测试孔壁开槽 TSV，在该情况下，TSV 将作为盲 TSV 出现在任何 BIST 技术中。

3.3.5 总结 ★★★

小节总结
- 盲 TSV 可以作为 DRAM 单元处理，并通过电荷共享和读出放大器进行测试。
- 孔壁开槽 TSV 可作为 NOR 型 ROM 单元处理，并通过分压器和读出放大器进行测试。
- 在每个测试模块的 TSV 标称值下，类 DRAM 测试会导致较低的（5%或以下）逃逸率和过杀率。
- 类 ROM 测试对于孔壁开槽 TSV 测试是不切实际的，因为其具有非常高的逃逸率和过杀率。
- 用于测试 TSV 作为存储单元的互连路由在面积开销方面可能很大。
- 根据所需测试模块的数量，读出放大器和写入缓冲区的面积成本可能很大。

3.4 基于多电压级环形振荡器的 TSV 参数测试

本节介绍了一种通过将一个或多个 TSV 键合到一个环形振荡器（Ring Oscillator, RO）来检测电阻开路、电容和泄漏故障的键合前的方法[60,61]。根据方程（3.5），信号的反转导致 RO 的输出以一定的频率在高和低之间振荡：

$$f_0 = \frac{1}{2m\,\tau_i\tau_p} \tag{3.5}$$

式中，f_0 是振荡频率；m 是 RO 中逆变器级的（奇数）数目；τ_i 是逆变器的延迟；τ_p 是寄生效应对 RO 中所有互连的附加影响。

3.4.1　环形振荡器测试电路及缺陷模型　★★★

图 3.10 展示了单个 TSV 键合到环形振荡器测试电路的示例。TSV 节点两侧由两个电路组成，这两个电路在 TSV 上构成一个双向 I/O 单元。

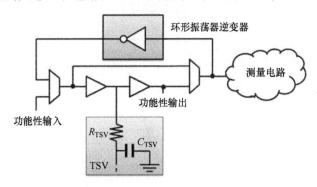

图 3.10　TSV 和带有一个 TSV 的环形振荡器测试电路

文献［61］的作者假设所有的 TSV 都将把这样的 I/O 单元作为片上电路的一部分，尽管在实际中（特别是对于逻辑 – 逻辑芯片）为了节省取决于功能电路需求的晶圆面积，I/O 单元可能只是单向的。在 I/O 单元周围，设计中添加了两个多路复用器——一个用于在功能输入和 RO 输入之间切换，另一个用于绕过 TSV 和 I/O 单元或将其包含在 RO 回路中。在图 3.10 中，利用单个逆变器创建 RO，并通过测量电路测量其频率。

在实际应用中，该测量电路相对简单，如二进制计数器或线性反馈移位寄存器（Liner – Feedback Shift Register，LFSR）。二进制计数器或线性反馈移位寄存器的值会随着 RO 的每个脉冲而改变，经过一段时间后，线性反馈移位寄存器中的值可以与期望值进行比较。根据测量值高于或低于期望值的偏差，可以估计振荡频率。二进制计数器在固定时间后产生一个值，其输出可以直接映射到一个振荡频率。LFSR 需要更少的门就能达到与二进制计数器相同的计数极限，但需要一个查找表的输出来确定 f_0。

由于 TSV 放置在 RO 的一个节点上，TSV 电气特性的变化，例如由 TSV 柱或绝缘体中的缺陷引起的变化，会影响 RO 的振荡频率。从式（3.5）中可以看出，振荡频率的变化取决于 RO 路径上的寄生参数。TSV 缺陷对 f_0 的影响将取决于缺陷的位置、严重程度和类型。

图 3.11 提供了泄漏和阻性开路故障对 f_0 影响的示例。如图 3.1c 所示，泄漏故障通过一些电阻 R_{leak} 创建一条通向地面的泄漏路径。由于电荷的持续损失，该泄露导致驱动器对 TSV 电容充电更缓慢。同时，电荷的损失会导致 TSV 电容放电更快。泄漏故障对 TSV 电容充电时间的影响强于对其放电的影响。因此，与无故障 TSV 相比，在一个由低到高和一个由高到低过渡的 RO 振荡的周期内，当存在泄漏缺陷时，f_0 将更长。对于 3kΩ 的泄漏故障，该效应将使 RO 信号的传播延迟增加约 30ps。

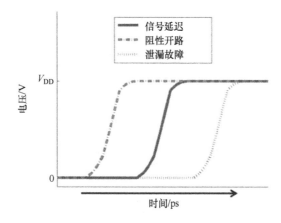

图 3.11　泄漏和阻性开路故障对环形振荡器电压波形可能产生的影响

TSV 上的阻性开路缺陷（如图 3.1b 所示）将对 f_0 产生不同的影响，这取决于它的位置和严重程度。在文献［61］中，作者假设阻性开路缺陷是突变的，这意味着整个阻性增加发生在沿 TSV 长度的一个点位置。我们暂时维持这一假设。对于一个突变的缺陷，从 I/O 单元的方向看 TSV，TSV 的电容将被分割成两个电容，在我们的例子中表现为被故障的 R_{void} 隔开。这样做的影响是减少了 RO 所经历的 TSV 的有效电容，从而减少了 RO 信号的传播延迟，如图 3.11 所示。

TSV 柱中的缺陷离 RO 节点越近，对 f_0 的影响就越大，因为 TSV 电容会越小。电阻缺陷越靠近 TSV 的末端，对 f_0 的影响就越小，因为 RO 节点所经历的电容将接近 TSV 的无故障值。较大的 R_{void} 缺陷会增加 TSV 电容之间的分离强度，因此较小的 R_{void} 缺陷无论在哪个位置都更难检测。举例来说，在 TSV 柱的长度中，一个 3kΩ 的缺陷将 RO 的 TSV 节点的传播延迟减少约 20ps。

使用 RO 的一个优势是，对于每一个额外的 TSV，通过复制图 3.10 所示的多路复用器和旁路路径，可以将多个 TSV 串接在一起，作为同一个 RO 路径的一部分。每个 TSV 寄生在 RO 路径上的累积效应将决定 f_0。利用该方法，在同一个 RO 上可以使用 N 个 TSV 来降低 f_0，并降低测量电路运行所需速度。通过在 RO

路径上增加额外的逆变器，可以进一步降低振荡频率，或者在不增加 RO 上 TSV 数量的情况下降低振荡频率。属于同一个 RO 的 TSV 可以复用相同的测量电路和 RO 逆变器，从而减少完整测试架构的面积开销。

3.4.2　电阻故障检测和电源电压的影响　★ ★ ★

文献 [61] 的作者对 $N=5$ 的环形振荡器进行了 HSPICE 模拟。为了测试阻性故障，RO 中的一个 TSV 被建模为 TSV 柱长度中的阻性开路缺陷。为了准确测量 TSV 寄生效应对 f_0 的影响，首先对 RO 振荡频率进行初始测量，然后依次对每个 TSV 进行测试。或者，可以同时测量多个 TSV，但这样会损失测量分辨率。例如，为了测试一个 TSV，使所有 TSV 处于旁路状态并测试使用初始振荡周期 T_1，以确定本机 RO 频率。然后，使 RO 路径上的待测 TSV（TUT）启用并使所有其他的 TSV 处于旁路状态测量一个振荡周期 T_2。在每个步骤中，T_1 和 T_2 被发送到测试设备进行评估。导致 TSV 寄生的重要差异 ΔT 被定义为

$$\Delta T = T_2 - T_1 \tag{3.6}$$

通过此减法操作，未被测试的 TSV 的 I/O 单元、多路复用器等的传播延迟的影响将从最终结果中移除。仅考虑 TUT 的延时和寄生。这有助于抵消制造工艺变化的影响，其中，这些变化会导致门极和互连延迟出现小偏差，影响 RO 频率。

图 3.12 提供了 TSV 柱长度中不同电阻变化的阻性开路缺陷对 ΔT 的影响。一般而言，随着缺陷电阻 R_D 增加，由于缺陷周围 TSV 电容分离强度增加，对 ΔT 的影响增加，而 ΔT 会因为缺陷周围 TSV 电容的分离的力量的增加而减少。由图 3.12 可知，由于有故障缺陷与无故障缺陷相混，约 500Ω 或更小的小缺陷很可能是无法检测的。例如，与无故障情况相比，$R_D = 1\text{k}\Omega$ 的缺陷将 ΔT 降低 10%。

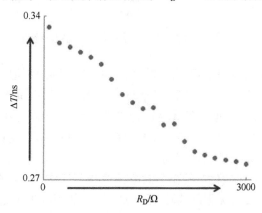

图 3.12　TSV 柱中的阻性开路缺陷在随 ΔT 变化电阻的影响

该电阻缺陷检测方法可以在适用于模拟技术节点的晶体管阈值电压和门极长度的过程变化下表现较好。为了在工艺变化条件下获得准确的结果，可以提高电源电压 V_{DD}。例如，当 $V_{DD}=1V$ 时，在 $R_D=1k\Omega$ 处，有故障和无故障的 ΔT 值几乎完全重叠。也就是说，有故障和无故障的 ΔT 完全混叠。随着 V_{DD} 的增加，该混叠现象减弱，并最终在 $V_{DD}=1.25V$ 时消失。当工艺变化严重时，则必须进一步增加 V_{DD} 以确保不发生混叠。当工艺偏差较小时，较高的 V_{DD} 可用于提高测试分辨率，并检测较小的阻性开路缺陷或靠近 TSV 柱末端的缺陷。

3.4.3 泄漏故障检测和电源电压的影响 ★★★

使用与阻性故障相同的测试流程检测泄漏故障，但对 ΔT 的影响不同于区分两种缺陷类型的影响。图 3.13 提供了在多个电源电压水平下，漏电缺陷的电阻 R_{leak} 对 ΔT 的影响。具有低 R_{leak} 的强泄漏故障，例如在 $V_{DD}=1.1V$ 时小于 $1k\Omega$，导致 RO 中无振荡，在 0 故障时表现为卡死。这是因为 I/O 单元驱动器太弱，无法克服漏电流并将 TSV 节点拉高。该效应在 V_{DD} 较低时加剧。

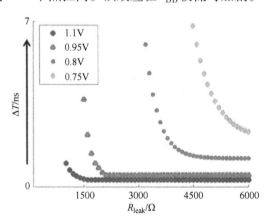

图 3.13　在多个电压等级下不同 R_{leak} 的泄漏缺陷对 ΔT 的影响（彩图见插页）

如果 R_{leak} 足够高以至于振荡确实发生在 RO 中，则表明泄漏故障增加振荡周期，而阻性故障减少周期。图 3.13 还表明，在 RO 开始振荡的地方，ΔT 显著地依赖于 R_{leak} 的值。因此，通过在试验过程中改变 V_{DD}，可以检测出大范围的泄漏故障。更弱的泄漏故障（具有高 R_{leak} 的）将在更低的 V_{DD} 下变得明显，而更强的泄漏故障将在更高的 V_{DD} 下被检测到。

图 3.14 提供了工艺变化对处在不同电源电压下检测泄漏故障能力的影响。图中比较了在 $R_{leak}=3k\Omega$ 处无泄漏故障 TSV 和有泄漏故障的 TSV 之间的 ΔT。此量级故障的高灵敏度范围发生在 $V_{DD}=0.8V$ 附近。可以看出，在此范围内无泄漏故障和有泄漏故障 TSV 之间没有 ΔT 的重叠。因此，有泄漏故障 TSV 在所有情况下都是

可检测的。ΔT 中的该差异随着 V_{DD} 的增加而迅速减小，因此工艺偏差下的混叠从 $V_{DD} = 0.9\mathrm{V}$ 开始，之后不久就会发生完全混叠。这凸显了使用多个电压等级来检测泄漏故障的重要性，因为在 $V_{DD} \geqslant 0.9\mathrm{V}$ 时，$3\mathrm{k}\Omega$ 泄漏故障将无法被检测到。

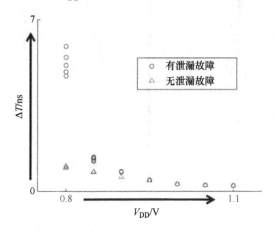

图 3.14　工艺变化对不同 V_{DD} 下泄漏故障检测的影响

3.4.4　环形振荡器测试电路的检测分辨率和面积开销　★★★

尽管尝试降低工艺变化对 RO 测试电路故障检测分辨率的影响，但有故障 TSV 和无故障 TSV 的 ΔT 之间仍然存在混叠。也就是说，RO 振荡周期中的细小偏差不能被区分为是由工艺变化引起的还是由 TSV 缺陷引起的。实际电路中会经历的混叠量取决于制造工艺的品质和电路布局的鲁棒性。

虽然可以在同一个 RO 上同时测试多个 TSV 以减少测试时间，但是对多个 TSV 的测试会导致测试分辨率的进一步损耗。图 3.15 提供了在同一个 RO 上同时测试多个 TSV 的混叠效应。该图是在一个 TSV 柱中间的 $1\mathrm{k}\Omega$ 电阻性缺陷的工艺变化下产生的。图 3.15a 提供了单独测试故障 TSV 时，无故障 TSV 和有故障 TSV 之间的混叠。有故障和无故障的个体之间只有很小的重叠，因此混叠很小，有故障的 TSV 很可能被检测到。相比之下，图 3.15b 提供了当同时测试 3 个 TSV 时，一个 TSV 出现故障的效果。在该情况下，有故障和无故障的个体之间有很大的重叠，并且有故障的 TSV 可能无法被区分出来。这在很大程度上是由于当 3 个 TSV 及其相关 I/O 单元之间的工艺偏差合并时，工艺偏差的影响会更大。

计数器和 LFSR 存在固有的测量不准确性，会影响 RO 测试方法的精度。必须使用一个时钟，使得发送到测量电路的"开始"和"停止"信号之间存在一个已知的时间间隔 t。为了说明这一点，假设将一个计数器作为测量电路。在发送"开始"信号后，RO 的输出被用作计数器的时钟信号输入，RO 输出的每个

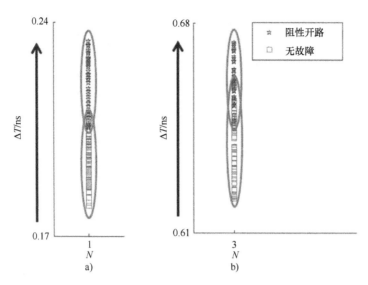

图 3.15 在同一个 RO 上同时测试多个 TSV 的混叠效应(彩图见插页)
a) $N=1$ 时 b) $N=3$ 时

正边或负边都会增加计数器。发送"停止"信号后,计数器的状态 c 被读出,振荡周期 T^* 可以计算为 $T^* = \dfrac{t}{c}$。

由于计数器接收到"开始"和"停止"信号时,RO 的输出将位于边缘之间的某个位置,因此产生的测量结果会有一些误差。假设是一个正边触发计数器。在最坏的情况下,测量不准确性可能会接近一个 RO 周期,例如当"开始"信号刚好在 RO 输出的一个正边之前到达,而"停止"信号刚好在另一个正边之后到达时。因此,计数器状态 c 的上下界为

$$\frac{t}{T} - 1 \leqslant c \leqslant \frac{t}{T} + 1 \tag{3.7}$$

在上述的最坏情况下,外部测试设备计算的周期 T^* 将大于实际的 RO 周期,见式 (3.8):

$$T^* = \frac{t}{c} = \frac{t}{\dfrac{t}{T} - 1} = T\left(\frac{t}{1-T}\right) = T + \frac{T^2}{t-T} \tag{3.8}$$

可以说,T^* 上界的绝对误差就是 $E_+ = T^2/(t-T)$。下界的绝对误差 E_-,其中 T^* 小于实际振荡周期,可以类似地推导为 $E_- = T^2/(t+T)$。我们可以将这两个误差近似为 $E = T^2/t$,因为通常 $t \gg T$,所以由计数器不准确引起的附加误差不会超出 $T \pm E$。

由于 TSV I/O 单元的复用,RO BIST 架构的面积开销可以相对较小。对于一

个晶圆上的每个 TSV，无论它们是否共享相同的 RO 路径，都需要按照图 3.10 添加两个多路复用器。根据测量电路的输入要求，每个 RO 需要一个或多个逆变器。这些逆变器连同测量电路在属于同一 RO 路径的 N 个 TSV 之间共享。文献 [61] 的作者证明了 BIST 电路的多路复用器和逆变器对具有 1000 个 TSV 且 N = 5 的 25mm² 晶圆的面积影响很小。此外，用于测试控制的电路和每个 RO 的测量逻辑必须被添加到晶圆中。

3.4.5　基于环形振荡器的 BIST 的局限性　★★★

与其他 BIST 技术相比，基于 RO 的 BIST 具有显著的优势，包括可检测的缺陷范围（电阻、泄漏和可能的电容性）以及较低的面积开销。然而，其仍然存在很大的局限性。突变型阻性开路缺陷的测量分辨率取决于两个条件，有很大差异。首先，很难检测到通过 TSV 增加路径延迟的低电阻（500Ω 或更低）缺陷，并且可能导致 TSV 的寿命期间的可靠性问题。即使缺陷位于靠近 I/O 单元的 TSV 柱上，也可能无法检测到低电阻。其次，由于检测方法依赖于 TSV 电容的变化，即使是较大的阻性缺陷，如果其出现在 TSV 柱的末端，也可能检测不到。

实际的电阻缺陷检测可能会由于 TSV 柱中理想和突变的阻性缺陷的假设被进一步混淆。实际上，空洞、裂纹、不完全填充、杂质等缺陷的存在可能贯穿 TSV 柱的长度，只有当沿 TSV 柱的整体集成时，缺陷的严重程度才会变得明显。在该情况下，虽然阻性缺陷可能会很大，但它对 TSV 中任一给定点的电容的影响很难从 RO 周期中检测到。其他效应也可能影响检测分辨率，例如 RO 中的抖动。如果同时测试多个 TSV，则一个 TSV 上的漏电缺陷和另一个 TSV 上的阻性缺陷的影响可能相互抵消，从而使 RO 的振荡周期与无故障情况偏离很小。

在 RO BIST 架构中，面积开销和测试时间之间存在固有权衡。假设按序对 TSV 进行测试，测试时间随着测试电路中的 RO 的 N 的增加而增加。同时，由于所需的 RO 逆变器和测量电路较少，面积开销减小。为了增加测试时间，可以减少 N，使更多的 TSV 可以在更多的 RO 上并行测试，但这又增加了面积开销。增加单个 RO 上并行测试的 TSV 数量也可以减少测试时间，但这会导致测试分辨率的显著下降。

3.4.6　总结　★★★

小节总结
- 环形振荡器可用于 TSV 键合前测试，因为它们的振荡周期取决于被测 TSV 的寄生参数。
- 可以使用二进制计数器或线性反馈移位寄存器测量 RO 振荡周期。
- 通过改变电源电压，可以在存在工艺偏差的情况下检测到大范围严重的缺陷。

- 由于复用了驱动 TSV 的 I/O 单元，BIST 结构的面积开销可以很低。
- 阻性缺陷检测分辨率会随着 TSV 柱上缺陷的类型和位置而发生显著变化。
- 测量电路的数字特性引起的 RO 周期测量不准确会导致测量分辨率的损失。

3.5　结　论

在本章中，我们研究了三种不同的 BIST 结构，用于在晶圆键合前 TSV 缺陷检测。

第一种描述了一种利用逆变器创建带有 TSV 的分压器以检测基板短路。比较器用于确定缺陷的严重程度以及 TSV 是否可以修复，在该情况下，比较器兼作电平转换器，以确保通过故障 TSV 的信号的全摆幅和驱动强度。尽管有修复能力，一个有缺陷的 TSV 会随着时间的推移进一步老化，即使在比较器的帮助下也会失效。此外，工艺偏差会显著影响测试电路的质量。

第二种描述的 BIST 架构将 TSV 作为测试存储单元。盲 TSV 可以看作 DRAM 单元，在该单元中对其进行充放电，其输出被定向到读出放大器以进行缺陷检测。孔壁开槽 TSV 可以被看作 NOR 型 ROM 单元，其利用一个分压器，输出指向一个读出放大器以检测阻性缺陷。当使用该 BIST 技术或任何其他 BIST 技术时，测试孔壁开槽缺陷是困难的，因此只有在芯片减薄后才有可能在实际中进行此类缺陷的测试。该 BIST 技术所需的读出放大器和写入缓冲器的布线复杂，可能需要较大的面积开销。

第三种描述的一种 BIST 技术，其中一个或多个 TSV 可以作为环形振荡器的一部分同时进行测试。该技术可以检测阻性故障和泄漏故障，并能够辨别两者之间的差异。为了保证缺陷检测的准确性，必须使用多个电压等级，但在使用时，可以在工艺变化下检测到大范围的缺陷严重程度。尽管如此，当缺陷不是突然出现或出现在 TSV 柱的末端时，阻性故障检测可能会很困难。此外，如果需要一个用来检测环形振荡器周期的数字电路，如计数器，就会降低了测试的精度。

BIST 技术可以为键合前 TSV 测试提供显著的优势，特别是由于键合前测试的访问限制。BIST 需要很少的外部测试输入和输出，不需要昂贵的探针卡、不使用复杂的外部测试器就可以相对快速地在一个晶圆上测试所有 TSV。另一方面，许多 BIST 技术不能检测每一种类型的缺陷，也没有考虑到需要测试微凸点或其他可能在以后添加到 TSV 中的特征。此外，所有的 BIST 技术在 TSV 和在芯片测试架构中都存在工艺变化导致的测试精度损失，目前设计的任何 BIST 架构都无法检测 TSV 柱末端的阻性缺陷。

第4章 »

基于TSV探测的键合前TSV测试

4.1 引 言

第3章讨论了键合前 TSV 测试的必要性，研究了利用 BIST 进行 TSV 测试的前沿研究。键合前测试允许检测 TSV 本身制造中固有的缺陷，如杂质或空洞，而键合后测试可以检测由减薄、对准和键合引起的缺陷。成功的键合前缺陷筛选可以让有缺陷的芯片在堆叠前被舍弃。此外，键合前的测试和诊断可以促进键合前的缺陷定位和修复。由于解键合的芯片尚未实现，即使一个有缺陷的芯片也会迫使我们舍弃堆叠的集成电路、即使堆叠中存在好芯片。如果要使用晶圆匹配、芯片键合或其他提高堆叠良率的方法，则需要进一步进行键合前测试，因为它们要求对晶圆上的所有芯片完成 KGD 测试。

由于 TSV 具备互连作用，因此存在大量影响芯片功能的键合前缺陷[38]。TSV 中不完全的金属填充或微孔增加了电阻和路径延迟。TSV 中的部分或完全断裂分别导致电阻或开路路径。TSV 中的杂质也会增加电阻和互连延迟。针孔缺陷会引发通向基板的泄漏路径，致使 TSV 与基板间的电容相应增加。

由于 TSV 间距和密度的影响，TSV 键合前测试比较困难。目前，使用悬臂梁或垂直探针的技术要求最小间距为 $35\mu m$，但 TSV 的间距为 $4.4\mu m$，间距密度为 $0.5\mu m$[50]或更小。如果不在 TSV 上引入大的探针焊盘[27]，目前的探针技术无法与单独的 TSV 接触。此外，TSV 在键合前阶段是单端的，这意味着 TSV 的一端是浮动的或接地的。这使得 BIST 变得复杂，因为逻辑上在键合之前只能存在于 TSV 的一端。

第3章研究的 BIST 技术通过缓解测试访问问题，如有限的外部测试访问和探针技术限制，帮助实现键合前 TSV 测试。这些 BIST 技术的一个显著缺点是它们在可观测性和可行的测量方面受到了限制。许多 BIST 技术无法检测所有类型的电容性和电阻性 TSV 故障，也没有任何 BIST 技术可以检测到嵌入在基板中的 TSV 柱远端的阻性缺陷。此外，BIST 技术需要仔细的校准和调优来实现精确的参数测量，但这往往不可行，这个问题由于 BIST 电路本身的过程变化而加剧。

此外，BIST 技术会占用较大的芯片面积，特别是当考虑到目前已经实现的每个芯片中预估有数以千计的 TSV[43]，以及 TSV 密度为 10000 个/mm² 或更多[42] 时，这个问题更无法被忽视。

为了解决上述挑战并提供 BIST 技术的替代方案，本章提出了一种新的键合前 TSV 测试技术，该技术兼容当前的探针技术，并利用了用于键合后测试的片上扫描架构。它利用多个单探针尖，每个针尖与多个 TSV 接触，将多个 TSV 短接在一起形成一个"TSV 网络"。该方法强化了当今新兴测试标准和测试设备的相关性，以及测试公司在 3D SIC 测试中发挥的重要作用。由于所提出的方法需要探测，本章假设芯片已经减薄，并由刚性盘（载体）支撑，以防止探测过程中的机械损伤。在测试过程中，探针必须移动一次，以实现测试待测芯片中的所有 TSV。该方法还允许对多个 TSV 进行并行测试，以减少整体测试时间。此外，测试所有 TSV 所需的探针数量显著减少，降低了探针设备的成本和复杂度。

4.1.1　探测设备及键合前 TSV 探测难点　★★★

TSV 是通过有源器件层延伸到硅衬底的金属柱。因此，每个 TSV 都有一个不包含任何有源器件的"保持区"[42]。在晶圆减薄之前，TSV 嵌入在衬底中，无法进行外部探测。在减薄过程中，部分衬底被去除，从而暴露 TSV。在探测减薄的晶圆时，还有一些重要的注意事项，由于减薄晶圆的易碎性，需要将其安装在承载盘上进行测试，也可能需要使用低接触力的探针卡。此外，在测试过程中，探针不能触碰太多次，因为这可能会对 TSV 和晶圆造成损伤。许多设备也缺乏驱动自动化测试设备所需的缓冲器，特别是通过 TSV。因此，带有有源电路的探测卡是必要的；最近，这被认为是大型测试仪公司的研究重点[50]。

尽管近年来人们对 3D SIC 测试的兴趣激增，并在文献 [35 - 37，39，48，49] 中提出了许多测试和 DFT 解决方案，但键合前 TSV 测试仍是一个主要挑战。最近的研究为键合前 TSV 测试确定了一些可能的解决方案。在文献 [38，42] 中讨论了 TSV 缺陷以及键合前和键合后测试的几种方法，并在第 3 章中对这些问题进行了深入研究。在文献 [38] 中，重点介绍了 12 种不同的 TSV 缺陷类型，其中 5 种可能是由于对准、键合或应力方面的错误而导致的焊后缺陷，而其余的则是在键合前出现的缺陷。因此，许多缺陷可以在键合前被定位。例如，TSV 中的微孔会增加 TSV 的电阻，而针孔缺陷会导致 TSV 与衬底之间的泄漏，从而增加 TSV 电容。大多数键合前 TSV 缺陷类型本质上都是阻性的[38]。

在 TSV 键合前的探测中，TSV 或微凸点的表面平面性会影响探针与 TSV 接触的一致性。因此，"弹簧加载"探针技术可以通过为涉及探针头的接触提供不同程度的单独控制来促进 TSV 的键合前探测。弹簧加载的探针[57,78-80] 的制造一直受到关注，由于表面非平面性和其他问题，在晶圆探测过程中，它是实现良好接触的理想技术。该类技术包括薄膜探针卡、热驱动探针和带有静电驱动器的探针。此外，由于非平面性也会影响键合过程中的 TSV 键合，最近的研究探索了微凸点的平面化[81]。该方法用于具有微凸点的 TSV 测试时，也可以降低非平面性。

检查探针卡与 TSV/微凸点之间可能需要的接触和接触电阻也很重要。在文献［76］中，探针和微凸点之间实现了低应力接触，最坏情况下的接触电阻是13Ω。在合理的范围内，其实现了 TSV 的参数精确测量。文献［54］提出了探针磨损对接触电阻的影响。随着时间的推移，针头的长度随着材料触地的磨损而减少，对接触力和接触质量产生不利影响。然而，已提出的结果表明，即使经过多次触地后大量磨损，某些针头在30℃时的接触电阻仍然低于3Ω，最坏情况下的接触电阻不高于40Ω。如果将这些发现推广到接触 TSV 网络的问题中，其中一些 TSV 的接触质量会更差，则可以预期接触电阻的类似变化。

目前，相关的文献正在研究能够实现键合前 TSV 探测的新型探测卡结构。Cascade 微技术公司推出了一种金字塔探针卡，已经实现了 40μm 阵列间距下的验证[76]。图 4.1a 提供了有 4 个探针的探针卡的例子。针头沉积在薄膜基底上，允许单独驱动以补偿 TSV 之间的表面非平面性。针头本身呈现扁平的方形探头。Form Factor 公司推出了用于 3D TSV 探测的 NanoPierce™ 接触头，同样在 40μm 阵列间距下进行了验证[77]。图 4.1b 提供了该探测卡的示例图。探针是由许多致密的纳米纤维生长而成，这些纳米纤维共同作用使探针接触。两种探针卡均采用低应力探测，并呈现最小的微凸点损伤。

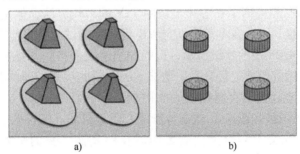

a)　　　　　　　　　　　b)

图 4.1　用于键合前 TSV 探测的实例
a）金字塔探针卡　b）NanoPierce™ 卡

尽管探针卡技术有了这些新的进展，但在需要与每个 TSV 接触的情况下，针头的间距和阵列放置限制了 TSV 的放置和密度。此外，这些探针卡的缩放还没有被证明，而且微凸点可能比探针技术更快。例如，在文献［82］中，微凸点的尺寸已经达到 5μm，间距为 10μm，而文献［76，77］中的间距为 40μm。此外，即使一个芯片上的每一个 TSV 都可以被单独地联系起来，但是键合每一个 TSV 所需的数以千计的探针与探针卡之间的路由测试数据的问题可能是很难的。如果将探针的数量减少到更易于管理的数量，那么可能需要多次触地来测试芯片上的每个 TSV，从而显著增加测试时间和损坏减薄的芯片或晶圆的可能性。

本章的其余部分研究了一种新颖的片上结构、引脚电子结构和测试优化的组合，以实现快速的键合前参数化 TSV 测试。4.2 节介绍了一种用于 TSV 键合前探测和测试的前沿测试架构。讨论了 TSV 探测的优缺点，论证了键合前探测架构的有效性。4.3 节提出了一种启发式方法，通过将 TSV 组织成测试组，在测试组中同时测试同一 TSV 网络中的多个 TSV，从而减少键合前 TSV 测试时间。提供了通过并行 TSV 测试可显著减少测试时间的检验。最后，4.4 节对本章进行了总结。

4.2　键合前 TSV 测试

在本章讨论的键合前测试方法中，多个 TSV 通过与探针接触被短路在一起，形成 TSV 网络。网络电容可以通过探针本身的有源驱动器进行测试，然后通过将每个 TSV 固定在短路网上来确定每个 TSV 的电阻。4.2.1 节提供了 TSV 测试的更多细节。在本节中，将讨论用于键合前 TSV 测试的新测试架构。

对于键合后的外部测试，已经提出了一种具有基于扫描的 TSV 测试的 1500 型芯片测试外壳[35]，并在第 7 章中详细讨论。本节假设存在芯片测试外壳。为了实现键合前 TSV 探测，将构成芯片逻辑和 TSV 之间的芯片边界寄存器的标准扫描触发器改善为门控扫描触发器（Gated Scan Flops，GSF），如图 4.2 所示。在文献［45］中已经提出了在芯片上访问 TSV 的替代方法，但是这些方法与芯片测试外壳不兼容，因此在本章中没有考虑到芯片测试外壳可能在未来的 3D 堆叠中使用。如图 4.2a 中的片级所示，门控扫描触发器接受扫描链的功能输入或测试输入，根据运营模式进行选择。增加了一个新的信号，即"开放信号"。它决定输出 Q 是浮动还是取存储在触发器中的值。

在图 4.2b 的门级和图 4.2c 的晶体管级 GSF 设计中，采用两个交叉耦合逆变器来存储数据。在交叉耦合逆变器之间以及触发器本身的输入（D）和输出（Q）处插入传输门。第一级交叉耦合逆变级中晶体管的宽度大于第二级，因此当第二级交叉耦合逆变级和第一级交叉耦合逆变级之间的缓冲器处于开放状态时，第二级交叉耦合逆变级取第一级的值。在输出传输门前增加了一个内部逆变器缓冲器，使得 GSF 可以在其输出网络上驱动一个大电容，而不改变触发器中的值。"打开"信号控制最终的传输门。

区分发送和接收 TSV 及其对测试电路的影响非常重要。发送 TSV 是在键合前由逻辑驱动的 TSV，而接收 TSV 是在键合前浮动的，其目的是在相关的芯片上驱动逻辑。在这两种情况下，GSF 都可以被利用。对于发送 TSV 的测试，采用 GSF 在探测时驱动 TSV。在功能模式下，门极保持其低阻抗状态。在接收 TSV

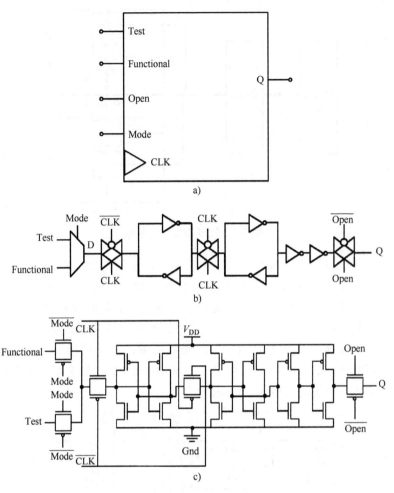

图 4.2 GSF 的设计

a) 片级 b) 门级 c) 晶体管级

的情况下，GSF 在测试时也驱动 TSV。然而，在功能模式下，由于 TSV 将在另一个芯片上由逻辑驱动，因此门极仍处于高阻抗状态。如果需要，与接收 TSV 相关的 GSF 的功能输出可以键合到图 4.2b 中的节点 f。

在 TSV 网络中，需要一个控制器来确定任意时刻 TSV 网络中哪些门是打开的。该控制器可以是一个集中式的门控器，它通过一个解码器路由来同时控制每个 TSV 网络中的门，如图 4.3 所示。由于每个网络是由单独的探针接触的，因此一个网络中的 TSV 可以与另一个网络中的 TSV 并行测试。每个 TSV 由其自身的 GSF 驱动。

对于图 4.4 所示的控制器，使用了一个基于 J/K 触发器的同步上计数器，它

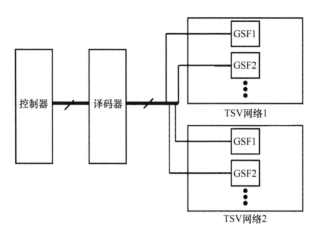

图 4.3　控制架构实例概述

也可以用作移位寄存器。示例控制器包括 4 位，它只需要 $\log 2$（n）位，其中 n 是测试时最大 TSV 网络中门控扫描触发器的个数。正常工作时，控制器计数，循环通过每个网络中的门控扫描触发器进行测试。如果必须对特定的 TSV 进行测试或者必须向解码器发送特殊的测试代码，则可以将合适的数据转移到控制器中。使用中央控制器的一个限制是，解码器的输出必须广播到每个 TSV 网络。然而，只需要有和最大网络中存在 TSV 尽可能一样多的导线离开解码器，布线可以大大简化，特别是与 BIST 技术相比。

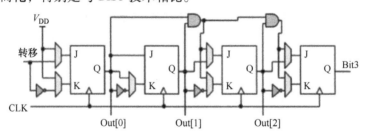

图 4.4　移位寄存器

　　为了确定 TSV 网络的电容和每个 TSV 的电阻，探针必须配备有源驱动器和检测方法。为了保持电路简单，可以采用如图 4.5 所示的设计。本设计由一个直流电源构成，其电压按照被测试电路的顺序排列。开关 S2 用于键合或断开电源与已知电容的电容（C_{charge}）。通过电压表连续监测电容器

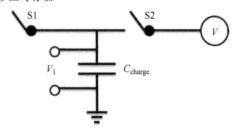

图 4.5　电荷共享电路

两端的电压。第二个开关 S1 允许电容与探针本身键合或断开。

需要指出的是，上述电荷共享电路便于在 HSPICE 中进行设计和分析。在实际应用中，该电路容易出现由漏电流引起的测量误差。因此，可以使用交流电容测量方法来减轻泄漏的影响，例如使用电容电桥[51]。

虽然数字测试仪通常不配备测量电容所需的驱动器和传感器，但已知模拟和混合信号测试仪具有这些能力[52]。由于键合前 TSV 测试需要精确的模拟测量值（数字测量是不可行的，除非有更完整的功能和 I/O 接口），因此可以在数字测试仪中加入电容传感电路和驱动器，或者利用模拟测试仪进行键合前 TSV 缺陷筛选。

为了接触所有 TSV 矩阵，探针卡必须至少移动一次。为了减少探针卡必须移动的次数（保证一次只运动一次），可以采用如图 4.6 所示的设计。如图 4.6

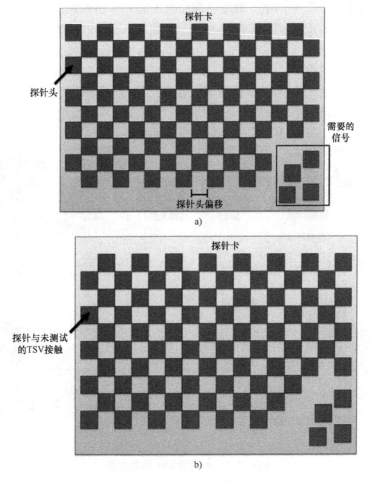

图 4.6 用于 TSV 测试的两种配置的探针卡

a）配置1 b）配置2

所示，通过偏移探针，探针卡必须向上或向下移动一次才能接触所有 TSV 网络。在配置 1 中，探针卡上的探针接触一些 TSV 组，相邻的 TSV 网络缺少探针接触。一旦探针卡移动到架构 2，探针与之前未测试的 TSV 接触。为了在测试过程中接触并向芯片提供电源和时钟等关键信号，可能需要在探针卡上添加特殊的探针；图 4.6 中显示其所需的信号，与其余探针的配置不同。假设这些 TSV 将单独接触，并在其中添加大的探针垫。

为了说明如何与芯片上的所有 TSV 网络进行接触，图 4.7 提供了用 TSV 键合的两排探针在芯片上方的部分示例。在本例中，TSV 是以不规则的方式间隔，并且假设 TSV 有微凸点但不是必要的。图 4.7a 提供了探针卡和探针的初始构型。图 4.7b 中，探针卡降低，使得探针头与 TSV 接触。每一 TSV 组由其中一个探针接触组成一个 TSV 网络。然后将探针卡提起并移动到如图 4.7c 所示的第二种配置，接触新的 TSV。如图 4.7d 所示，一排 TSV 可以与探针卡的单次移动完全接触。探针卡的设计试图限制探针与每个 TSV 的接触数量，以尽量减少测试过程中可能发生的损坏，例如擦洗。为了防止单个 TSV 在测试期间被多次接触，或者在一个以上的 TSV 网络中被接触，在第二个测试期间，控制器中额外的控制信号可以关闭第一个测试期间测试的所有 TSV 的门极，反之亦然。

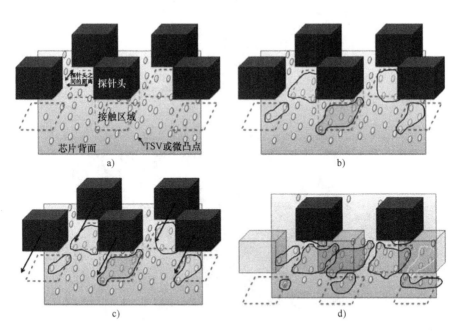

图 4.7 举例说明 TSV 网络探测

a）第一种配置 b）首次接触 c）移位 d）二次接触

4.2.1　通过探测 TSV 网络进行参数化 TSV 测试 ★★★

TSV 可以被建模为同时具有电阻和电容的导线。虽然 TSV 可以由多种不同的材料制成，但铜通常用于金属层，多晶硅可能是一种非金属替代品。直径 $2 \sim 5\mu m$、高 $5\mu m$ 的铜制 TSV 的电阻为 $80 \sim 200m\Omega$。对于直径为 $28 \sim 46\mu m$、高度为 $50\mu m$ 的多晶硅 TSV，其电阻为 $1.3 \sim 5.0\Omega$[53]。直径 $1 \sim 10\mu m$、高度为 $30 \sim 100\mu m$ 的铜 TSV 电容为 $10 \sim 200fF$[26]。

如图 4.8a 所示，当一个探针与多个 TSV 同时接触。TSV 键合到 GSF，GSF 键合形成扫描链。图 4.8b 所示为该电路建模图。每个 TSV 的探针都有一个已知电阻 R_p 和一个接触电阻（$R_{c1} \sim R_{c4}$）。接触电阻取决于探针接触每个 TSV 的力，并且每个 TSV 可能不同。每个 TSV 有一个相关的电阻（$R_1 \sim R_4$）和电容（$C_1 \sim C_4$）。此外，每个 TSV 与衬底之间存在一个由电阻（$RL_1 \sim RL_4$）模拟的泄漏路径。值得注意的是净电容 C_{net} 的值，它是所有 TSV 并联的组合电容。C_{net} 可以表示为

$$C_{net} = C_1 + C_2 + \cdots + C_n$$

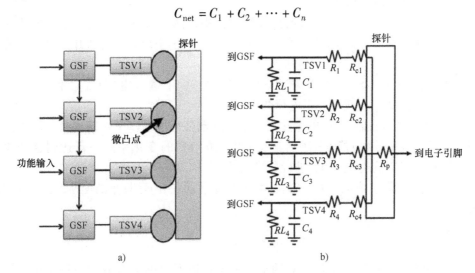

图 4.8　具有 4 个 TSV 的 TSV 网络实例

a）视觉呈现　b）电气模式

净电阻 R_{net} 是探针电阻、接触电阻和 TSV 电阻的等效，计算如下：

$$R_{net} = R_p + \left(\frac{1}{R_1 + R_c} + \frac{1}{R_2 + R_c} + \cdots + \frac{1}{R_n + R_c} \right)^{-1}$$

净泄漏 RL_{net} 简单地说，就是所有泄漏电阻并联相加。

4.2.1.1　电容测量

首先必须确定净电容来表征每个 TSV。从这个测量可以估计每个 TSV 的电

容和它们各自的电阻。图4.5 的电荷共享电路键合到探针上，探针将多个 TSV 短路，如图4.9 所示。

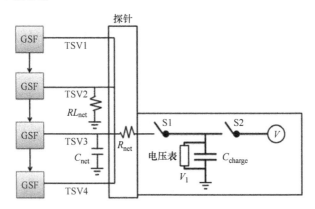

图4.9　带电荷共享电路的 TSV 网络

净电容的测量包括 3 个步骤：

● 将一个 0 加载到所有选通扫描触发器中，然后打开它们的门来释放 TSV 网络。在此步骤中，开关 S1 打开。将电荷共享电路与 TSV 网络断开，闭合开关 S2，将电容 C_{charge} 充电至已知电压 V。

● 关闭所有 GSF 并打开开关 S2。闭合开关 S1 键合电容 C_{charge} 和 C_{net}。当 C_{charge} 被放电到 C_{net}，就建立了电荷共享网络。

● 通过电压表监测 V_1 的变化率，直至降至某一水平以下。该水平对应于模拟的电荷曲线在放电过程中达到其最大电荷的 1% 的变化率。一旦达到这个速率，则对电容 C 充电电压 V_1 进行最终测量。

当这些步骤完成时，C_{net} 的值可以通过下面的电荷共享方程从已知值中确定：

$$C_{net} = C_{charge} \frac{V - V_1}{V_1} \qquad (4.1)$$

从网络电容来看，每个 TSV 的平均电容可以通过网络电容除以网络中 TSV 的数量来确定。在这方面，网络中较少 TSV 的存在会获得更高的电容测量分辨率，尽管电阻测量或卡/漏测试（如下所述）并非如此。在文献［38］中描述的 TSV 缺陷类型中，只有一种键合前可测试缺陷导致电容变化（相对于阻力变化），这就是针孔缺陷，也可能通过泄漏试验检测到。虽然使用该方法测量电容只能得到一个平均值，但是如果网络中的 TSV 数量不是太多，电容的显著增加是很容易检测到的。

4.2.1.2　电阻测量

键合前可测试的 TSV 缺陷的大量存在导致 TSV 电阻增加。为此，键合前测试能够准确测量 TSV 电阻是非常重要的。为了测量电阻，再次使用图 4.5 的电荷共享电路。电容 C_{charge} 将通过每个 TSV 进行充电，记录电容充电到选定电压（例如，99% 的 V_{DD}）所需时间。较长的充电次数提高了电阻测量的分辨率，但会导致测试时间增加。作为平衡办法，较小的电压等级（如 V_{DD} 的 90%）可以用于减少测试时间，前提是可以接受相应的分辨率，详情可参照表 4.1。

表 4.1　不同电压水平下无故障 1Ω 和故障 500Ω TSV 在
500MHz 和 1GHz 采样率下的 TSV 电阻测量分辨率

选定电压等级 V_{DD} 的百分比	最小可检测的电阻变化	
	在 1GHz/Ω	在 500MHz/Ω
99	24.3	48.6
95	40.4	80.8
90	55.6	111.2
60	161.3	322.6
50	221.2	442.4
40	324.7	649.4
10	2777.8	5555.6

上述测量可以通过记录待测 TSV 开启控制信号的开始时间，然后测量 V_1 达到期望电压的结束时间来实现。为了测量电阻，首先必须使用 TSV 网络中的无故障 TSV 对探测装置进行校准。该校准可以在测试任何电路之前在芯片外完成，例如使用带有双端 TSV 的虚拟硅芯片，其中 TSV 本身可以完全表征。该校准芯片上的一个或多个 TSV 可用于校准设备。确定了该环境下电容 C_{charge} 的充电时间，然后根据校准的时间查看测试台上的充电次数。

测试开始时，用 1 加载所有 GSF 并使用探针给 TSV 网络放电。开关 S2 被打开，开关 S1 被关闭，电容 C 充电也被放电。然后打开其中一个 GSF，使 GSF 可以通过其键合的 TSV 对电荷充电。当 V_1 达到预定电压时，记录给 C_{charge} 充电的时间。然后将其与无故障 TSV 的校准电荷曲线进行比较。对每个 TSV 都持续进行此充放电过程，通过增加控制计数器打开每个后续 TSV 可以快速完成。

4.2.1.3　漏电测试

漏电测试是对每个 TSV 的平均测量值，类似于前面描述的电容测试。为了进行漏电测试，将 C_{charge} 从 TSV 网络断开，网络电容 C_{net} 通过 GSF 给 V_{DD} 充电。然后，所有门极切换到高阻抗状态，TSV 网络在选定的时间内保持浮动。在这段时间之后，通过探头对网络进行电压测量，确定电压在浮动时间段内的变化情况。然后将其与校准曲线进行比较，以确定网络的泄漏。

4.2.1.4　固定逻辑测试

在该方案下，可以同时并行执行固定和漏电测试，其中泄漏量足够高，可以与固定故障相似。对于固定为 0 或对接地电阻低的漏电，TSV 网络可以通过关闭 GSF 并测量其电压进行充电。如果放电速率异常高，则可以推断至少有一个 TSV 上存在固定于 0 的故障或漏电缺陷。通过关闭 GSF 对 TSV 网络放电并测量网络上的电压，可以进行并行的固定 1 测试。

单个固定测试也可以快速执行。这是通过用交替的 1 和 0 的向量加载扫描链来实现的。TSV 网络的控制序列中第 1 个触发器上的 GSF 的值决定了 TSV 网络是首次充电还是放电。然后，依次打开每个 GSF，进行高低交替保持。然后将向量移动，并重复这个过程。

4.2.2　键合前探测的模拟结果　★★★

在 HSPICE 中建模的 20 个 TSV 组成的 TSV 网络的实验结果。根据探针引线和 TSV 的相对直径和间距确定了编号 20。除非另有说明，每个 TSV 和接触电阻的电阻均为 1Ω，TSV 的相关电容均为 20fF。这些数字是基于文献［26，53］得出的数据。探针电阻设为 10Ω。这个值比今天的探针卡所看到的接触电阻高几个 Ω[54,55]，以解释我们的方案所需要的低接触力和异常小的特征。无故障 TSV 的 TSV 泄漏电阻为 1.2TΩ，对应 1.2V 的 V_{DD} 下的泄漏为 1pA[83]。晶体管采用预测性低功耗 45nm 模型建模[56]。PMOS 的传输门晶体管宽度设置为 540nm，NMOS 为 360nm。

选择这些较大的宽度，使得门打开时对信号强度的影响很小。采用强、弱逆变器，其中强逆变器宽度 PMOS 为 270nm，NMOS 为 180nm；弱逆变器宽度 PMOS 为 135nm，NMOS 为 90nm。其中 NMOS 和 PMOS 的 W/L 比分别为 2/1 和 3/1。电荷共享电容 C_{charge} 建模为 10pF，选择比 TSV 网络无故障电容大一个数量级。这足以在测量中达到很好的分辨率，而不会太大以至于充电次数不合理或泄漏成为一个重要问题。探头电子学和待测电路的供电电压 V_{DD} 均设置为 1.2V。

模型中不包含电感，存在两个原因。首先，现代探针卡在探针尖端的寄生电感很小[57]。其次，采样发生在引脚电子器件中，而不是通过 TSV 网络本身，因此引脚电子器件是高速采样的限制因素，而不是 TSV 网络或其与探针的接触。能够达到 GHz 采样频率的探头已经出现了一段时间[58]。

图 4.10 证实了净电容测量的过程，高信号意味着门极打开或开关关闭。首先，开关 S2 关闭，将 C_{charge} 充电至 V。在此期间，GSF 捕获一个 1（在下降沿捕获的触发器捕获信号）。触发器门打开，由触发器门信号表示。然后，触发器门关闭，打开 S2，关闭开关 S1，开始电荷共享。充电后开始放电，待电压稳定在 1.15V 时，250ns 后开始测量。式（4.1）及后续除法步骤，可以确定每个 TSV

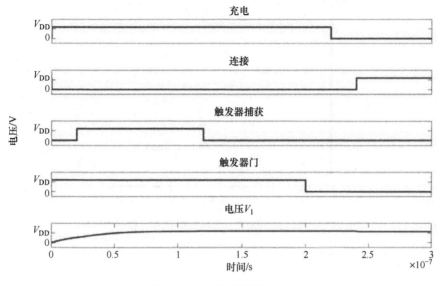

图 4.10 净电容测量过程

电容为 20.25fF，非常接近实际值 20fF。

电容 C_{net} 的测定是一个稳健的测量方法。由于电容 C_{charge} 和 C_{net} 之间设置的电荷共享系统会在测量前结束，因此 TSV 和接触电阻不影响结果。只有较高的泄漏电流才会阻碍测量，因为在电容放电之前，C_{charge} 的电压变化会很大。例如，假设高斯过程变化的 $3 - \sigma$ 值在标称 TSV 和泄漏电阻值附近为 20%，进行了 100 点蒙特卡罗模拟。TSV 电容范围为 10~50fF，总净电容为 550fF。在每次模拟中，不考虑过程变化，计算 C_{net} 为 569fF。

图 4.11 展示了 TSV 网络中电容 C 通过一个 TSV 充电的充电行为。TSV 电阻变化范围为 1~3000Ω，间隔为 500Ω。当电荷两端的电压达到 V_{DD} 的 99%，即 1.19V 时，记录到 V_1。图 4.12 提供了每个 TSV 电阻和 1、2 或 3 个待测 TSV 并联时达到该电压水平的充电时间。可以看出，电容充电时间与被测 TSV 的电阻之间存在线性关系。对于电容值为 10pF，当仅考虑一个 TSV 时，TSV 电阻每增加 500，电荷时间就增加约 20ns。假设采样率为 1GHz，校准为 1Ω（第一种波形），则分辨率 r 约为 25Ω。也就是说，每增加 1ns 的充电时间，对应被测 TSV 上的电阻增加 25Ω。该方案中，r 的值越小越好。通过增加充电电容 C_{charge}，可以以更长的充电时间为代价实现更高的分辨率。但是，如果电容过大，泄漏可能成为一个重要的误差来源。一般而言，测量的分辨率可以通过 $\Delta\Omega/(S \cdot \Delta T)$ 来确定，其中 ΔT 为充电时间的变化，$\Delta\Omega$ 为该充电时间的 TSV 电阻差，S 为采样率。

表 4.1 给出了在 500MHz 和 1GHz 采样率下，假设一个无故障 TSV 和一个有

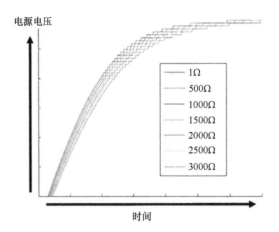

图4.11　通过可变电阻 TSV 对电容器充电（彩图见插页）

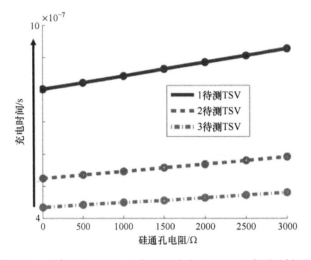

图4.12　电容通过 1、2、3 个 TSV 充电至 0.99（彩图见插页）

故障 TSV 分别具有 1Ω 和 500Ω 的电阻，不同电压等级下 TSV 电阻测量的分辨率。例如，当充电到 V_{DD} 的99%时，小到比标称的 1Ω 高 24.3Ω 的无故障电阻就可以被检测到。表 4.1 第二列中的条目越低，TSV 缺陷的分辨率和可检测性越大。可以看出，随着电荷充电的电压水平的降低，电阻测量可达到的分辨率也随之降低。

表 4.2 给出了使用图 4.11 中单个 TSV 的校准曲线计算的多个有故障 TSV 的 TSV 电阻值。可以看出，对一系列故障电阻可以实现高精度。在 $400\sim600\Omega$ 范围内实现了更高的分辨率，尽管这是基于每 500Ω 校准一次的曲线。预计在其他电阻值下，校准曲线中数据点越多，结果越准确。

TSV 电阻测量的测试时间可以从充电到的电压水平和必须测试的 TSV 和 TSV

网络的数量来估计。例如，考虑一个每个网络有 10000 和 20 个 TSV 的芯片，其中充电电压为 V_{DD} 的 99%。由于探测卡的带宽和电流限制，假设一次只能并行测试 100 个 TSV 网络。在无故障 TSV 的仿真中，电阻测量时每个探针上的最大电流为 46μA。这在目前最小的探针的限制范围内[59]（120mA，尖端直径为 1.0mm；400mA，尖端直径为 5mm）。因此在该情况下，一次可以测试 100 多个 TSV 网络。本例中，测量所有 TSV 的电阻所需时间为 80μs，其中不包括移动探针卡所需时间。

表 4.2　不同故障 TSV 电阻下的测量精度

实际电阻/Ω	测量电阻/Ω	百分比差异
100	110.8	10.8
200	207.3	3.7
300	304.3	1.4
400	401.8	0.5
500	499.1	0.2
600	596.8	0.3
700	695.0	0.7
800	793.4	0.8
900	891.8	0.9
1000	990.8	0.9

　　也可以牺牲结果的分辨率，并行测试多个 TSV 的 TSV 阻值。图 4.12 为 2 个或 3 个 TSV 并行测试时的充电次数。在每种情况下，并行测试组中所有 TSV 的电阻从 1 增加到 3000Ω，增量为 500Ω。在两个方面都经历了分辨率的损失。第一，两个 TSV 并联时，所选 TSV 电阻之间的电荷时间之差减小到 10ns，三个 TSV 时减小到 5ns。该分辨率的损失可以在一定程度上用较大的电容电荷来克服，尽管较大的电容更容易受到泄漏误差的影响。第二，分辨率损失的原因是必须在并行测试的 TSV 的电阻之间进行平均化。这个问题不容易用建议的方法来缓解。在测试环境中，一些平均化可能是可取的，在该情况下，并行地测试每个 TSV 网络中的 TSV 组会更快。控制器可以进行适当的设计。

　　接下来考察 20TSV 网络中 TSV 电阻测量在工艺变化下的鲁棒性。被测 TSV 被认为存在总电阻为 50Ω 的电阻性故障。网络中其他 TSV 上的电阻采用高斯分布模拟，其中 3-σ 为标称值 1Ω 的 20% 扩展。所有 TSV 电容以 20fF 的标称值以相似的高斯分布模拟，漏电电阻分布在标称值 1.2TΩ 附近。然后将充电时间与校准曲线进行比较。从图4.13的100次蒙特卡罗仿真可以看出，在工艺变化下，电阻测量的分辨率仍然很高，平均测量值为51.2Ω，标准偏差为6.6Ω。

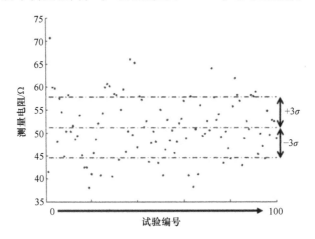

图4.13　无故障TSV的TSV电阻、漏电电阻和电容变化20%时TSV
电阻测量的百点蒙特卡罗仿真（彩图见插页）

　　研究了TSV网络中多个TSV发生故障时TSV电阻测量的准确性。重复图4.13的蒙特卡罗仿真，此时假设每个TSV都是具有高斯概率密度函数的缺陷。对于本例，令缺陷TSV电阻的$3-\sigma$值在150Ω标称值附近取100Ω。假设工艺变化下TSV电容的$3-\sigma$值为30fF，标称值为20fF。漏电阻$3-\sigma$值在1.2TΩ标称值附近为400GΩ。图4.14给出了该情况下100次蒙特卡罗仿真的结果。在电阻测量中继续取得了良好的分辨率，平均值为141Ω，标准偏差为54Ω。当缺陷TSV严重时，由于选择了比TSV电容大一个数量级的电容C_1，它们对电阻测量的影响减小。该电容的充电时间主导了TSV网络中由RC值变化引起的更小的充电时间变化。

　　最后，考察TSV网络中TSV间接触电阻变化时TSV电阻测量的准确性。许多探针并不平坦，例如它们可能终止于锥形平台。探索了三种不同的TSV接触电阻模型。第一个（静态）剖面假设接触电阻与TSV网络中的TSV位置无关，接触电阻呈高斯分布，在40Ω的期望值附近，$3-\sigma$值为10Ω。当TSV进一步远离理论探针的中心时，第二个（线性）轮廓在TSV网络内线性地增加接触电阻。接触电阻的线性分布随每个TSV的高斯函数变化，最内层TSV的$3-\sigma$值约为2Ω，最外层TSV的$3-\sigma$值约为15Ω。距离网络中心越远的TSV，第三个（指数）剖面在TSV网络内接触电阻呈指数增加。指数型接触电阻随每个TSV的高斯函数变化，最内层TSV的$3-\sigma$值为5Ω，最外层TSV的$3-\sigma$值为20Ω。为了测量50Ω的故障TSV，对每个轮廓进行了100点蒙特卡罗仿真。接触电阻与TSV电阻是相加的，所以测量时减去接触电阻的期望值，得到TSV电阻。静态测试结果如图 4.15 所示，测得的平均故障电阻值为 50.8Ω，标准差为 3.3Ω。线性轮廓的仿真结果如图 4.16 所示，指数轮廓的仿真结果如图 4.17 所示。这些仿真的故障电阻测量值在线性模型中的平均值为 50.9Ω，标准差为 0.7Ω；在指数模型中的平均值为 50.8Ω，标准差为 1.7Ω。可以推断，只要接触电阻的期望值与实际接触电阻接近，由于接触电阻的可加性，就可以得到 TSV 电阻的准确测量值。

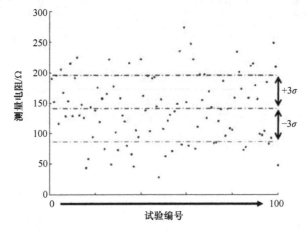

图 4.14　工艺变化下多个 TSV 阻性、泄漏和电容性缺陷的 TSV
电阻测量的百点蒙特卡罗仿真（彩图见插页）

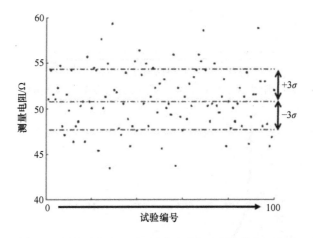

图 4.15　TSV 接触电阻静态分布的 TSV 电阻测量的百点蒙特卡罗仿真（彩图见插页）

　　与 TSV 电阻测量的校准曲线类似，可以确定泄漏电阻的校准曲线，如图 4.18 所示。该校准器将 TSV 网络在 x 轴上保持浮空状态 8μs 后的 C_{net} 电压绘制出来。y 轴由对应的总泄漏电阻 RL_{net} 组成。由于电容放电的非线性特性，使用以 10 为基数的对数拟合，从该数据创建校准曲线。

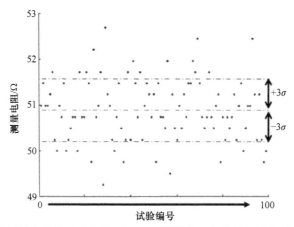

图 4.16　TSV 接触电阻线性分布的 TSV 电阻测量的百点蒙特卡罗仿真（彩图见插页）

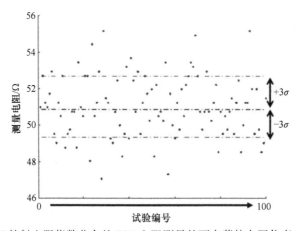

图 4.17　TSV 接触电阻指数分布的 TSV 电阻测量的百点蒙特卡罗仿真（彩图见插页）

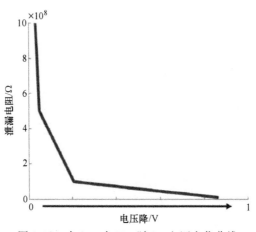

图 4.18　在 $8\mu s$ 内 RL_{net} 随 C_{net} 电压变化曲线

工艺变化对泄漏电阻测量的影响如图 4.19 所示。与之前一样，进行了 100 点蒙特卡罗仿真。采用高斯分布，TSV 电阻、漏电电阻和 TSV 电容在其标称值附近以 20％ 的 $3-\sigma$ 变化。一个故障 TSV 的漏电阻为 100MΩ。可以看出，该泄漏在网络电阻测量中被准确地确定，平均值为 100.5MΩ，标准差为 1.4MΩ。

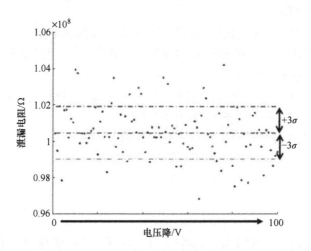

图 4.19   无故障 TSV 的 TSV 电阻、泄漏电阻和电容变化 20％ 时泄漏电阻
测量值的百点蒙特卡罗仿真（彩图见插页）

4.2.3   键合前 TSV 探测的局限性 ★★★

本节介绍了适用于 TSV 键合前探测的 DFT 和 ATE 兼容的测量方法。可以对此基本方法进行一些改进。需要对网络中的所有 TSV 进行平均，这意味着在更大的网络中，电容测量的分辨率可能会降低。然而，这个问题并不严重，因为电阻和泄漏测试可以用来检测文献 ［38］ 中提出的大多数 TSV 键合前缺陷。所提出的方法还要求在测试过程中与减薄后的晶圆进行一次以上的接触；因此，在测试过程中尽量减少探针头必须移动的次数以避免损坏并减少测试时间。该方法很难指出网络中哪些 TSV 会导致平均误差，例如电容和泄漏。因此，识别和修复故障 TSV 是一个开放性问题。

在测试流程中增加模拟测试仪以及需要新的探针卡设计增加了测试成本。而且，需要在测试仪之间移动芯片，必然会增加测试成本。下一代测试仪可能提供所需的测量能力。此外，尽管在可能的情况下重用了现有的测试结构，但与所提出的体系结构相关的还有一个面积开销。最后，在测试架构决策之前，必须考虑 TSV 的良率与测试成本之间的关系。

4.2.4 总结 ★★★

小节总结

● 当单个探针同时接触多个 TSV 时，芯片级边界寄存器可以用 GSF 代替，实现参数化 TSV 测试。

● 可进行参数化 TSV 测试，确定 TSV 电容、泄漏和电阻。

● 在 TSV 网络中，TSV 的电容和泄漏必须在 TSV 之间进行平均，从而导致大型网络的测试分辨率的损失。

● 即使存在工艺变化和多个缺陷 TSV，并且无论 TSV 上的缺陷位置如何，键合前 TSV 测试也能产生可靠和准确的结果。

● 因为测试电路和模拟组件被移至芯片外的引脚电子，因此芯片上面积开销可以很低。

● 相对于 BIST 技术，探针设备的使用增加了测试成本，可能需要更长的测试时间。

4.3 通过 TSV 并行测试和故障定位减少测试时间

第 4.2 节介绍了用于减薄硅片的 TSV 键合前探测的 DFT 结构和技术。该探测技术的核心思想是利用每个探针同时接触多个 TSV，形成"TSV 网络"。回看图 4.12，它表明，在一个 TSV 网络中，可以并行地测试多个 TSV 以减少测试时间，但牺牲了每个 TSV 的模拟测量分辨率。为了使用文献 [40，84] 中描述的方法进行诊断和 TSV 修复，需要从 TSV 网络中同时测试的 TSV 中识别出故障的单个 TSV。

在本节中，将开发一种算法来设计并行 TSV 测试会话，使得 TSV 测试时间减少，并且在并行测试下可以唯一识别 TSV 网络中给定数量的故障 TSV。该算法在一个网络内并行地返回要测试的 TSV 集合。该算法高效快速，因此可以作为更通用的 TSV 网络优化算法中的子程序。

随着并行测试的 TSV 数量的增加，对于无故障网络和具有单个 1000Ω 故障 TSV 的网络，充电时间 C_{charge} 有所减少，如图 4.20 所示。随着更多的 TSV 并行测试（图 4.12），故障和无故障网络之间的充电时间差异减小，这对分辨率产生不利影响。因此，虽然较大的 TSV 网络允许同时测试更多的 TSV 以减少测试时间，但由于分辨率的限制，每个测试会话的 TSV 数量不能超过一个限度。

假设一个由 6 个 TSV 组成的 TSV 网络。一个简单的测试方案是单独测试每个 TSV，产生 6 个测试会话。然而，如果多个 TSV 并行测试，并且修复机制可以针对单个网络中的故障 TSV，则可以显著节省测试时间。假设每个网络中需要识

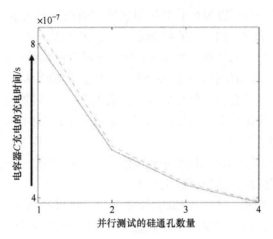

图 4.20　多个 TSV 驱动时电容充电时间变化

别的故障 TSV 数量的上限 m。该限制将根据芯片修复架构的能力或期望的故障定位级别来定义。如果 TSV 测试的目标是在一个 TSV 网络中只找出一个故障 TSV，那么每个 TSV i 需要在两个测试组中，使得第一个网络中的 TSV 不同于第二个网络中的 TSV。也就是说，令 S1 和 S2 分别为第 1 次和第 2 次测试中与 i 分组的 TSV 集合。则 S1∩S2 = ∅；如果 $m = 2$，则每个 TSV 需要 3 个唯一的测试会话来区分 m 个故障 TSV。因此，每个 TSV 需要的唯一测试会话数等于 $m + 1$。

表 4.3　TSV 网络中一个和两个故障 TSV 需要进行并行测试来确定缺陷

测试序号	创建测试组（$m = 1$）	创建测试组（$m = 2$）
1	{1, 2, 3}	{1, 2, 3}
2	{1, 4, 5}	{1, 4, 5}
3	{2, 4, 6}	{2, 4, 6}
4	{3, 5, 6}	{3, 5, 6}
5	—	{1, 6}
6	—	{2, 5}
7	—	{3, 4}

上述推理可以用 $m = 2$ 的例子进行概念上的解释。任何无故障的 TSV i 都可能处于包含故障 TSV f_1、故障 TSV f_2 或不包含 f_1 或 f_2 的测试会话中。因此，i 可以处于三个不同的测试会话中。在最坏情况下，i 的两个测试会话将包含 f_1 和 f_2 中的一个。因此，这两个会话将会失败。但是，第三个测试会话既不能包含 f_1 也不能包含 f_2，并且会通过，表明 i 是无故障的。值得注意的是，上面给出的条件是充分的，但不是必要的，因为对于 i 的测试会话不可能包含 f_1 或 f_2。

表4.3展示了一个可以为6个TSV组成的网络设计测试组的例子，其中最多可以并行测试3个TSV。如果只需要确定一个故障TSV，第2列提供测试组，第2列提供两个故障TSV的结果。当 $m = 1$ 时，所需测试次数可减少2次，电容充电时间显著减少，测试时间减少了63.93%，如图4.20所示。对于 $m = 2$，每个TSV需要增加一个测试会话，但是仍然可以减少31.19%的测试时间。如果每个网络需要识别3个或3个以上的故障TSV，那么对于这个例子，单独测试网络中的TSV是最好的选择。

以上面的例子作为TSV并行测试的激励，可以开发一个正式的问题表述。TSV网络的并行测试组创建问题定义如下：

给定待测TSV数量（T）、测试仪带宽 B（一次可以激活的探针数量，决定了每个测试周期可以测试多少个TSV网络）、与并行测试不同数量TSV相关的测试次数集合 P、每个TSV网络中必须识别的故障TSV数量 m 以及最小的电阻分辨率 r，确定每个TSV网络的并行测试集，以最小化总测试时间，同时保持测量的分辨率在 r 或以上，并确保任意给定TSV网络中多达 m 个故障TSV是唯一可识别的。

在描述优化算法之前，可以从问题定义中推导出若干约束条件。这些都是在算法初始化时完成的。首先，本节的目的是将TSV均匀分布到网络中，最大的网络具有 $[T/2B]$ TSV。分母中的"2"是所有TSV网络的两个独立测试周期的结果。这并不改变算法的通用性，因为给定实际3D设计的设计和测试约束，该算法可以用于任何尺寸的TSV网络。常数 numTests 取 $m + 1$，即每个TSV需要的测试组数。跟踪算法试图并行测试的最大TSV数量的变量 curRes 被初始化为 $[T/numTests]$ 或 r，以较小者为准。在大多数网络中，curRes 将等于 r，除了在小型网络中，与每个TSV所需的测试组数相比，r 是网络中TSV的重要部分。在这些情况下，以最大分辨率将TSV合并成测试组会导致次优的测试组。

为了跟踪每个TSV和已经测试过的TSV，初始化一个 $T \times T$ 矩阵 setMatrix。在该矩阵中，TSV被标记为从1到 T，每一列与前一列偏移一个值，如 $T = 4$ 的TSV网络（图4.21顶部）。

使用的向量也被初始化为长度为 T 的向量，以跟踪每个TSV在一个测试组中被使用的次数。该向量中的所有值初始化为0，进一步定义了一些作用

$$
\begin{bmatrix} 1 & 2 & 3 & 4 \\ 2 & 3 & 4 & 1 \\ 3 & 4 & 1 & 2 \\ 4 & 1 & 2 & 3 \end{bmatrix} \text{setMatrix}
$$

$$
\begin{bmatrix} 1 & 1 & 0 & 0 \end{bmatrix} \begin{bmatrix} 2 & 1 & 1 & 0 \end{bmatrix}
$$

$$
\begin{bmatrix} 1 & 2 & 3 & 4 \\ - & 3 & 4 & 1 \\ 3 & 4 & 1 & 2 \\ 4 & - & 2 & 3 \end{bmatrix} \begin{bmatrix} - & 2 & 3 & 4 \\ - & 3 & 4 & - \\ - & 4 & - & 2 \\ - & - & 2 & 3 \end{bmatrix}
$$

图4.21　$T = 4$ 和 $m = 1$ 的TSV网络的矩阵 setMatrix 和初始步骤

于 *setMatrix* 并使用的函数。函数 longInterect（a）从 *setMatrix* 中取出一组列，并返回所有列的交集形成的值集合。该函数如果作用在 N 个 TSV 列上，最坏情况下的时间复杂度为 O（$N \cdot T$）。函数 best Intersection（b）取 *setMatrix* 中的一列 b，判断哪一列得到的交集最多，且每列中包含第一个值。如果交叉点的个数 $\geq r$，则立即停止。该步骤的复杂度为 O(T^2)。

函数 updateUsed（c）取一组 TSV 编号，将集合中表示的 *setMatrix* 列中的对应值置 0，并增加每个 TSV 的使用值。如果一个 TSV 的使用值等于 *numTests*，那么 *setMatrix* 中的那一列在以后的测试组中被完全删除。该步骤从所有其他列中移除与该列相关的 TSV 编号。例如，图 4.21 展示了所使用的向量的两种不同迭代方式（在每个矩阵之上），并为 $T=4$、$m=1$ 的网络设置了 *setMatrix*。在左下角，TSV1 和 TSV2 一起被添加到一个测试组中。因此，每个 TSV 的使用值都被增加到 1，并且 TSV 编号从第 1 和第 2 列中删除。在右下方，TSV 1 随后被添加到 TSV 3 的测试组中。这个增量用于 TSV 1 到 TSV 2 和 TSV 3 到 TSV 1。由于 TSV 1 已经达到 *numTests* 的值，因此与 TSV 1 相关联的整个列被取消，从所有列中删除。TSV3 也将从第 1 列移除；然而，当 TSV1 进入第二个阶段时，该列被删除。

算法 1 createTestGroups(T,B,P,m,r)

Create and initialize *setMatrix*, *used*, *numTests*, *curRes*;

testGroups = {};

for i = 1 to T **do**

while *used*[i] < *numTests* **do**

inter ← bestIntersection(i);

if (*curRes* ≥4) AND (size(inter) geq 4) **then**

for each set b of *curRes* TSV in inter **do**

bestInter = {};

if size(longInterb) > size(bestInter) **then**

bestInter ← longInter(b);

if size(bestInter) ≥ *curRes* **then**

break;

end if

end if

end for

else

bestInter←inter;

end if

---

if(T ∃ bestInter) AND (*used*(T) < *numTests* − 1) AND (notNull(*setMatrix*) <
curRes − 1)

    then

    curRes←⌈ *curRes* / 2⌉;next;

    end if

    reduce(bestInter) ;

    testGroups ← testGroups + bestInter;

    updateUsed(bestInter) ;

    end while

    end for

还需要定义另外两个函数。notNull（*setMatrix*）函数返回 *setMatrix* 中未被清空的列数。函数 reduce（*d*）取一个向量 ***d***，并将其中的值减少到等于 *curRes*。这是针对交集完成的。该函数保留由 bestIntersection（ ）测试并返回的 TSV 对应集合中的 TSV 编号。

现在，可以描述算法 createTestGroups（算法 1）。该算法从初始化开始，包括创建 testGroups，一个包含并行测试的 TSV 集的集合。该算法从 TSV 1 开始，迭代地运行在每个 TSV 中，将它们分配给测试组，直到它们对应的使用值大于 *numTests*。为了确定哪些 TSV 尚未相互测试，确定了 *setMatrix* 列之间的交叉点。

算法中的最终 if 语句的存在是为了减少算法试图匹配的 *curRes* 值，以避免网络中最终 TSV 的次优组分配。例如，假设一个 T = 20 的网络，TSV17、TSV18、TSV19、TSV20 待测，*curRes* 为 4，*m* 为 1。该算法试图将所有 TSV 放置到一个测试组 ｛17，18，19，20｝，将其使用值加 1。然而，由于 *numTests* 为 2，所以每个使用的值必须等于 2。因此，每个 TSV 必须单独测试，即使在一起测试后也必须单独测试。为了避免该情况，将 *curRes* 减为 2，然后算法再次尝试。如果需要的话，可以继续递减，但在 2 时产生测试组 ｛17，18｝、｛17，19｝、｛18，20｝、｛19，20｝，与单独测试每个 TSV 相比，减少了测试时间。

上述过程保证了为每个 TSV 创建 *m* + 1 个唯一测试组，并且每个故障 TSV 可以被唯一识别。使用的向量确保每个 TSV 被放置在 *m* + 1 个唯一的测试会话中。该规则的一个例外是，当一个 TSV 被放置在一个没有其他 TSV 的测试会话中，在该情况下，这个单一的测试会话足以确定 TSV 是否有故障。为了确保每个测试会话包含唯一的 TSV 组合，*setMatrix* 和关联的列交集标识了那些已经和没有一起测试的 TSV。每个交叉点返回那些仍然可以组合的 TSV，形成唯一的测试会话。

该算法迭代性质的一个例子如图 4.22 所示，对于 T = 6、*m* = 1、*r* = 4，即最多可以并行测试 4 个 TSV。使用的向量在上部，下面是 *setMatrix*。初始化后，

curRes 的值为4。第 1 次迭代增加集合 {1，2，3，4} 对 testGroups 进行测试，使用和设置适当更新。产生的第二个集合是 {1，5，6}，其次是 {2，5}、{3，6}，最后为 {4}。这就产生 5 个测试组，而串行测试用例则是 6 个，测试时间减少了 44.40%。

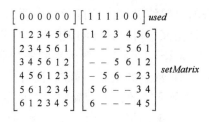

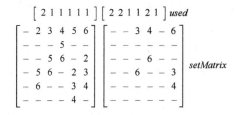

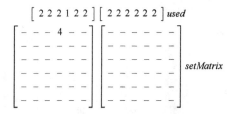

图 4.22 通过逐步创建 $T=6$、$m=1$、$r=4$ 的测试组

4.3.2 创建测试组算法的评估 ★★★

本节给出了不同 T、m 和 r 值的 TSV 网络的试验结果。为了确定测试时间，在 20 个 TSV 的 TSV 网络上进行了 HSPICE 仿真。每个 TSV 和接触电阻的电阻为 1Ω，TSV 的相关电容为 20fF。这些数字是基于文献 [26，53] 报告的数据。探针头的电阻为 10Ω。这个值比今天的探针卡[54,55] 所观察到的接触电阻要高几个，以解释我们的方案中所需要的低接触力和异常小的特征。晶体管采用预测低功耗 45nm 模型建模[56]。传输门晶体管宽度设置为 PMOS 为 540nm，NMOS 为 360nm。选择这些较大的宽度，使得门极打开时对信号强度影响较小。采用强、弱逆变器，强逆变器宽度 PMOS 为 270nm，NMOS 为 180nm；弱逆变器宽度 PMOS 为 135nm，NMOS 为 90nm。其中 NMOS 和 PMOS 的 W/L 比分别为 2/1 和 3/1。电荷共享电容 C_{charge} 建模为 10pF，选择比 TSV 网络无故障电容大一个数量

级。这足以在测量中达到很好的分辨率，而不会太大以至于充电次数不合理或泄漏成为一个重要问题。探头电子学和待测电路的供电电压 V_{DD} 均设置为 1.2V。

本节所示的所有测试时间缩减均指相对于单独测试每个 TSV 的情况。该测试时间的减少只考虑充电所需时间，而不考虑控制信号或探针卡移动所需时间。减少 0% 意味着算法无法确定导致测试次数低于顺序测试基线情况的解决方案。为了简化表示，分辨率 r 被定义为可以并行测试的最大 TSV 数量。

图 4.23 列出了在一个 20TSV 网络中，对于不同的分辨率值，测试时间的减少与必须精确定位的错误 TSV 数量的关系。可以看出，一般而言，增加 m 会导致测试时间的减少。这是符合预期的，因为确定更多的故障 TSV 需要更多的测试组。对于 20TSV 网络，分辨率的提高往往会导致测试时间的减少。这是因为网络中有足够多的 TSV 可以利用更大的测试组。$m=1$ 的 4 个 TSV 的分辨率出现了异常，导致测试时间的减少比 $m=1$ 的 5 个 TSV 的分辨率大。虽然这两种优化都产生了 10 个测试组，但是 $r=4$ 的分辨率产生了 10 个测试组，每个测试组有 4 个 TSV。对于 $r=5$ 的分辨率，只有 6 个测试组包含 5 个 TSV，其中 2 个测试组包含 3 个 TSV，2 个测试组包含 2 个 TSV。总体而言，这导致了更高的测试时间。我们的算法允许快速遍历整个设计空间，允许在给定最大允许分辨率的限制下，精确确定 r 的最优值，以最小化测试时间。

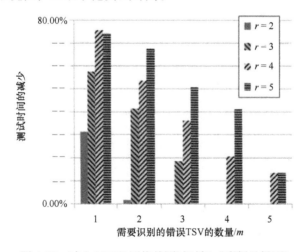

图 4.23　减少 20TSV 网络的测试时间（彩图见插页）

上述效应在 TSV 数量较少的网络中表现得更为明显。图 4.24 再现了图 4.23 中 8TSV 网络的数据。可以看出，当 $m=1$ 时，与 $r=5$ 相比，$r=4$ 的分辨率导致测试时间显著缩短。这是因为当 $r=4$ 时，算法产生的测试组平均比 $r=5$ 时测试组数量更少、组内 TSV 数量更大。由于 TSV 网络的规模较小，优化算法对 *curRes* 进行了调整，因此更高分辨率的测试组和更大的 m 值是相同的。与 20TSV 网络的数据相比，m 值越大，网络中 TSV 的比例越大。因此，当 $m \geqslant 3$ 时，顺序测试更有效。

有必要考察网络中 TSV 数量对测试组的影响。图 4.25 展示了在固定分辨率 $r=3$ 和不同 T 值下，测试时间相对于 m 的减少。对于给定的分辨率，当 T 和 m 的值使得大多数测试组包含可并行测试的 TSV 数量最多时，测试时间可以实现更大缩减。

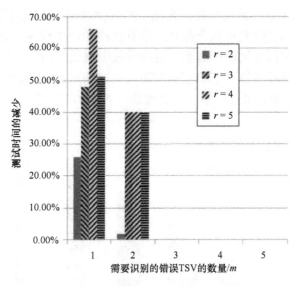

图 4.24　减少 8TSV 网络的测试时间（彩图见插页）

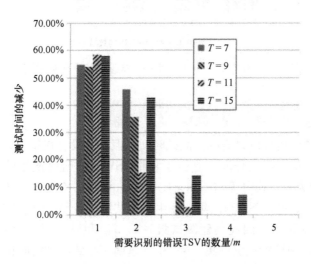

图 4.25　分辨率 $r=3$ 时测试时间的减少（彩图见插页）

当 $m=1$ 时，该情况发生在 7 个 TSV 中，例如 $T=7$。对于 $m=2$ 和 $m=3$，分别为 11TSV 和 15TSV 时，测试时间减少最多。这些结果进一步激发了对所有参数进行仔细设计和优化的必要性。自动化设计工具可以为此目的使用本节所述的快速算法。生成一个 T 从 5 到 20，m 从 1 到 5，r 从 2 到 5 的数据数组所需的 CPU 时间小于 3s。

最后，探究了优化过程中产生的测试组数。图 4.26 给出了在 $r = 4$ 的分辨率下，不同 T 值下产生的关于 m 的测试组数。对于 m 和 T 的值没有提供数据点，相对于顺序 TSV 测试的基线情况，算法不能减少测试时间。对于较小的 m 值，与每个 TSV 单独需要的测试数量相比，该算法往往产生较少的测试组。采用更大的 TSV 网络，可以在增加所需组数的同时减少测试时间。该测试时间（但有更多的测试组）的减少增加了控制器和路由的复杂度。对于测试应用方案，通过考虑实现成本来确定最佳折中方案仍然是一个开放的问题。

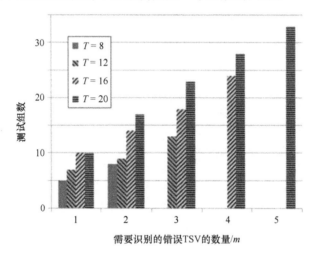

图 4.26 分辨率 $r = 4$ 时产生的测试组数（彩图见插页）

4.3.3 创建测试组算法的局限性 ★★★

尽管创建测试组可以显著减少测试时间，但它并没有在每个设计情况下创建最优的测试组，这在很大程度上是由于它将 TSV 分配给测试组的贪婪性质。再考虑图 4.22 的例子，其中 $T = 6$、$m = 1$、$r = 4$。该算法首先在测试集 {1, 2, 3, 4}，无法创建更多的 4TSV 测试集，则生成测试集 {1, 5, 6}。它再次无法创建分辨率 $r = 3$ 的测试集，因此创建测试集 {2, 5} 和 {3, 6}。最后，它只能将最后一个 TSV 单独放置在测试集 {4} 中。这确实导致测试时间比串行 TSV 测试大幅减少 44.40%，但这并不是最佳测试时间。

如果使用测试集 {1, 2, 3}、{1, 4, 5}、{2, 4, 6} 和 {3, 5, 6} 代替，则可以进一步减少测试时间。这些测试结果比串行测试用例的测试时间显著减少了63.93%，比算法开发的测试解决方案减少了35.11%。需要说明的是，如果将算法的参数设置为 $T=6$、$m=1$、$r=3$，则算法可以产生更优化的测试集，但这个例子确实展示了算法的次优理论，以及如果将算法作为更大的优化框架的一部分，如何改进结果。

4.3.4 总结 ★★★

小节总结

- 在同一个 TSV 网络中同时测试多个 TSV，可以显著减少 TSV 测试时间。
- 可以通过限制 TSV 网络中必须唯一识别的故障 TSV 数量来进一步减少测试时间。
- 一种创建并行测试组的算法方法显示，与 TSV 网络中的串行 TSV 测试相比，测试时间显著减少，在某些情况下减少了70%以上。
- 测试时间的减少可以通过两种方式实现——减少所需的测试次数和/或减少对任意给定测试的电荷共享电容充电所需时间。
- 由于算法的贪婪性质，在某些设计情况下，结果是次优的。

4.4 结 论

本章研究了结合引脚电子学的新型片上 DFT 方法和测量技术，允许基于探测的 TSV 键合前测试。已经证明了探针卡如何与 DFT 架构一起用于测量电阻和电容，以及进行固定和泄漏测试。将这些参数测试应用于一个 TSV 网络，HSPICE 仿真结果突出了该方法的有效性。如果测量数据的分辨率损失在可接受的范围内，不仅可以并行测试多个 TSV 网络，还可以并行测试每个网络中的多个 TSV。即使存在工艺变化和多个缺陷 TSV 的情况下，该测试方法也能得到可靠和准确的结果。该方法突出了商业测试仪的相关性以及测试公司在 3D SIC 测试方法成熟过程中可以发挥的作用。与 BIST 技术相比，它还表明需要廉价、有效的低压力探针技术，以最大限度地减少对芯片和 TSV 的影响，并保持探测成本的合理性。

此外，当使用键合前探测同时对同一 TSV 网络中的 TSV 进行测试时，出现了识别错误 TSV 的问题。该问题可以从测试时间、故障检测分辨率以及定位给定数量的缺陷 TSV 所需的测试组数等方面进行描述。针对 TSV 网络中并行 TSV 测试，提出了一种高效的测试组计算方法。研究结果表明，并行测试可以显著减少测试时间。测试时间的减少取决于网络中 TSV 的数量、需要检测的故障 TSV 的数量以及测量所需的最小分辨率。这些结果突出表明需要一个通用的多目标框架，其中所提出的算法可以是一个重要组成部分。

第 **5** 章 »

基于TSV探测的键合前扫描测试

5.1 引 言

前几章已经讨论了键合前 KGD 测试的必要性，以实现晶圆匹配、芯片模组和其他确保堆叠良率的方法。第 3 章和第 4 章介绍了通过 BIST 和探测来实现键合前 TSV 测试的方法。虽然 TSV 测试对 KGD 测试很重要，但它只涵盖了完整的 KGD 测试中的一小部分。特别是占据大部分芯片面积的都是用于逻辑和相关的存储器。

第 2 章考察了几种 3D 存储器架构和各种基于 BIST 的测试方法，其中许多方法可用于键合前测试。在考虑了 TSV 和存储器占有的面积之后，芯片剩下的面积中，大部分都被使用存储器和 TSV 的数字逻辑电路所占据。需要注意的是，该逻辑电路也需要进行键合前的 KGD 测试。

文献［27，35］中讨论了许多测试架构以实现键合前测试，包括第 7 章中考察的芯片级标准测试外壳。然而，这些架构依赖于超大探针垫的沉积，后者（探针垫）出现在那些将用于键合前逻辑测试的 TSV 柱或者是侧面 TSV 接触上，也可能两处都会出现。这些探针垫被手动设计成能让探针与 TSV 单独接触的尺寸。它们需要大量的空间，并在相当大的程度上限制了 TSV 的间距和密度。因此，被用于键合前测试的探针垫数量受限。这大大限制了可用于逻辑测试的键合前测试带宽，增加了测试时间和成本。

为了应对上述挑战，针对减薄后的芯片进行背面探测的芯片逻辑，本章探讨了一种键合前测试的新方法。它扩展了第 4 章中讨论的测试架构，并只关注 TSV 测试。本章重点介绍了芯片逻辑的扫描测试，利用扫描链，可以重新配置为键合前测试，以实现扫描输入和扫描输出通过 TSV。该方法不需要很多超大的探针垫，除了一些关键信号，如电源、地线和测试/功能时钟。本章概述方法的一个显著优势是，它与第 4 章描述的架构相结合后，可以在单一的测试范式下同时进行键合前 TSV/微凸点测试以及键合前结构测试。此外，探针垫没有限制键合前测试的测试带宽，因此，通过本章概述的方法，可以快速进行高带宽的键合前测试。本章研究了几种不同的扫描配置，每种配置都根据设计限制提供了各种不同程度的测试并行性。我们将讨论各种仿真情况，以证明通过 TSV 探测进行扫描测试的可行性，其中包括面积开销、功率/电流输送需求、TSV 的电流密度和扫描时钟频率。

　　本章的其余部分组织如下。5.2 节在键合前扫描测试的背景下研究了第 4 章中的架构，并介绍了两种新的、取决于它们驱动的 TSV 类型的门控扫描触发器（GSF）。5.2.1 节介绍了进行键合前扫描测试时使用的已被提出的扫描架构和测试方法。5.2.2 节呈现了一些带有 TSV 的芯片在两种逻辑上的 3D 基准上的 HSPICE 仿真结果，强调了本章讨论的方法的可行性。最后，5.3 节是本章的总结。

5.2　基于 TSV 探测的键合前扫描测试

　　在第 4 章中，我们介绍了一种测量和可测性设计（DFT）技术，它通过探测来实现 TSV 的键合前测试。该方法利用了一种与第 7 章中讨论的类似的芯片测试外壳，但是用门控扫描触发器（GSF）取代了边界扫描触发器。对于键合前扫描测试，每个 TSV 在 TSV 网络中的方向性很重要，因此有必要在发送和接收 TSV 上区分 GSF。发送 TSV 在运行功能时由它自己芯片的逻辑驱动，并向另一个芯片发送信号。接收 TSV 在运行功能时由另一个芯片的逻辑驱动，并接收信号。

　　图 5.1 提供了一个双向 GSF 的门级设计示例。GSF 的接收路径被箭头标出。正如第 4 章所讨论的，一个 GSF 在测试输入和功能输入之间进行多路复用，并可与其他 GSF 键合以形成一个扫描链。与其不同的是，GSF 包括一个由两个逆变器组成的缓冲器和一个在触发器的输出端的传输门，当它接收到一个"打开"的信号，就会在低阻抗和高阻抗输出之间切换。该设计使得 TSV 被 GSF 驱动或

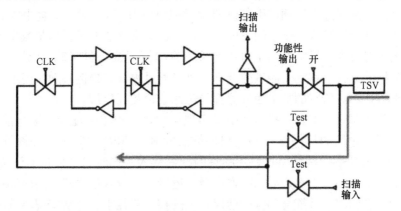

图 5.1　一个突出了接收路径的双向门控扫描触发器的门级设计实例

保持不确定成为可能。GSF 在接收 TSV 时必须是双向 GSF，因为 GSF 必须要能在键合前 TSV 测试期间驱动 TSV。

在第 4 章中，GSF 在每个 TSV 之前介入，以实现对 TSV 的键合前探测。研究表明，通过使用比单个 TSV 大的探针，可以故意将几组 TSV 短接在一起，以形成一个叫 TSV 网络的单一电路。使用 GSF，可以精确测定每个 TSV 的电阻及其平均电容。事实证明，TSV 之间的接触力和接触质量的变化对精确描述 TSV 的能力影响不大。

为了让键合前扫描测试使用相同的架构，扫描链被重新配置成键合前测试模式，在该模式下，扫描输入和扫描输出会被键合到 TSV 网络。这使得探测站能将测试向量应用于芯片，并通过扫描链和键合前 TSV 扫描输入/输出口（I/O口）读取测试响应。使用 TSV 进行键合前扫描测试的一个关键优势是，在芯片逻辑测试中不需要接触所有的 TSV，只需要接触那些需要进行键合前扫描的 TSV。之后将在第 5.2.2 节中进一步讨论的 3D 基准的结果表明，对于 100 个进行键合前测试的扫描链，只有 10.7% 的 TSV 需要被接触。因此，有可能只需要一次接触来进行键合前扫描测试，同时，它可以作为键合前 TSV 测试所需要的第二次接触，以便在所有的 TSV 都被测试为无故障后进行扫描测试。

5.2.1 键合前扫描测试 ★★★

本节介绍键合前扫描测试所需的测试架构和方法。假设键合后扫描架构与第 7 章中讨论的芯片测试外壳兼容，如图 5.2 所示。图 5.2a 提供了一个单一的扫描链和一些边界扫描触发器。扫描链由典型的扫描触发器（Scan Flop，SF）组成，而在 TSV 接口处的边界扫描寄存器是 GSF。与芯片测试外壳一样，测试时必须提供一些着陆垫，用于给芯片提供基本信号，如电源、地线和时钟。一个扫描链的键合后扫描输入和扫描输出通过边界寄存器进入芯片。在堆叠的底层芯片中，这个接口是通过外部测试引脚或 JTAG 测试访问端口。对于堆叠中的其他芯片，扫描 I/O 会被键合位于它们下面的芯片。边界寄存器的平行加载减少了测试时间，但是对边界扫描链换档也可以实现串行扫描测试。图 5.2b 说明，它提供了测试数据的键合后移动。测试数据不仅可以通过内部扫描链移动，还可以围绕边界寄存器移动。所有的扫描触发器都与芯片逻辑相互作用。

多路复用器被添加到扫描路径中以实现让扫描链被重新配置为键合前模式。在该模式下，它们的扫描输入和输出的键合是通过 TSV 实现的，如图 5.3a 所示。一个接收 GSF 被选择用于重新配置的扫描输入，同时一个发送 GSF 被选择用于扫描输出。因为许多边界扫描寄存器在逻辑上与键合后模式下的内部扫描链分离，所以它们需要被缝合到键合前模式下的扫描路径上，才能实现测试。多路复用器需要被添加在尽可能少的地方，并实现对所有内部和边界扫描触发器的访

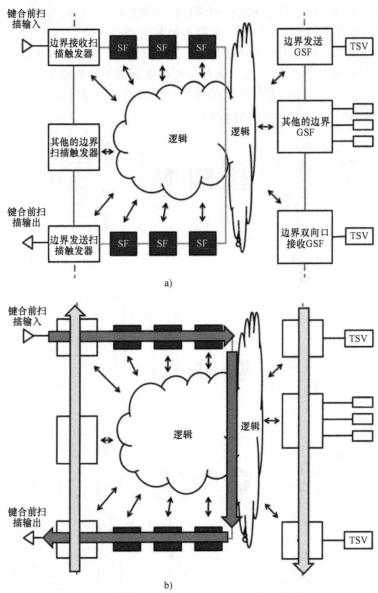

图 5.2 假定的绑定后扫描架构

a) 扫描链和逻辑 b) 测试数据的移动

问，这样才能尽量减少硬件开销。

图 5.3a 所示是考虑在单一扫描链上添加多路复用器的情况。接收 GSF 现在作为键合前的扫描输入，能被用来接受其通过 TSV 驱动的功能输入。然后它的扫描输出被多路复用到边界扫描链中。这样做是为了使发送 GSF 被用作一个键合前扫描输出，同时使接收 GSF 被用作一个键合前扫描输入，这两者会和在键

合后扫描链中与另一个扫描触发器相邻的扫描触发器键合。边界扫描触发器的输出被提供给键合前扫描作为输入，之后再被复用到扫描链中。键合后扫描输出、键合后扫描输入和其他边界寄存器被缝合到扫描链中。最后，作为键合前扫描输出的发送 GSF 被复用到扫描链的末端。测试数据的键合前移动如图 5.3b 所示。为了保持清晰度，图中没有组合逻辑提供；它与图 5.3a 提供相同。图中的箭头颜色有所变化，以免重叠的箭头混淆。

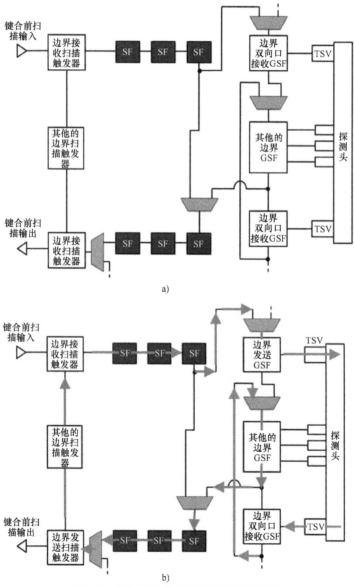

图 5.3　用于键合前测试的可重构扫描链
a）增加的多路复用器　b）测试数据的移动

图 5.3 中重新配置的键合前扫描链展示了几种可能的键合前扫描配置的其中之一（配置 A）。在这个例子中，键合前扫描链的扫描输入和输出终端是同一TSV 网络的一部分。在这些条件下，测试数据的扫描输入和测试响应的扫描输出必须分开进行。这是因为，为了扫描输入测试数据，接收 GSF 上的传输门必须被设置为低阻抗状态，而所有其他门必须被设置为高阻抗状态。同样，在扫描输出时，发送 GSF 的传输门必须被设置为低阻抗，而其他所有门都被设置为高阻抗。因为扫描输入和扫描输出发生在同一个网络上，所以在一次接触中可以被测试的最大扫描链数量等于 TSV 网络形成的数量。也就是说，扫描链数量最多与探针数量相等。此外，如果由于电流或功率的限制，导致扫描输入和扫描输出的最大扫描时钟频率不同，那么必须使用合适的频率进行相应操作。

　　第二种可能的绑定前扫描配置（配置 B）涉及在各个独立的 TSV 网络上的扫描输入和扫描输出，图 5.4 提供了一个例子。在本例中，键合前扫描链的扫描输入和扫描输出终端是同一 TSV 网络的一部分。每次接触可测试的最大扫描链数减少到探针数量的一半（或 TSV 网络数量的一半）。扫描输入和扫描输出的操作都必须发生在可行扫描频率中较低的那个频率上，因为这两个操作是同时发生的。应该注意的是，在使用 TSV 网络时，不能进行键合前功能测试，因为同时向同网络内的 TSV 提供独立输入是不可能的。

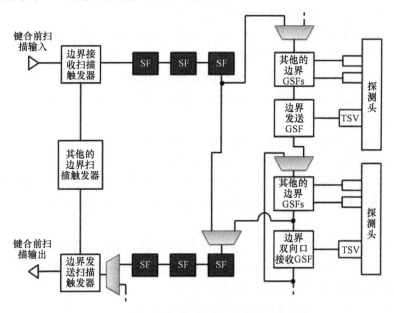

图 5.4　一个在不同的 TSV 网络上有键合前扫描输入和扫描输出的可重配的扫描链

　　绑定前扫描配置也可以设计成两个或多个属于同一 TSV 网络的扫描输入和扫描输出，多数情况下这样的配置都是可行的。设计上的限制，如布线的复杂度或布图的难度，可能会使扫描链键合前 I/O 不能被键合到一个独立的 TSV 网络。该情况下，可以找到那些已经被键合前扫描 I/O 口键合的 TSV 网络，扫描链可能需要与其共享键合前扫描输入、输出或都共享。另一种情况下，可能存在键合后扫描链比单次接触中键合前 TSV 网络更多的情形。因为重新调整探针卡并进行第二次接触会大幅增加测试时间，所以最好是在一次接触中测试所有的扫描链。该情况下，在键合前扫描 I/O 之间共享 TSV 网络的测试时间比将两个扫描链缝合在一起形成一个更长的扫描链的测试时间要短。

图 5.5 提供了两个独立的扫描链共享 TSV 网络的例子。在图 5.5a 中，两个扫描链的键合前扫描输入和输出被键合到同一个 TSV 网络（配置 C）。在图 5.5b 中，可重置的扫描链 1 和 2 的键合前扫描输入共享一个 TSV 网络，但其扫描输出有独立的 TSV 网络（配置 D）。当扫描链在其扫描输入之间共享一个 TSV 网络时，可以使用散布方法应用向量来减少测试时间。在散布测试向量的过程中，扫描链必须接收唯一的切换信号，这样一个或两者的 bit 都可以切换，这取决于哪个 bit 被应用到 TSV 网络上。然后，两个扫描链的测试向量可以结合成单一的向量，该向量与串行扫描向量相比，需要更少的测试时钟周期来扫描。当扫描输出共享一个 TSV 网络时，测试响应必须被串行扫描输出来。因此，图 5.5a 的配置必须使用：

① 串行或散布式扫描输入的其中之一；

② 串行的扫描输出，且扫描输入和扫描输出的操作不能同时发生。

对于图 5.5b 的配置，扫描输入必须以串行或散布方式进行，但两个扫描链的扫描输出可以并行。扫描输入和扫描输出的操作可以同时发生。

从测试时间的角度来看，对于给定的设计来说，哪种配置最适合是可以确定的。下面是使用了的设计约束：

- s—重新配置期间创建的键合前扫描链的数量。
- p—键合前扫描测试时要应用的向量数量。
- m—在最长键合前扫描链中的扫描单元的数量。在本章中，为了确定测试时间，这个值被假定为在不同的接触中是恒定的，尽管它实际上不一定是恒定的。
- l_i—第 i 个方案中 bit 的长度，其中 $i = 0$ 是一个向量集的第一个向量。这个变量只对配置 3 和配置 4 有要求，因为它们利用散布向量。如此一来，每个向量都可以有不同的长度，而且一般会大于 m。
- n—探针卡上可被 TSV 网络使用的探针数量。
- t—探针卡对准和接触所需的时间。
- f_{in}—可以使用的最大扫描输入时钟频率。
- f_{out}—可以使用的最大扫描输出时钟频率。

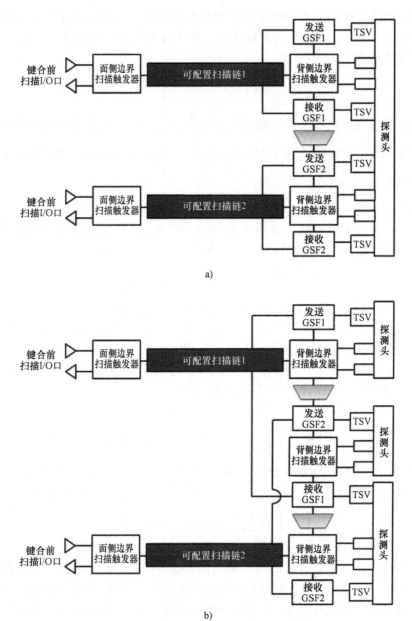

图 5.5 在同一个 TSV 网络上有两个键合前扫描输入的可重新配置的扫描链
a) 在同一个 TSV 网络上有扫描输出 b) 在不同的 TSV 网络上有扫描输出

目的是在上述限制条件下，确定每种配置所需的测试时间 T 的方程，并选择能使测试时间最短的配置。因为对准和接触所需时间通常比进行扫描测试所需时间长得多，所以通常使用只需要一次接触的配置会更好。

对于配置 A，由于扫描 I/O 使用共享的 TSV 网络和探针，所以扫描输入和扫描输出的操作是按顺序进行的。为了加快这个过程,扫描输入的操作可以使用最大扫描输入频率f_{in},扫描输出的操作可以使用最大扫描输出频率f_{out}。配置 A 的测试时间方程为

$$T_A = \left[\frac{s}{n}\right] \cdot \left(\frac{m \cdot p}{f_{in}} + \frac{m \cdot p}{f_{out}}\right) + \left[\frac{s}{n}\right] \cdot t \tag{5.1}$$

进行键合前扫描测试所需的接触次数由$\left[\frac{s}{n}\right]$给出。然后将其乘以应用所有测试向量和接收每次接触的所有测试响应所需时间,再加上执行所有对齐和接触操作所需时间$\left[\frac{s}{n}\right] \cdot t$。

对于配置 B,扫描输入和扫描输出的操作可以并行进行,与配置 A 相比,这减少了应用向量和接收测试响应所需时间。然而,在配置 B 的每次接触中,与扫描链键合的数量仅为配置 A 的一半。配置 B 的测试时间为

$$T_B = \left[\frac{2s}{n}\right] \cdot \left[\frac{m \cdot (p+1)}{\min\{f_{in}, f_{out}\}}\right] + \left[\frac{s}{2n}\right] \cdot t \tag{5.2}$$

配置 C 使跨 TSV 网络的扫描链的显著合并成为可能,使每次接触、测试的扫描链数量是配置 A 的 2 倍、配置 B 的 4 倍。扫描输入和扫描输出的操作是按顺序进行的,由于需要扫描输出每个 TSV 网络的两个扫描链响应的值,所以每个扫描输入周期需要两个扫描输出周期。此外,由于生成散布向量需要压缩,向量的长度是可变的。因此,配置 C 的测试时间为

$$T_C = \left[\frac{s}{2n}\right] \cdot \left(\frac{\sum_{i=0}^{p} l_i \cdot p}{f_{in}} + 2 \cdot \frac{\sum_{i=0}^{p} l_i \cdot p}{f_{out}}\right) + \left[\frac{s}{2n}\right] \cdot t \tag{5.3}$$

最后,配置 D 支持并行的扫描输入和扫描输出操作,同时考虑了在每次接触时,比配置 B 测试更多的扫描链。它利用了散布向量集,其测试时间为

$$T_D = \left[\frac{\frac{2}{3}s}{n}\right] \cdot \left(\frac{\sum_{i=0}^{p} l_i \cdot (p+1)}{\min\{f_{in}, f_{out}\}}\right) + \left[\frac{\frac{3}{2}s}{n}\right] \cdot t \tag{5.4}$$

尽管这些式(5.1)~式(5.4)可以作为确定在设计中使用哪种配置的指南,但它们只包含了创建重新配置架构的测试时间因素。在现实中,设计和技术限制如布线复杂性、面积开销等,也会影响哪些配置对一个给定设计是可行的。

图 5.6 提供了配置 A、B、C 和 D 的测试时间与创建 TSV 网络的探针数量的联系(从 10 变化到 200)。参数值选在了合适的区间以提供配置之间的差异:s 为 50、p 为 1000、m 为 300,每个 l_i 的值设置为 400、f_{in} 为 150MHz、f_{out} 为 100MHz。图 5.6a 的对准和接触时间 $t = 1.5ms$,这相对较快,但这是被用来确保芯片的测试时间不被 t 所掩盖,以提供各种配置的完整图像。图 5.6b 是在 $t = 100ms$ 时产生的,这明显长于使用给定参数进行结构测试所需时间,并提供了一

个实际情况下配置之间差异的例子。

如图 5.6a 所示，关于 n，配置之间存在帕累托最优（Pareto – Optimality）。在 n 处于低值时，配置 C 和 A 往往会有较低的测试时间，因为它们为 TSV 网络之间的扫描链提供了较高的压缩率。当 n 值较高时，配置 B 和 D 会有较低的测试时间，因为它们在向量应用方面提供了较高的测试并行性。图 5.6b 提供了在一个更实际的环境中这些因素的影响，其中，使用了最符合键合前扫描测试带宽的配置，并且只用一次对测试时间有最显著影响的接触。哪种配置能提供最低的测试时间取决于设计参数和探针卡的限制。5.2.2 节将用基准电路的结果深入探讨这个问题。

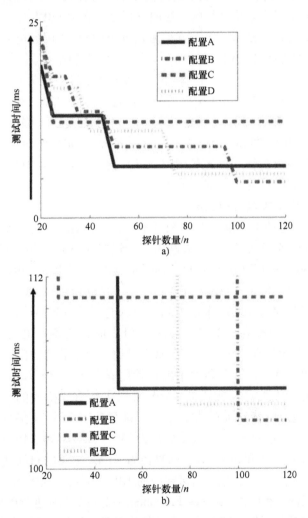

图 5.6　配置 A、B、C 和 D 的测试时间随探针数量、对准和接触时间的变化（彩图见插页）
a）$t = 1.5\mathrm{ms}$　b）$t = 100\mathrm{ms}$

5.2.2 键合前扫描测试的可行性和结果 ★★★

本节讨论了证明所提出方法的可行性所需的一些关键标准：

- 在键合前的扫描测试期间，需要传递给被测设备的电流必须在 TSV 和探针的载流能力范围内。

- 高电容的 TSV 网络充放电的速度必须合理，从而使键合前扫描测试的时间较短。

- 提出方法的面积开销必须要小。

- 为了实现键合前扫描测试中的高覆盖率，边界扫描寄存器是必要的。

仿真结果证明了本章所介绍的方法的可行性。在 HSPICE 中，在两个三维逻辑 – 逻辑基准上进行了模拟。每个直径为 5μm 的 TSV 所用的电阻和电容分别为 1Ω 和 20fF，依次可参考文献 [26、53]。除非另有说明，晶体管使用预测性的低功耗 45nm 模型进行建模[56]。传输门晶体管的宽度被设定为：PMOS 为 540nm，NMOS 为 360nm。选择这些较大宽度的晶体管是为了使门在打开时对信号强度的影响小。每个 GSF 都会使用一个强逆变器和一个弱逆变器，强逆变器的宽度为：PMOS 270nm，NMOS 180nm；弱逆变器的宽度为：PMOS 135nm，NMOS 90nm。这些选择使得大多数晶体管的宽长比（W/L）为：NMOS 为 2/1，PMOS 为 3/1。电源提供的探头和电路的电压都是 1.2V。

5.2.2.1 3D 集成电路的标准

由于 3D 集成电路的标准在公共领域不可用，因此从 OpenCores 标准集提供的内核中创建了两个标准[85]。可以利用一个快速傅里叶变换（FFT）电路和一个可重构的计算阵列（Reconfigurable Computing Array，RCA）电路。两者都是在 45nm 技术节点[56]上使用 Nangate 开放单元库[101]进行合成的。综合后总的门数为 299273，FFT 电路有 19962 个触发器。RCA 电路有 136144 个门，20480 个是触发器。两种设计都被划分为 4 个芯片，FFT 堆叠的每个芯片的门数分别为 78752、71250、78367 和 70904。对于 RCA 堆叠，每个芯片的门数分别为 35500、34982、32822 和 32840。每个芯片中的逻辑门是用 Cadence Encounter（Cadence 公司开发的一种算法工具）放置的，TSV 是以常规方式插入的，使用最小生成树的方法[86]。假设以背对面的方式结合，这意味着 TSV 只存在于前三个芯片中。FFT 堆叠中每个芯片的 TSV 数量分别为 936、463 和 701，RCA 堆叠中的 TSV 数量则分别为 678、382 和 394。TSV 的直径为 5μm。电路的布线使每个 TSV 都有一个大小为 7μm 的凸起，包括保持区在内的 TSV 单元的总尺寸为 8.4μm，这相当于六个标准单元行。然后在 Cadence Encounter 中对每个芯片进行单独布线。图 5.7 提供了 FFT 四芯片版图的底部芯片，白色的为 TSV，绿色的为标准单元。

边界扫描单元被加在 TSV 接口处。在 TSV 接口处插入边界寄存器的必要性

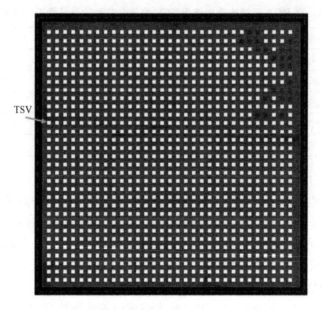

图 5.7　FFT 四芯片标准的 0 号芯片版图（绿色为标准单元，白色为 TSV）（彩图见插页）

可以通过检查 FFT 四芯片标准的 0 号芯片来说明。在没有边界扫描寄存器的情况下，键合前固定型故障覆盖率只有 44.76%。添加了边界寄存器后，固定型测试向量的覆盖率增加到 99.97%，过渡测试向量的覆盖率增加到 97.65%。这是一个显著的增长，特别是考虑到芯片只包含 936 个 TSV，而一个工业设计可能包含数万个 TSV。

　　表 5.1 提供了带有 TSV 的 FFT 芯片的边界扫描 GSF 和扫描链重置电路的面积开销，表 5.2 是带有 TSV 的 RCA 芯片的面积开销。这些结果显示面积开销在门总数的 1.0% ～2.9%。一般来说，RCA 标准的面积开销较高，因为该标准在每个芯片中包含的门数明显少于 FFT 标准，同时，RCA 标准包含几乎同样多的触发器，并且 TSV 没有明显减少。这意味着许多边界扫描单元需要添加到 RCA 芯片上，而且两个基准之间有数量类似的扫描链需要重置的电路。

表 5.1　在 FFT 三维堆叠中使用 TSV 的三种芯片的最坏情况结果的比较

测试参数（FFT 堆叠）	芯片 0	芯片 1	芯片 2
峰值电流	1mA	1mA	1.1mA
平均电流（固定）	300μA	294μA	327μA
平均漂移电流（过渡）	387μA	300μA	335μA
平均捕获电流（过渡）	432μA	341μA	383μA
面积损耗	2.20%	1.00%	1.20%

表5.2　在 RCA 三维堆叠中使用 TSV 的三个芯片的最坏情况结果的比较

测试参数（RCA 堆叠）	芯片 0	芯片 1	芯片 2
峰值电流	0.8mA	0.8mA	0.8mA
平均电流（固定）	279μA	288μA	242μA
平均漂移电流（过渡）	287μA	321μA	261μA
平均捕获电流（过渡）	327μA	331μA	300μA
面积损耗	2.90%	1.70%	1.90%

5.2.2.2　仿真结果

首先从源电流和沉降电流方面进行考察通过探针进行扫描测试的可行性。为了确定电流的上限，扫描链被引入到基准电路中。为了支撑电路级 HSPICE 仿真的复杂程度，在每个基准电路中，扫描链的长度被限制在 8 个（每条扫描链有 6 个内部扫描单元和 2 个边界扫描单元用于键合前的扫描 I/O）。该设计的固定和过渡测试向量是用一个商业的自动测试向量生成（ATPG）工具生成的，并根据切换活动进行分选。测试生成产生了每个测试向量的切换活动。对于每个芯片，在 HSPICE 中提取两个扫描链和相关逻辑，以基于最高有效向量和生成向量集中的平均有效向量进行仿真。这意味着在 HSPICE 仿真中该扫描链中扫描单元的扇入和扇出门被模拟链接到初级 I/O 或其他触发器。对于具有最高峰值切换有效的向量，我们模拟了为该向量产生最多转换数的扫描链和相关逻辑。对于平均向量，模拟了一个基于平均切换位数的扫描链和相关逻辑。

图 5.8 提供了在最坏情况下移入扫描链的最高功率固定向量和在 25、40、50、60 和 75MHz 变化频率下移出测试响应时的电流图。该图给出了 FFT 电路的

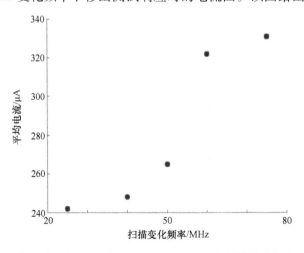

图 5.8　FFT 标准的芯片 0 在 25、40、50、60 和 75MHz 的扫描转移频率下的平均电流图

芯片 0 的数据。在 50MHz 时，电流平均约为 300μA，并且在所有频率下，在大约 0.1ns 的时间内达到近 1mA 的峰值。对于使用在移位阶段发射（Launch - Off - Shift，LOS）和 1GHz 功能时钟的同一芯片的延迟故障向量的翻转，在捕获期间，峰值电流与固定向量相似时，平均电流为 432μA。

表 5.1 提供了在 FFT 标准中带有 TSV 的三种芯片的最坏情况下的固定和过渡向量的峰值和平均电流。对于过渡测试，提供了移位和俘获周期两者的平均电流，所有扫描输入移动周期的电流都被算在一起取平均值。只提供了一个峰值电流，因为固定和过渡向量的结果几乎是相同的。表 5.2 提供了 RCA 标准的前三个芯片的结果，它们是相同的。仿真是以 50MHz 的扫描变化频率和 1GHz 的功能时钟进行的。因为在这些仿真中，驱动器的强度和 TSV 网络的大小都没有改变，所以这些芯片的最大扫描输入和扫描输出频率是相等的。表 5.3 和表 5.4 表明这些平均扫描链和测试向量的结果是相同的。

表 5.3 在 FFT 三维堆叠中使用 TSV 的三种芯片的平均结果的比较

测试参数（FFT 堆叠）	芯片 0	芯片 1	芯片 2
峰值电流	1mA	1mA	1mA
平均电流（固定）	289μA	274μA	291μA
平均漂移电流（过渡）	370μA	281μA	296μA
平均捕获电流（过渡）	412μA	305μA	344μA

表 5.4 在 RCA 三维堆叠中使用 TSV 的三种芯片的平均结果的比较

测试参数（RCA 堆叠）	芯片 0	芯片 1	芯片 2
峰值电流	0.8mA	0.7mA	0.7mA
平均电流（固定）	270μA	270μA	241μA
平均漂移电流（过渡）	277μA	291μA	246μA
平均捕获电流（过渡）	298μA	317μA	261μA

由表 5.3 和表 5.4 可知，最坏情况下，固定向量的最高平均电流为 327μA，与 FFT 标准的芯片 2 预期的一致。对于过渡向量来说，在最坏的情况下，在捕获期间，FFT 标准的芯片 0 的最高电流是 432μA。这些最坏情况下的电流要是放在 RCA 标准下，会变得十分小，因为在 RCA 向量下，固定向量的电流为 288μA，同时过渡向量下俘获期间的电流为 331μA。尽管峰值电流的变化不大，但平均扫描链和平均向量的平均电流像预期那样较低。

有文献报道，一个 TSV 可以处理电流密度高于 70000A/cm² 的电流[87]。已发表的关于 TSV 可靠性筛查的工作表明，持续的电流密度为 15000A/cm² 的电流可以通过 TSV，且 TSV 不被损坏[88]。在键合前的测试方法中，要支撑峰值为

1mA 的电流通过一个 $5\mu m$ 长的 TSV，需要 TSV 能够处理电流密度为 $5093A/cm^2$ 的电流。为了处理 $300\mu A$ 的平均电流，TSV 必须能够持续支撑电流密度为 $1528A/cm^2$ 的电流。这两个数字都远低于最大允许电流密度。

除了 TSV 的电流密度限制外，考虑探针能够输送的电流量也很重要。文献 [59，89] 表明，一个 3mil（$76.2\mu m$）的悬臂探针能够在一个短脉冲时间内 （<10ms）提供 3A 的电流。在最不理想的情况下，假设 FFT 标准中的所有扫描 链和逻辑一次就能获得峰值电流，探针头就必须在不到 0.1ns 的时间内提供 3A 的电流。这属于探针电流供应规范的范围。如果探针的电流供应是一个问题，各 种常见的方法可以在测试期间减少芯片的峰值和平均测试功率，包括将电路划分 为几个单独的测试模块、时钟门控和低功耗向量[90-92]。

表 5.5 提供了为降低测试功率而对四芯片 RCA 标准中的芯片 0 低功耗向量 产生结果。第 1 列以无约束最坏情况下向量切换有效的百分比的形式提供了目标 峰值的翻转。第 2 列和第 3 列分别提供了无约束向量计数百分比的增加和无约束 覆盖率百分比的减少。第 4 列给出了表 5.4 中使用相同扫描链进行仿真时，最不 理想情况向量下的峰值电流消耗。由表可知，在不损失覆盖率的情况下，翻转的 峰值可以大大减少（大约降到无约束翻转的 70%，产生 0.66mA 的峰值电流）， 最坏的情况是增加 8.1% 额外向量。减少到 60% 会导致一些覆盖率的损失 （3.5%），但可以将峰值电流消耗减少到 0.58mA。这些结果表明，如果测试功 率超过 TSV 或探针限制，低功率向量产生可以用来降低测试功率。

表 5.5　四芯片 RCA 标准的 0 号芯片的低功耗向量生成结果

活动目标（RCA 堆叠）（%）	向量膨胀（%）	覆盖率损失（%）	峰值电流（mA）
90	1.4	0	0.75
80	3.9	0	0.71
70	8.1	0	0.66
60	16.3	3.5	0.58

图 5.9 和图 5.10 分别提供了四芯片 FFT 标准的芯片 0 在改变 TSV 电阻和电 容时的平均固定电流。TSV 电阻的增加导致电流消耗的增加几乎可以忽略不计， 在基线电流消耗为 $300\mu A$ 的情况下，一个高达 5Ω 的 TSV 电阻只会导致电流消 耗增加 0.13%。如图 5.10 所示，TSV 电容的增加对固定电流消耗的影响稍大， 尽管仍然很小，但一个 500fF 的 TSV 电容导致基线电流消耗增加 1.6%。这些结 果表明，测试期间的功耗是由芯片逻辑而不是 TSV 决定的。由于在一个 TSV 网 络中，受到净电容增加的影响，所有 TSV 电容都会影响测试，电流消耗相比于 电阻的增加，更容易受电容增加的影响，而只有 TSV 网络中使用的 TSV 的电阻 才会影响测试。

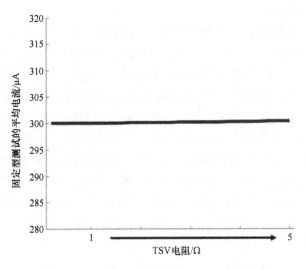

图 5.9　平均滞留电流相对于 TSV 电阻的变化

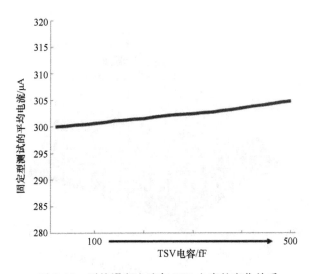

图 5.10　平均滞留电流与 TSV 电容的变化关系

　　还可以从测试时间的角度讨论所提出方法的可行性。扫描输入和扫描输出发生的频率取决于许多因素。扫描输入速度取决于探针驱动器的强度，而扫描输出的速度则取决于作为扫描输出的发送 GSF（即图 5.1 所示的双逆变器组成的缓冲器）中 TSV 驱动器的强度以及 GSF 传输门的宽度。GSF 驱动器和探针驱动器两者都必须能够对 TSV 网络的电容进行足够快的充电和放电，以满足在测试时钟频率下的扫描触发器的设置和保持时间。因此，网络中 TSV 的数量和电容也会影响最大扫描时钟频率。

扫描频率仿真是在 FFT 标准的芯片 0 上进行的，假设它有 100 个探针的探针卡[76]。该设计包含 936 个 TSV，同时，它假定 TSV 网络是大致平衡的，因此仿真了一个由 11 个 TSV 组成的较差情况的网络。这导致了网络电容为 220fF。使用 45nm 和 32nm 低功耗技术模型同时进行仿真。假设探针中的驱动器可以明显强于芯片本身的驱动器，这样一来由于测试时间的限制因素，只进行了对扫描输出频率的仿真。逆变器驱动器和传输门的宽度是变化的，通过分别测量上升充电到 V_{DD} 的 75% 或下降信号放电到 V_{DD} 的 25% 所需时间来计算最大扫描频率。图 5.11 和图 5.12 分别提供了在 45nm 和 32nm 技术节点下的仿真结果。

从图 5.11 和图 5.12 可以看出，最大扫描输出频率在很大程度上取决于驱动数据到 TSV 网络的逆变器缓冲器和传输门的宽度。较小的传输门宽度会限制大部分电流，即使它们在低阻抗状态下通过传输门，这会极大地减小变化频率，即使有很大的驱动器宽度。同样，小的驱动器宽度也会限制扫描频率，即使在传输门的宽度很大时也是如此，因为它无法提供或同步足够的电流来快速向 TSV 网络的电容充电或放电。

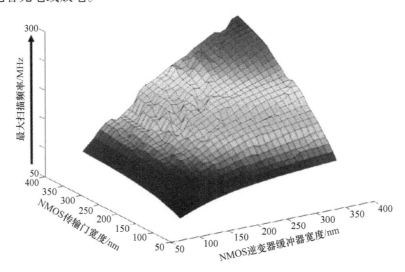

图 5.11　对于 45nm 技术，具有可变驱动器和传输门宽度的 11TSV 网络中的最大扫描频率（彩图见插页）

如预期所知，在类似的宽度下，与 45nm 技术相比，32nm 技术的移位频率较低，但两个模型都表明在不显著增加缓冲或门宽长比 W/L 的情况下可以实现合理的变化频率。例如，对于一个 45nm 工艺下的 NMOS 的宽长比为 2/1，那么，可实现的最大变化频率为 71MHz，而在 32nm 时，最大变化频率为 44MHz。如果将宽长比增加到 3/1，那么变化频率分别变为 86 和 55MHz，而在宽长比为 4/1

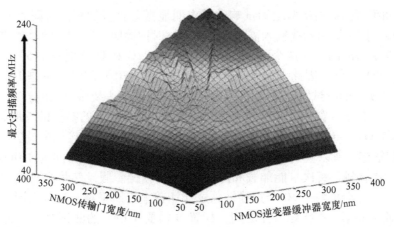

图 5.12　在 32nm 技术下，一个 11TSV 网络中的最大扫描输出频率与
不同驱动器和传输门宽度的关系（彩图见插页）

时，频率则分别变为 98 和 62MHz。

　　TSV 驱动器中 NMOS 和 PMOS 晶体管的尺寸可以进行微调，以便与自动测试设备可实现的扫描频率相一致。键合前扫描测试的最大扫描频率随着驱动器大小的增大而显著增加。要在 45nm 技术下达到 200MHz 的扫描频率，需要 NMOS 和 PMOS 的宽长比约为 5/1。在到达某一点之后，驱动器太大，驱动器的功耗和电容寄生有较大的缺点。然而，从图 5.11 和图 5.12 可以看出，就算没有明显更大的驱动器，200MHz 以上的扫描频率也是可以实现的。

　　接下来，将讨论扫描配置对测试时间的影响。在 5.2.1 节中，描述了几种可能的扫描配置——一种是扫描链的扫描 I/O 都在同一个 TSV 网络上（配置 A），一种是它们在不同的网络上（配置 B），还有一种是多个扫描链共享同一个 TSV 网络。虽然这第三种配置有许多可能的构建方式，但本节将研究两个例子：如图 5.5a 所示的配置 C 案例，和图 5.5b 所示的配置 D 案例。扫描频率、扫描链长度、扫描链数量和 TSV 网络数量决定了哪种配置的测试时间更短。为了强调这个问题，我们提供了三个例子，测试时间由式（5.1）~ 式(5.4) 确定。

　　第一个例子，对于 4 层 FFT 标准的芯片 0，如果创建 50 个扫描链，结果会是扫描链的最大长度为 402 个单元和 633 个固定的测试向量。假设带有 100 个探针的探针卡被用于接触 TSV 网络。进一步假设配置 A 和 C 使用最大的扫描输入（185MHz）和扫描输出（98MHz）时钟频率。配置 A 和 C 可以使用不同的扫描输入和扫描输出频率，因为这两个变化操作不是并行的。然而，扫描输入和扫描输出是不重叠的。配置 C 和 D 使用一种散布式扫描输入，此时每个扫描链的向量被组合成一个单一的、更长的向量。在该情况下，配置 A 需要 4.0ms 来完成固定的扫描测试。而只在 98MHz 下工作的配置 B，需要 2.6ms，因为它可以在扫描下一个测试向量的同时扫描输出测试响应。配置 C 需要 7.2ms，因为更大的测试向量和串行扫描输出两组测试响的需求明显需要更多的测试时间。配置 D 需要 3.9ms，因为散布扫描输入需要额外的测试时钟周期，这会比同时扫描输出的操作需要更多时间。在这个例子中，配置 A、B、C 和 D 分别需要 50、100、25 和 75 个 TSV 网络。因此，如果探针卡只支持 75 个 TSV 网络而不是 100 个，那么配置 D 所用的测试时间将会是最短的，因为配置 B 需要多次接触。

第二个例子，如果该芯片有 100 个扫描链，那么最大的扫描链长度会是 202 个单元和 ATPG 导致的 640 个固定向量。因为配置 A 在一次接触中最多可以处理 100 个扫描链，所以它只需要接触芯片一次。这使它的测试时间为 2.0ms。配置 B 需要两次接触，每次只能加载和卸载 50 条扫描链。假设芯片被分割成独立的测试模块，每个模块有 50 个扫描链，这样涵盖率依旧很高。在该情况下，加上对准探测卡和第二次接触所需时间，配置 B 需要 4.6ms 的测试时间。配置 C 需要 3.7ms 和一次接触。配置 D 需要 6.6ms 和两次接触。

第三个例子，包含 150 条扫描链，其中最大扫描链长度为 134 个单元，637 个固定的模式。在这些条件下，配置 A 需要两次接触，配置 B 需要三次接触，而配置 D 需要五次接触。因此，利用其他配置的测试时间将比配置 C 大得多。扣除配置 A、B 和 D 所需的接触次数，它们的测试时间分别为 2.6ms、2.7ms 和 6.5ms。配置 C 只需要 1.6ms 来测试，同时，由于它只需要一次接触，它将是进行键合前扫描测试的最经济的配置。

如前所述，不是所有的 TSV 都需要被键合到芯片进行逻辑测试。这是一个重要的优势，特别是当涉及探测导致的 TSV 或微凸点被损坏时。表 5.6 提供了根据芯片上存在的扫描链的数量和使用的扫描配置，以及必须接触的 TSV 的百分比。如果使用超大的探针垫和相同数量的扫描链，那么由于大量的探针垫（即使使用测试压缩解决方案），也会产生显著的开销。如果探针垫的数量受到限制，由于扫描链数量限制，测试时间将会更高。

表 5.6　芯片 0 必须接触的 TSV 的百分比，作为扫描链数量和扫描配置的函数

扫描链数量	被绑定的 TSV 的百分比	
	配置 A	配置 B
25	2.7	5.3
50	5.3	10.7
75	8	16
100	10.7	21.4

5.2.3　总结　★★★

小节总结

- 通过 TSV 探测可以进行键合前扫描测试，实现快速、高带宽、低面积开

销的逻辑测试。

- 各种架构配置可以用来定制扫描测试，最大限度地利用可用于测试的键合前 TSV 网络的数量。
- 扫描变化频率由所使用的架构配置、TSV 网络的大小和 GSF 的晶体管尺寸决定。
- 通过 TSV 和探针的功率传输证明足以进行键合前扫描测试。

5.3　结　　论

　　第 4 章的 TSV 探测结构的扩展已经被介绍，它不仅可以用于键合前 TSV 测试，而且可以用于全扫描键合前芯片逻辑测试。扫描链被重置为键合前状态，使用 TSV 网络进行扫描 I/O，同时保留了重要的测试并行性，不需要超大的探测垫。HSPICE 的仿真结果表明了该方法的可行性和有效性。仿真结果表明，测试所需的电流可以通过 TSV 和探针头提供。即使增加了 TSV 网络电容，测试的时钟频率也能保持相对较高的值。时钟频率可以通过调整 TSV 网络的驱动器的强度来调整。在本章介绍的带有 TSV 的 2 个四芯片逻辑 3D 堆叠的芯片中，该方法的面积开销估计在 1.0% ~ 2.9% 。

第 6 章 ≫
芯片间关键路径上测试架构的时间开销优化技术

6.1 引　言

如前所述，3D 集成电路需要在键合前后进行测试以确保堆叠良率。键合前测试的目的是确保只有好的芯片（Known – Good Die，KGD）被键合在一起形成堆叠。键合后测试则确保了整个堆叠的功能，并筛选在对齐和键合中引入的缺陷。为了同时实现键合前和键合后测试，文献［35，93］中提出了芯片级的测试外壳，并将在第 7 章中进一步讨论。这些芯片测试外壳包括在芯片逻辑和 TSV 之间界面上的边界扫描单元，以增加 TSV 的可控性和可观测性。第 4 章和第 5 章描述了改进的边界扫描单元——即门控扫描触发器（Gated Scan Flops，GSF）——能够应用于键合前探测并合并起来用于键合前的 TSV 和结构逻辑测试。诸如文献［35，76，93，94］等发表的工作表明，芯片测试外壳不仅可以用作标准的键合后测试接口，还可以用于键合前的 KGD 测试。

图 6.1 给出了一个双芯片逻辑 – 逻辑堆叠的示例，其中 TSV 被用作两个芯片独立逻辑模块之间的快速互连。其中插入的芯片边界单元有一个缺点——会导致这些 TSV 在工作的路径上消耗更多的时间。使用短 TSV 互连减少延迟是 3D 技术在逻辑 – 逻辑和存储器 – 逻辑堆叠中应用的关键驱动因素之一。在两层之间的 TSV 中添加边

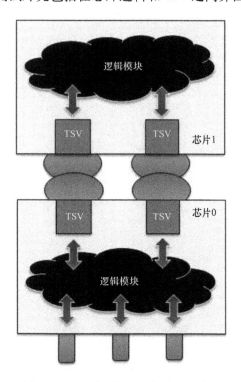

图 6.1　双芯片逻辑 – 逻辑堆叠示意图

界触发器将会在工作的路径上增添两段额外的时间，而这在二维（2D）设计中是不存在的。此时可以在边界扫描单元中添加旁路路径，使在锁存器中或直接输出到/从 TSV 中的功能输入被复用。以使锁存在触发器中的信号和直接从 TSV 输出之间的输入信号同时多路传输。在工作状态下，旁路路径是有效的，并且穿过芯片的信号不会锁存在边界寄存器中；然而，旁路路径仍然会引入额外的路径延迟。需要注意的是，测试结构不仅给逻辑 – 逻辑堆叠带来额外的延迟，对于那些内部芯片带有芯片测试外壳边界寄存器的存储器 – 逻辑堆叠乃至存储器 – 存储器堆叠，也会带来额外的延迟。

时序优化（Retiming）是一种算法方法，它在保留电路功能的前提下，通过移动寄存器相对于组合逻辑的位置，保持电路的功能[95]。目前已经开发出了多种时序优化方案，来实现众多的电路特性，包括最小化时钟周期[96]，降低功耗[97]，以及通过减少反馈依赖性来提高可测试性[98]。以前文献的研究重点在于二维（2D）电路在合成之后但测试插入之前的时序优化。这是因为在进行合成之前，RTL 行为电路模型并不包含寄存器的位置。

本章扩展了时序优化的概念，利用时序优化算法来恢复 3D 集成电路中由于边界扫描单元旁路路径所增加的延迟。该情况下的时序优化操作是在综合和 3D 边界单元插入之后进行的。2D 的时序优化方法可以在测试接入后再次使用，方法是固定芯片测试外壳边界寄存器的位置，使它们在时序优化期间保持在逻辑/TSV 接口上。这个要求确保了在对一个完整的堆叠执行时序优化，芯片逻辑不会跨芯片移动。由于在每个寄存器中都添加了一个旁路路径，在工作状态下，数据不需要被锁存，从而取代了额外的定时阶段，同时增加延迟。然后再执行时序优化，以恢复沿 TSV 路径增加的旁路延迟。在标准时序优化方法中增加了一个额外的步骤，从而把由于违反时延从而阻碍寄存器重定位的复杂逻辑门电路分解为电路库中的基本逻辑单元。此外，还有一种逻辑重分配算法被应用于芯片层面的时序优化，它可以将关键路径上的某些逻辑单元从一个芯片转移到与其相邻的芯片上，从而达到更显著的降低时延效果。

6.1.1　芯片测试外壳对功能延迟的影响 ★★★

在第 7 章我们将讨论把芯片测试外壳作为一种标准化芯片层面的测试界面的方法，用于键合前和键合后测试。芯片测试外壳利用了 IEEE 1500 标准测试外壳的许多特性，并应用于嵌入式核心[20]。指令被装载在测试外壳指令寄存器（Wrapper Instruction Register，WIR）中以切换测试外壳的功能状态和测试状态。开关盒在键合后测试模式和引脚数量削减后的键合前测试模式之间复用。测试外壳边界寄存器（Wrapper Boundary Register，WBR）由堆叠中下一个芯片（或堆叠中最底层的芯片的主要输入和输出）和芯片内部逻辑之间的芯片接口上的扫描触发器组成。

WBR 提供了增加键合前测试覆盖率的方法。在键合前扫描测试中，芯片边界寄存器保证了每个 TSV 的可控性和可观测性。如果没有边界寄存器，在芯片内部的扫描链和 TSV 之间将存在不可测的逻辑。在一个没有边界寄存器的 3D 基准电路中，芯片的固定型故障和过渡型故障覆盖率低至 45%[94]。在同一芯片上增加了芯片边界寄存器后，该芯片的故障覆盖率则可以达到 99% 以上。

尽管边界寄存器（无论是否带有 GSF），对于增加键合前故障覆盖率十分重要，但以往的工作没有解决边界寄存器给路径跨越芯片边界的信号带来的延迟开销。3D 堆叠集成电路的优势之一则是利用短 TSV 代替长的 2D 键合，从而减少键合延迟。例如，在存储器 – 逻辑堆叠中，TSV 路径上的延迟直接影响内存访问时间。在逻辑 – 逻辑堆叠中，通常在芯片层之间将最小松弛路径进行分割，以提高工作频率[44,45]。

在 3D 电路中，特别是在逻辑 – 逻辑堆叠中，当关键的路径被分割到两个或多个芯片之间时，3D 集成带来延迟改善是最显著的。使用低延迟 TSV 代替长的 2D 键合，可以增加关键路径的松弛度，由此可以实现更快的功能时钟。与 2D 测试外壳的模块不同，例如根据 1500 标准，如果将芯片层面的 WBR 添加到 3D 电路中，将不可避免地将它们放置在关键路径上。这是因为它们将存在于每一条使用 TSV 的路径上，或者必须与另一个芯片上的 TSV 键合。这就通过在芯片之间分割相同的关键路径从而消除了松弛。通过时序优化，松弛可以在整个电路中重新分配，从而使跨芯片的关键路径能够满足它们的测试外壳插入前的时序要求。

在本章中，假设在芯片测试外壳的 GSF 边界寄存器中增加了一条旁路路径，如图 6.2 所示。在工作模式中，旁路信号能够将功能输入直接键合到 TSV，绕过了在边界寄存器中功能数据的锁存。然而，即使使用旁路路径，边界寄存器的增加仍然会增加 TSV 路径上的延迟。本章介绍了通过寄存器时序优化来补偿该延迟的方法。

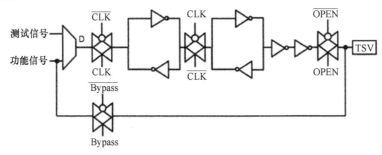

图 6.2　带有 GSF 旁路的门级设计实例

6.1.2　寄存器时序优化及其在延迟恢复中的应用　★★★

寄存器时序优化是一种合成后的电路优化算法，首次在文献[95]中提出。虽然时序优化可应用于许多方面，包括降低功耗[97]或增强可测试性[98]，但大多数时序优化算法关注的重点是缩短时钟周期。在时序优化过程中，在不改变电路功能的情况下，通过移动与组合逻辑模块相关的寄存器的位置，将松弛量从松弛量过大的路径移动到松弛量最小的路径。这种变换的重点在于要限制时序优化算法移动寄存器的方式和位置，从而保持电路的功能[96]。

在最简单的算法中，通过将电路表示为有向图来执行时序优化，其中顶点表示逻辑门，边表示逻辑元素之间的连接[95]。每条边的权重表示两个逻辑元件之间的寄存器数量。通过每个顶点的传播延迟作为通过不包含寄存器的有向路径的逻辑元件数量的函数来计算。在时序优化过程中，寄存器在边上移动，以减少路径的延迟值，这一步导致时钟周期的减少。

虽然大多数时序优化算法都是在合成之后使用的，但如果不进行定位，则很难从结构性的电路定义中精确地逼近路径延迟。此外，寄存器的移动可以改变互连长度。这些变化仅用电路的结构是很难来描述的。文献[99]的作者在进行时序优化前先执行了初始的放置，以便更准确地模拟互连延迟。在时序优化过程中，假设组合逻辑位置不变，时序优化寄存器将根据松弛度放置在扇入和扇出锥体的几何中心周围的一个范围以内。

已经有文献通过使用时序优化来恢复那些将标准触发器变为扫描触发器的路径带来的额外延迟[100]。额外延迟是由于增加了一个多路复用器在功能输入和测试输入之间进行选择而产生的。然后执行时序优化，把扫描触发器的触发器部分相对于添加的多路复用器移动。然而，这种方法不适用于芯片边界寄存器，因为这些寄存器不能移动。此外，在工作模式中，包装器边界寄存器不用于锁存数据，而是被设置成为旁路模式，在这种模式下，该寄存器将独立于选择功能输入和测试输入所需的多路复用器。

在本章中，时序优化将在 3D 堆叠中合成和插入测试架构后，恢复由边界寄存器给 TSV 路径带来的附加延迟。为了呈现模拟结果，使用了 Synopsys Design Compiler 的时序优化算法，该算法首先通过时序优化最小化时钟周期，然后再最小化寄存器数量。接下来，考虑到在寄存器移动之后单元和关键路径上的负载可能发生变化，引入了一个组合逻辑优化步骤。另外在整个时序优化的过程中添加了一个额外的逻辑分解步骤——如果一个复杂的逻辑门在不满足松弛约束的关键路径上妨碍了进一步的时序优化，则这个逻辑门将被分解为单元库中的简单门，并共同执行等效的布尔函数。然后再次执行时序优化，以确定逻辑分解是否进一步减少了延迟。此外，逻辑可以在芯片之间转移，以实现更好的时序优化结果。

本章其余部分的内容如下：6.2 节将提供一个测试插入后时序优化的激励性示例，并概述本章中使用的时序优化方法；6.2.1 节将详细描述用于恢复延迟开销的测试插入和时序优化流程；6.2.2 节将讨论在芯片级时序优化过程中用于重新分配逻辑的设计流程和算法；6.2.3 节将介绍带有 TSV 的两片、三片和四片堆叠在逻辑 – 逻辑 3D 基准测试和一个模块化处理器基准测试中的时序优化结果。最后，6.3 节对本章进行总结。

6.2 3D 堆叠集成电路的 DFT 插入后的时序优化技术

图 6.3 演示了在 3D 堆叠底层芯片上的示例电路上执行的时序优化。图 6.3a 展示了插入测试外壳和时序优化前的电路。A、B、C 和 D 是主要输入。电路包含四个触发器（Flip Flops，FF），标记为 f1 ~ f4。在触发器和键合到堆叠中下一个芯片的 TSV 之间存在几个逻辑门。这些是不完整逻辑电路的一部分，没有其他堆叠层中的键合逻辑，在键合前扫描测试中是无法观察到的。基本和复杂逻辑单元都标有一个延迟值，该值代表通过单元的延迟所占时钟周期的组分。例如，0.5 的值意味着从逻辑门的输入到输出的上升和下降之间的延迟是时钟周期的一半。本示例和给出的计时数据都是为了演示方便而简化的，没有考虑其他数据，如互连延迟、扇出、时钟偏移或触发器的设置和保持时间。在本例中，我们假设从主输入或一个触发器到另一个触发器或 TSV 之间路径的延迟不会大于一个时钟周期。在图 6.3a 中，从触发器 f4 到 TSV 的最长延迟为 0.95 个时钟周期，因此满足这个时序约束。

为了提供可控性和可观测性，并呈现出一个标准的测试接口，下一步我们在芯片中添加一个测试外壳。如图 6.3b 所示，对于示例电路而言，在芯片逻辑模块和 TSV 之间插入一个边界 GSF。在其旁路模式下，GSF 会导致所有通过 TSV 的路径增加额外的 0.4 延迟。对于从触发器 f2 到 TSV 路径，这是可以接受的，因为总的路径延迟只有 0.9 个时钟周期。然而有三条路径违反了时序约束——从 f3 和 f4 到 TSV 的路径各有 1.35 个时钟周期的延迟，从 D 到 TSV 的路径有 1.2 个时钟周期的延迟。

时序优化操作通过移动寄存器以恢复通过 TSV 路径上的额外延迟，以确保没有路径违反时序约束。在第一个时序优化步骤中，逻辑与门输入端上的触发器 f3 和 f4 被向前推至其输出端，如图 6.3c 所示。逻辑与门的输入现在直接来自 C 和复杂的 AOI 门而不经过锁存，相应的它的输出则需要经过锁存。这需要在逻辑与门的输出端增加一个额外的触发器 f5。添加额外的触发器是因为从 AOI 门到触发器 f2 的反馈循环中还需要一个触发器（f4），以保持功能。同样地，在 C 和逻辑异或门之间也需要一个触发器（f3）。现在从触发器 f5 到 TSV 的路径可以满足时序约束，延迟为 0.9 循环；另一方面，从触发器 f2 到触发器 f5 的路径仍然违反了延迟约束，需要 1.15 个时钟周期。

此时，进一步时序优化不能满足时序约束。如果将 f2 推到 AOI 门的输出端，则从 A 到 f2 的路径将违反时序约束。如果将 f5 移到逻辑与门的输入端，则电路就会回到图 6.3b 所示状态。AOI 门不允许任何进一步的时序优化，因此为了给时序优化算法提供更大的灵活性，它将会被分解为单元库中的基本逻辑门——与门和或非门。与分解后的门电路相比，AOI 门执行布尔函数需要的延迟更短，所需要的芯片面积也更小，但基本逻辑门允许更多的时序优化方法。触发器 f1 和 f2 现在可以从 AOI 门的输入端推到分解后的逻辑与门的输出，如图 6.3d 所示。所有路径现在都满足定时约束，时序优化完成。虽然在增加边界 GSF 和分解 AOI 门后，电路整体的松弛量减少了，但松弛量在所有路径之间经过重新分配，因此没有任何单个路径违反时序约束。

需要注意的是，在激励性示例中给出的 GSF 和逻辑门延迟值只是为了说明为什么以及如何利用时序优化，并不代表实际的延迟值。在仿真中，在芯片间路径上每个芯片上旁路模式的 GSF 带来的延迟相当于使用同一工艺节点设计的 3 ~ 4 个逆变器。因此，跨越芯片间一个键合界面的路径具有相当于 7 个逆变器的额外延迟。如果路径穿过两个键合界面，则额外的延迟相当于 10 ~ 11 个逆变器，依此类推。在任何给定的设计中，由 GSF 造成的额外延迟将取决于 GSF 的设计和所使用的制造技术。

本章接下来的部分将使用一个定义为"恢复延迟百分比"的量来衡量时序优化结果的质量。这里所指的不是被恢复路径的百分比。恢复的延迟是通过电路的实际工作频率计算出来的。对于一个给定的设计方案，会产生三个最小的时序值。第一个（原始）值是插入 DFT 之前电路的频率。第二个（插入）值是插入 DFT 之后的电路频率，在所有检查基准测试中，由于违反松弛度约束，这个值都会小于原始频率。第三个（时序优化）值是时序优化后电路的频率，在此之后，松弛度被重新分配，以试图让电路以原始频率值运行。根据这些变量，可以列出方程：

$$a = 插入值 - 原始值$$
$$b = 时序优化值 - 原始值$$

那么"恢复延迟百分比"就能通过下式计算：

$$\frac{a - b}{a} \cdot 100$$

当插入值等于时序优化值时，则有 0% 的延迟被恢复。当时序优化值等于原始值时，则 100% 延迟被恢复。

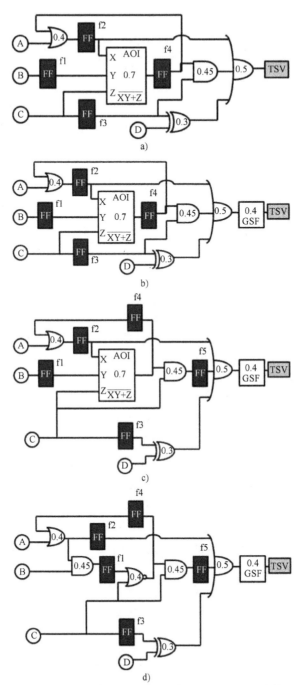

图6.3 边界寄存器插入和时序优化（包括逻辑分解）

a）寄存器插入前的设计 b）寄存器插入后的设计

c）第一次寄存器移动 d）逻辑分解和第二次寄存器移动

6.2.1 芯片和堆叠级别的时序优化方法 ★★★

时序优化可以在芯片层面或堆叠层面进行。在图 6.3 的示例中，时序优化是在芯片层面进行的。也就是说，在不了解其他芯片电路的基础上，在 3D 堆叠的单个芯片上进行的。芯片层面的时序优化操作可以更好地将整个堆叠的松弛度进行再分配。例如，设计人员可能不想移动某个特定芯片 D 上的任何寄存器，但仍然希望恢复包装该芯片所带来的额外延迟。在该情况下，可以在与 D 相邻的芯片上的 TSV 路径上添加额外的（虚）延迟，然后在相邻的芯片上执行时序优化，以试图恢复由于相邻芯片中的测试外壳单元和 D 的包装单元而产生的额外路径延迟。

图 6.4 所展示的是在测试外壳插入后的芯片层面时序优化所需的步骤流程图。

首先，将设计综合为定义结构电路。在芯片层面的时序优化中，穿过 TSV 接口的路径是不完整的，因此我们无法考虑这些路径的总延迟。由于穿过芯片边界的路径很可能是 3D 堆叠中松弛度最小的路径[44,45]，因此在考虑单个芯片时，堆叠的时钟周期可能太大，从而无法满足严格的时序约束。

然后，为了确定一个合适的时序优化目标，需要进行定时分析以确定芯片最小松弛路径上的松弛量。时序优化的目标时钟周期会逐渐减少，直到最小松弛路径上没有正松弛度。然后，插入测试外壳，使 TSV 路径上的延迟增大，从而与通过边界 GSF 的旁路路径的延迟相等。在时序优化期间，边界 GSF 是固定的，因此时序优化算

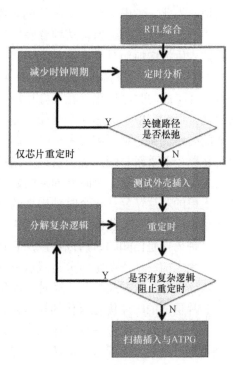

图 6.4 在芯片或堆叠层面对 3D 堆叠进行时序优化操作的流程图

法不会将它们视为可移动的寄存器，也不会试图将逻辑或其他寄存器移过 GSF。逻辑门、触发器和 GSF 的时序信息都是从单元库中提取的。

再然后，在时序优化算法执行后，再次执行定时分析，以确定是否芯片中的所有路径都满足目标时序约束。如果不满足，则检查负松弛度最大的路径，并确定该路径上的复杂逻辑门是否阻碍了时序优化操作。如果复杂逻辑门的确阻碍了

时序优化，就将它们分解为单元库中的简单逻辑单元，并再次执行时序优化。这个过程会一直持续下去，直到所有路径都满足时序约束，或没有复杂的逻辑门阻碍时序优化。

最后，对芯片进行扫描链插入和自动测试向量生成（ATPG）。

虽然芯片层面的时序优化不会考虑穿过芯片边界的路径的总延迟，但堆叠层面的时序优化则可以利用这一额外的自由度。在堆叠层面的时序优化中，整个堆叠作为一个单芯片整体被时序优化。边界 GSF 在时序优化过程中会再次固定，以防止逻辑从一个芯片移动到另一个芯片。在堆叠时序优化期间，堆叠的目标时钟频率可以作为定时目标，因为所有的电路路径都已知。虽然芯片级的时序优化能够更好地进行松弛再分配，但堆叠层面的时序优化为时序优化算法提供了更大的余地。为此，考虑一个三层芯片的堆叠，其中每个边界 GSF 为路径增加了额外 0.2 个时钟周期的延迟。从堆叠底层到堆叠顶层穿过所有三个芯片的路径在包装器插入后将增加额外 0.8 个时钟周期的延迟——底层和顶层芯片的延迟均为 0.2 个时钟周期，中间芯片的延迟为 0.4 个时钟周期。如果对堆叠中的所有芯片进行芯片层面的时序优化，在堆叠顶层和底层的每个芯片都必须恢复 0.2 个时钟周期的延迟，在中间的芯片则必须恢复 0.4 个时钟周期的延迟。而如果采用堆叠层面的时序优化，则不需要考虑哪个芯片可以提供松弛度，所有额外的松弛度都可以在路径上重新分配。要恢复整个路径上额外 0.8 个时钟周期的延迟，可以给最底层的芯片恢复 0.1 个时钟周期的延迟，中间的芯片恢复 0.3 个时钟周期的延迟，上层的芯片恢复 0.4 个时钟周期的延迟。

堆叠层面时序优化的流程与图 6.4 中的芯片层面时序优化流程相似。因为堆叠的时钟周期是已知的，所以可以用它作为时序优化的时序约束。因此，在插入测试外壳之前，不需要定时分析或收紧时钟周期。时序优化、逻辑分解、扫描插入和 ATPG 的执行方式与芯片级时序优化相同。

芯片层面的时序优化操作的缺点是：芯片级时序优化可能导致在测试外壳插入后芯片间的路径仍然违反时序约束，而堆叠层面的时序优化解决方案则可以使其满足定时约束，这促进了对芯片级时序优化的改进。本章介绍了一种逻辑再分配算法，将在第 6.2.2 节中详细描述，以在芯片级时序优化过程中更好地利用多余松弛度。例如，考虑在一个假设堆叠中，芯片 0 上的触发器 A（FF_ A）和芯片 1 上的触发器 B（FF_ B）之间的一条跨芯片路径，如图 6.5 所示。图 6.5a 提供了包装器插入或时序优化之前的示例路径。总路径由 10 个逻辑单元和 2 个 TSV 组成，每个逻辑单元和每个 TSV 均具有 1ns 的延迟。整个路径的延迟为 12ns，电路中任何路径的总延迟都不能大于 13ns。每个芯片包含 5 个逻辑单元和 1 条 TSV 路径。在芯片 0 上有足够让 FF_ A 向其 TSV 移动一个逻辑单元的松弛度，芯片 1 则有足够让 FF_ B 向其 TSV 移动 4 个逻辑单元的松弛度。图 6.5b 提供了测试外壳单元插入后的路径，其中每个测试外壳单元（GSF）在工作模式下会带来 3ns 的额外延迟。现在，信号通过完整的传播路径需要 18ns，远超过了 13ns 的极限。如图 6.5c 所示，在芯片 0 的芯片层面时序优化过程中，移动 FF_A 只能恢复 1ns 的延时，因此会违反其延时约束。对于芯片 1，移动 FF_ B 将能恢复 3ns 的延迟，恢复所有额外的延迟。因此，如果使用芯片层面时序优化，路径将会违反总延时限制 1ns。

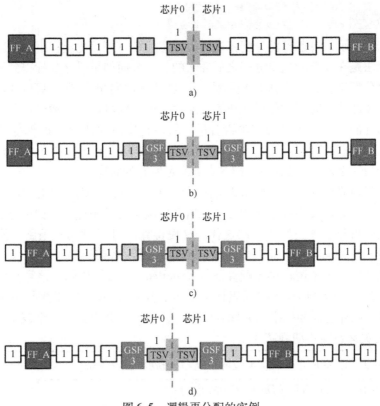

图 6.5　逻辑再分配的实例

a）寄存器插入前的设计　b）寄存器插入后的设计
c）逻辑再分配前的模级重定时　d）逻辑再分配后的模级重定时

尽管可以通过堆叠级的时序优化，适当分配芯片 1 上额外的松弛度。一个芯片层级的解决方案是：可以将一个逻辑单元，即图中灰色的单元，通过芯片之间的边界，从芯片 0 移动到芯片 1。现在，如果执行芯片级时序优化，芯片 1 将恢复到图 6.5d 所示的 4ns 延迟，并且满足路径的延时约束。

在本章介绍的所有基准测试中，电路都被划分为时序优化。在 DFT 插入之前，每个基准测试中最关键的路径是芯片中的内部路径，因为在堆叠结构电路中可以使用 TSV 的关键路径将不再关键。在 DFT 插入后，至少有一条芯片间路径成为设计的最关键路径，并且会有新的，在测试插入前的设计中不存在的违反时序的情况出现。本章中描述和使用的时序优化方法并不会第一次就尝试对每条路径进行延迟恢复。相反，这是一个迭代过程，违反时序约束的最小松弛路径首先被时序优化，然后是下一条，依此类推，直到不再违反时序约束或当前的最小松弛路径不能满足时序约束。DFT插入后不违反时序约束的路径不受影响，除非在某些情况下，它们可能被更改为时序优化的一条关键路径。

6.2.2 逻辑再分配算法 ★★★

图6.6展示了将逻辑再分配算法插入到芯片级时序优化流程中的情况。逻辑再分配算法是在复杂的逻辑分解之后插入的。一方面如果时序目标得到满足，则不需要再分配逻辑，可以进行扫描插入和自动测试向量生成（ATPG）。另一方面，如果在芯片级时序优化后无法满足时序目标，则可以执行逻辑再分配，以尝试恢复额外的延迟。先执行逻辑再分配，然后再次时序优化和逻辑分解（如果有必要），直到没有恢复改善（在该情况下，扫描插入和ATPG在导致延迟恢复改善的最后一个网表上执行），或者直到满足所有的时序约束。

对于任何固定的迭代，逻辑再分配算法会尝试在最关键的跨芯片路径上将逻辑单元从一个芯片转移到相邻的芯片，然后再次执行时序优化。如果有必要，还会进行逻辑再分配算法的下一次迭代。这使得算法可以对同一条路径进一步改进，或者改换新的路径目标（如果该路径成为主要关键路径）。

算法2中给出了逻辑再分配算法（LogicRedis）的伪代码。该算法需要两个相邻的芯片：*DieA* 和 *DieB* 的网表作为输入，这两个芯片相邻并共享关键路径 *CritPathA*，此外还需要标准单元库 *celllibrary*。该算法会尝试将一个逻辑单元从芯片 A 上的关键路径移动到芯片 B。

算法2 LogicRedis（*DieA*, *DieB*, *CritPathA*, *cellLibrary*）

cellToMove = getCell（*DieA*, *CritPathA*）;
fanIn = getFanIn（DieA, *cellToMove*, *cellLibrary*）;
controlSig = getControlSignal（*cellToMove*, *cellLibrary*）;
All variables are initialized at this point.
if *fanIn* OR *controlSig* **then**
    return {*DieA*, *DieB*};
else
{*DieA*, *DieB*} = moveLogic（*DieA*, *DieB*, *CritPathA*）;
end if
return {*DieA*, *DieB*};

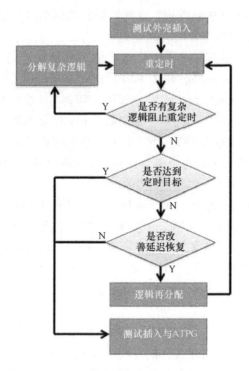

图 6.6　带逻辑重分配的芯片级时序优化操作流程图

LogicRedis 首先通过 getCell 函数确定必须移动的逻辑单元。该函数接受 *DieA* 的网表并进行关键路径识别，找到 *DieA* 上最接近 TSV 的关键路径上的逻辑单元，并返回其唯一名称和标准单元类型，这些名称和类型都将被分配给数据结构 *cellToMove*。然后需要确定是否可以将该单元移动到 *DieB*。

由于相邻芯片之间的 TSV 不能从堆叠设计中增加或减少，逻辑再分配会因此受到限制。无论逻辑单元是从发射芯片移动到接收芯片，亦或是相反，如果不添加或删除 TSV，就不能移动扇入大于 1 的逻辑单元或需要控制信号的逻辑单元（如传输门）。这条限制有两个例外：一是逻辑单元，扇入大于两个，但除 TSV 输入外的所有输入都会键合到 V_{DD} 或接地；二是带有控制信号的逻辑单元，控制信号与 V_{DD} 相连或接地。如果传递给它的逻辑单元（*cellToMove*）的扇入大于 1，且至少有两个扇入未键合到 V_{DD} 或接地，则 getFanIn 函数将返回 true；如果传递的逻辑单元需要一个控制信号，并且该信号没有键合到 V_{DD} 或接地，则 getControlSignal 函数将返回 true。

如果移动逻辑单元需要违反不能添加或删除 TSV 的约束——即如果 *fanIn* 或 *controlSig* 为 ture——那么将返回 *DieA* 和 *DieB* 的未经改善的输入网表。相反，如果逻辑单元可以安全地从 *DieA* 移动到 *DieB*，那么 moveLogic 函数将执行逻辑再新

分配并返回 *DieA* 和 *DieB* 的新网表。这些新返回的网表可能会带来更好的延迟恢复效果，并且会再次进行芯片级时序优化。

LogicRedis 算法会在两种情况下终止：第一种是在移动单个逻辑单元之后，在该情况下，*fanIn* 和 *controlSig* 都为 false，*DieA* 和 *DieB* 网表会随着逻辑单元的移动而更新并返回。如果以该方式终止算法，则会再次执行时序优化，并检查结果，检查是否满足定时目标，或是否带来如图 6.6 所示的恢复改进；第二种终止条件是，如果不添加或减去 TSV，就不能移动任何逻辑单元。在该情况下，*fanIn* 和 *controlSig* 变量中的一个或两个都为 true。此时将原封不动地返回 *DieA* 和 *DieB* 的网表，且不会有进一步的时序优化操作。

逻辑移动算法的复杂度 $O(n)$ 与 *DieA* 的网表的大小有关。getCell 函数的复杂度是 $O(n)$，因为它必须在网表中搜索出要时序优化的单元，它的输入和输出与关键路径识别相匹配。函数 getFanIn 和 getControlSignal 的复杂度则是时间常量，因为它们只需要检查标准单元定义的输入和输出。同样，moveLogic 函数的功能是在每个网表中添加或删除之前标识的逻辑单元和两条连线的定义，其复杂度也是恒定的时间常量。

在逻辑再分配过程中，添加或删除 TSV 的约束使得芯片层面时序优化无法达到非常接近于堆叠层面时序优化的程度。考虑一个最坏的时序优化场景：一个双芯片堆叠，其中存在一条跨芯片的关键路径，大多数逻辑路径都在芯片 0 上，而路径上只有一个逻辑单元位于芯片 1 上。在使用堆叠级时序优化的过程中，恢复路径的时序延迟的负担几乎完全在芯片 0 上，而如果只有一小部分路径在芯片 1 上，芯片 1 的时序优化可能根本不认为该路径很关键。在该情况下，最好将部分路径逻辑从芯片 0 移动到芯片 1，以便在两块芯片之间均匀地分配时序优化负担。或者如果芯片 1 有大量的松弛可以移动到路径上，而芯片 0 没有，则可以将所有路径逻辑移动到芯片 1。如果穿过两个芯片的整条路径由满足 TSV 约束的逻辑单元组成——即如果任何或所有单元都可以在芯片之间移动——那么对于特定的路径，芯片级时序优化可以实现与堆叠级时序优化相同的结果。这是因为可以找到一个逻辑分布，使每个芯片都能为该路径提供所有额外的松弛。然而，在实际电路中，很可能只有某些关键路径上的一些逻辑能满足逻辑再分配的 TSV 要求，因此堆叠级时序优化将优于模组级时序优化。

为了把时序优化流程付诸实践，本章使用的时序优化工具（Synopsys Design Compiler）能在不满足时序目标时，报告出最小松弛路径上的哪个逻辑门正在阻止进一步的时序优化。如果不能满足时序目标并识别出了一个逻辑门，将通过本文描述的分解算法检查该门是否为复杂逻辑门。如果是，则该门将被分解并再次尝试时序优化。如果没有标记出逻辑门，并且能够满足时序目标，则已经恢复100% 的延迟，时序优化算法终止。如果时序目标没有得到满足，但在之前的时序优化结果的基础上得到了改善，则尝试逻辑再分配。只有在不需要进行逻辑分解并且已经执行了逻辑再分配，但相较于之前的时序优化的结果没有做出改进的情况下，时序优化算法才会在没有达到 100% 延迟恢复的情况下终止。

6.2.3　时序优化在恢复测试架构带来的延时影响的有效性　★★★

在本节中，我们将在几个被划分为两片、三片和四片堆叠的基准电路中考察在 DFT 插入后时序优化的有效性和影响。我们分别使用了 IWLS 2005 OpenCore 基准电路中的性能优化后的数据加密标准（Data Encryption Standard，DES）电路和快速傅里叶变换（FFT）电路[85]。DES 电路包含 26000 个逻辑门和 2000 个触发器，FFT 电路包含 299273 个逻辑门和 19962 个触发器。它们均不包含嵌入式包装模块或黑盒，因此时序优化操作可以针对设计中的任何逻辑门或触发器。同时使用了 Nangate 开放单元库[101] 和优化时序的放置引擎，将 DES 电路划分为两片、三片和四片堆叠，将 FFT 电路划分为两片和四片堆叠。

第三个 OpenCore 基准电路——OpenRISC1200（OR1200）32 位标量 RISC 处理器——将被用作无法时序优化的基准电路。OR1200 具有一个 5 级整数管道和 IEEE 754 兼容的单精度浮点单元。本章使用的 OR1200 实现包含一个单向直接映射的 8KB 数据缓存和指令缓存。该处理器包含 15000 个单元和 1850 个触发器，并使用 250MHz 的时钟频率。

在已有的文献中还没有 3D 模块化的基准测试，因此本章的基准测试是通过将 OR1200 处理器划分到两个芯片上而创建的。许多模块是固定的，这意味着它们不进行时序优化，并被完整地放置在其中一个或另一个芯片上。固定的模块通常包括时序优化可能移动的那些会干扰时序收敛的关键寄存器的模块，例如处理器管道的解码、执行、内存和回写阶段。允许时序优化的模块有调试单元、异常逻辑、浮点单元、冻结逻辑、指令获取、加载/存储单元、可编程中断控制器、电源管理和 SPR 接口。这些模块被分割到不同的芯片上，使得每个 TSV 的两端都有可以时序优化的逻辑模块。这样做的原因是，除了键合之外，模块之间不存在其他逻辑。在此基准测试中可被时序优化的模块取代了模块之间的复杂逻辑。如果一个固定模块位于属于关键路径的 TSV 的任意一侧或两侧，那么时序优化可能无法有效带来延迟恢复。

为了模拟 GSF 旁路模式的延迟，在 HSPICE 中使用低功耗 45nm 工艺[56] 构建了一个 GSF，并通过仿真确定了输入到输出的上升和下降时间。为了模拟测试外壳插入，在每个 TSV 和 TSV 键合的每个焊盘之前添加了许多单元库中的逆变器，以模拟旁路模式 GSF 的延迟。本节给出的所有数据都利用了逆变器来模拟 GSF 的延迟。在所有提出的基准测试中，GSF 的延迟是非常大的，足以在 DFT

插入后违反松弛约束。

表 6.1 提供了 a 双芯片、b 三芯片和 c 四芯片 DES 堆叠的时序优化结果。每一列提供的都是芯片级时序优化的数据，从堆叠中最底层的芯片（芯片 0）开始，一直到堆叠中最高层的芯片，最后一列提供堆叠级时序优化的数据。表 6.1 的第一行列出了在最小松弛 TSV 路径上时序优化期间恢复的延迟百分比，值为 100 表示恢复所有 TSV 路径上的所有延迟；第二行表示 DFT 插入消耗的面积占总面积的百分比，或单元面积和键合面积的总和，键合面积根据单元库中包含的线路负载模型估计；第三行表示时序优化后消耗总面积的百分比；最后一行提供了在 DFT 插入之前的 ATPG 和重新计时之后的 ATPG 之间的固定向量的向量计数百分比变化，负值表示向量计数减少。表 6.2 提供了 FFT 双芯片和四芯片基准测试的类似结果。

表6.1 对 a 双芯片、b 三芯片和 c 四芯片的 DES 逻辑电路
的芯片级和堆叠级时序优化的延迟、面积和向量计数结果的比较

a）双芯片堆叠			
	芯片 0	芯片 1	完整堆叠
恢复的延迟%	100	100	100
测试外壳插入消耗的面积%	16.3	16.4	18.7
时序优化消耗的面积%	12.4	13.4	16.6
向量计数的变化%	−7.4	3.0	16.6

b）三芯片堆叠				
	芯片 0	芯片 1	芯片 2	完整堆叠
恢复的延迟%	100	100	100	100
测试外壳插入消耗的面积%	20.0	29.8	26.2	26.2
时序优化消耗的面积%	19.7	29.1	24.2	25.0
向量计数的变化%	3.3	6.2	−1.4	12.7

c）四芯片堆叠					
	芯片 0	芯片 1	芯片 2	芯片 3	完整堆叠
恢复的延迟%	100	100	60	100	100
测试外壳插入消耗的面积%	22.7	35.5	35.6	28.5	31.9
时序优化消耗的面积%	16.1	34.1	34.6	25.9	27.5
向量计数的变化%	−2.5	−4.2	0.8	5.3	8.1

表 6.2　分布在 a 双芯片和 b 四芯片的 FFT 逻辑电路的芯片级
和堆叠级时序优化的延迟、面积和向量计数结果的比较

a）双芯片堆叠			
	芯片 0	芯片 1	完整堆叠
恢复的延迟%	100	100	100
测试外壳插入消耗的面积%	0.9	1.1	1.2
时序优化消耗的面积%	1.1	1.1	1.2
向量计数的变化%	3.9	−3.0	6.4

b）四芯片堆叠					
	芯片 0	芯片 1	芯片 2	芯片 3	完整堆叠
恢复的延迟%	100	100	60	100	100
测试外壳插入消耗的面积%	2.1	2.3	2.5	1.9	2.4
时序优化消耗的面积%	2.0	2.1	2.4	1.5	2.2
向量计数的变化%	1.1	5.1	0.8	−0.4	7.8

　　表 6.3 提供了由商业工具报道的一个针对小延迟缺陷的向量计数的变化和统计延迟质量水平（Statistical Delay Quality Level，SDQL）的变化。表 6.3a 提供了双芯片、三芯片和四芯片 DES 堆叠的结果，表 6.3b 提供了双芯片和四芯片 FFT 堆叠的结果。每一行提供不同大小的堆叠的结果。第一列是边界单元插入后和时序优化前的 SDQL；第二列是时序优化后的 SDQL；第三列是时序优化前和时序优化后 SDQL 值变化的百分比；第四列是时序优化前后 ATPG 向量计数的总体百分比变化。

表 6.3　a 双芯片、三芯片和四芯片 DES 堆叠和 b 双芯片和四芯片 FFT 堆叠时序
优化前后 SDQL 和向量计数的变化

a）DES 堆叠			
堆叠中的芯片数量	时序优化前 的 SDQL	时序优化后 的 SDQL	SDQL 的变化 百分比%	向量计数的 变化百分比%
双芯片	183	172	−6.0	−2.1
三芯片	182	185	1.6	0.7
四芯片	178	182	2.2	3.0

b）FFT 堆叠			
堆叠中的芯片 数量	时序优化前 的 SDQL	时序优化后 的 SDQL	SDQL 的变化 百分比%	向量计数的 变化百分比%
双芯片	52385	51861	−1.0	0.9
四芯片	51977	52741	2.5	2.8

表6.4 提供了当存在一个或两个固定芯片（无法进行时序优化）时四芯片 FFT 基准测试的时序优化结果。由于增加了固定芯片上的芯片间关键路径的延迟，那些能够时序优化的芯片增加了更严格的时序约束。这会使得芯片的时序优化更加困难，但能确保那些固定芯片上增加的延迟在时序优化过程中被考虑在内。第一列提供哪些芯片是固定的，给出的结果是延迟恢复的百分比。表6.5 给出的是在表6.4 试验的基础上增加了在芯片之间移动逻辑算法后的结果。由于逻辑不能移动到固定芯片中，因此仅给出两个相邻芯片不固定的实验结果。

表6.4 带有 a 一片和 b 两片不能时序优化的固定芯片的四芯片 FFT 逻辑电路的延迟恢复的对比

			a）一片固定芯片		
			对以下芯片进行时序优化的延迟恢复		
固定的芯片	芯片 0	芯片 1	芯片 2	芯片 3	完整堆叠
芯片 0	–	100	100	100	100
芯片 1	87.5	–	100	100	100
芯片 2	100	100	–	100	100
芯片 3	100	100	100	–	100
			b）两片固定芯片		
			对以下芯片进行时序优化的延迟恢复		
固定的芯片	芯片 0	芯片 1	芯片 2	芯片 3	完整堆叠
芯片 0, 1	–	–	75.0	82.5	100
芯片 2, 3	50.0	62.5	–	–	71.9
芯片 0, 2	–	62.5	–	82.5	84.4
芯片 1, 4	37.5	–	50.0	–	68.8

表6.5 比较有两个固定芯片的四芯片 FFT 逻辑电路的延迟恢复和附加逻辑 移动算法后的延迟恢复

			对以下芯片进行时序优化的延迟恢复		
固定的芯片	芯片 0	芯片 1	芯片 2	芯片 3	完整堆叠
芯片 0, 1	–	–	75.0	82.5	100
芯片 2, 3	50.0	75	–	–	71.9

由表6.5 可知，大多数情况下，时序优化恢复了100%额外的 GSF 旁路模式延迟。唯一的例外是在芯片级时序优化下的四芯片堆叠中的芯片 2。

对于本试验中使用的基准电路，由于电路被划分到更多的芯片上，时序优化变得更加困难。在芯片级和堆叠级时序优化期间，由于逻辑模块和寄存器不会在芯片之间移动，松弛只能在芯片内部重新分配。由于电路被划分在更多的芯片之间，每个芯片上可以获得多余松弛的路径就更少了。此外，在 DFT 插入过程中添加 GSF 后，将有更多路径跨越芯片边界，并带来额外的延迟。该时序优化难度的增加反映在四芯片堆叠中芯片 2 较低的恢复延迟上。表 6.6 给出的是，对于在划分到两个芯片上的 OR1200 处理器，芯片级时序优化和堆叠级时序优化的延迟、面积和向量计数结果的比较。

表6.6 对于在划分到两个芯片上的 **OR1200** 处理器，芯片级时序优化和堆叠级时序优化的延迟、面积和向量计数结果的比较

	芯片 0	芯片 1	完整堆叠
恢复的延迟%	37.5	50	92
测试外壳插入消耗的面积%	6.1	4.6	7.2
时序优化消耗的面积%	5.2	4.4	6.3
向量计数的变化%	0.1	0.6	2.9

表 6.1c 和表 6.4 ~ 表 6.6 的结果也表明，在松弛再分配方面，堆叠级时序优化比芯片级时序优化更有效。例如，如果 DES 四芯片堆叠在经过芯片级时序优化后再组装起来，那么从芯片 1 和芯片 3 键合到芯片 2 的路径将带来额外的延迟。该延迟不会比旁路模式下 GSF 带来延迟的 40% 更差。该延迟的存在是因为芯片 2 上没有足够的正松弛路径，或者因为芯片 2 上的额外松弛无法分配到在时序优化期间违反时序约束的 TSV 路径上。在堆叠级时序优化过程中，芯片 2 也会给时序优化算法带来同样的困难。然而由于所有芯片会同时进行时序优化，并且已经构建好了穿过芯片的完整路径，松弛可以重新分配到堆叠中的其他芯片上，以弥补芯片 2 的限制。

对于本章使用的 DES 基准电路和芯片划分，DFT 插入所消耗的面积从两芯片堆叠中芯片 0 的 16.3% 到四芯片堆叠中芯片 2 的 35.6%。随着时序优化的逐渐进行，面积消耗随之减少，这是因为时序优化算法会在将时钟周期最小化之后再以面积最小化为目标重复进行。由于随着芯片分区的划分，有许多路径会穿过芯片分区，电路中引入了许多 TSV，因此面积消耗相对较大。与 DFT 插入前每个芯片分区上的单元数量相比，DFT 插入后增加的 GSF 数量占单元总数的很大一部分。从 FFT 基准测试中可以看到，由于 FFT 基准电路更大，其 TSV 占单元总数的比例明显更大，面积损耗明显更低，2.5% 是四芯片 FFT 堆叠中芯片 2 的最高面积开销。

随着分区中芯片数量的增加，在 DFT 插入前每个芯片上的单元数量减少，TSV 数量通常相应增加。因此，DFT 插入的面积消耗通常随着堆叠的增大而增加。对于堆叠内部的芯片，面积开销往往更严重，因为这些芯片在堆叠组装时无

论是在 TSV 路径上，还是在键合到另一个芯片的 TSV 的面层焊盘的路径上，均需要 GSF。

为了说明这一效果，考虑 DES 电路均匀分布在四芯片堆叠中的各个芯片中。在该情况下，每个芯片大约有 6500 个单元。假设每个芯片与相邻的每个芯片有500 条键合路径，堆叠中的芯片 0 和芯片 3 各自需要 500 个 GSF，即占芯片上单元总数的 8%。相比之下，芯片 1 和芯片 2 各自需要 1000 个 GSF，这超过了芯片上单元总数的 15%。如果芯片本身更复杂，那么 GSF 插入造成的面积影响将显著减小，因为相对于芯片的 TSV 数量而言，单元总数要更大。例如，如果一个芯片包含 100 万个单元和 10000 个 TSV，那么在该芯片中添加 GSF 只会占到芯片上单元数量的 1% 或 2%（这取决于芯片是否在堆叠结构的中间）。

表 6.4a 表明，一般来说，FFT 电路中存在足够的松弛，使得四芯片堆叠中的三个芯片能够和固定芯片一起恢复自己的时序开销。但是当存在两个固定芯片时，情况就不是这样了，见表 6.4b。在该情况下，使用堆叠级时序优化可以达到更好的效果。此外，将逻辑单元在芯片间移动的逻辑移动算法可用于改进两个固定芯片情况下的芯片级时序优化，见表 6.5。在芯片 2 和 3 固定的情况下，芯片 1 的延迟恢复从没有逻辑移动算法的 62.5% 提高到有逻辑移动算法的 75%，延迟恢复提高了 16.7%。在芯片 2 和 3 固定的情况下，逻辑移动没有影响。

这个逻辑再分配的案例可以让我们深入了解逻辑再分配在什么情况下可以改进结果，以及可以预期的改善程度。如表 6.5 所示，通常情况下，即使有逻辑再分配，堆叠级时序优化也会比芯片级产生更好的结果，并且逻辑再分配不会改变堆叠级时序优化的结果。这是因为堆叠级时序优化已经考虑了完整的芯片间路径，所以逻辑再分配永远不会导致延迟恢复的改善（或延迟恢复的减少），并且芯片级时序优化在最好的情况下也只能达到堆叠级时序优化的地步。

当探究在芯片 0 和 1 固定，或芯片 2 和 3 固定的情况下进行逻辑再分配的效果时，有额外的发现。在前一种情况下，由于关键路径不包含可被移动的逻辑，因此无法达成任何改进；在后一种情况下，因为一些逻辑单元被移动到芯片 0，而芯片 0 上有一些额外的松弛可以提供给路径，芯片 1 上的延迟恢复有改善。然而，在芯片 0 上却没有任何改善，因为在它最关键的路径上没有可移动的逻辑单元。由此可证，逻辑再分配如果要起作用，必须满足两个条件：在一个芯片的最关键路径上有可移动的逻辑，并且在该路径的相邻芯片上有额外的松弛。

延迟恢复在那些带有无法时序优化的芯片的电路中也更加困难，见表 6.6 中 OR1200 结果所示。尽管与其他基准电路相比，芯片级时序优化提供的延迟恢复较差，芯片 0 恢复的延迟为 37.5%，芯片 1 为 50%，堆叠级时序优化仍然给出了良好的结果，总体延迟恢复达到了 92%。

DFT 插入和时序优化对固定型故障向量计数的影响可以忽略不计。在某些情况下，例如双芯片 DES 堆叠的芯片 0 或三芯片 DES 堆叠的芯片 2，这会导致时序优化后的测试向量更少。而在其他情况下，例如双芯片 DES 堆叠中的芯片 1 或三芯片 DES 堆叠中的芯片 0 和 1，时序优化会导致向量计数的少量增加。应该注意的是，当对整个堆叠进行扫描插入时，扫描链可以跨越多层芯片。但当对每个芯片进行扫描链插入时，情况并非如此。因此，与芯片级扫描链插入相比，堆叠级的扫描链插入后产生的测试向量数量有显著差异。向量数量的变化是因为寄存器可以在时序优化过程中被添加或删除以及在整个电路中移动，在扫描测试中可以看到可控性以及可观测性的显著变化。这可能会对 ATPG 产生广泛的影响，并且该影响会导致向量计数的变化。

从表 6.3 可以看出，对于路径延迟测试向量也可以得出类似的结论。在相对较小的 DES 堆叠中，时序优化对 SDQL 的影响通常比大得多的 FFT 堆叠更大。对于 DES 堆叠，最坏的 SDQL 变化是减少 6%，而 FFT 堆叠中最坏的 SDQL 变化是减少 1%。对于较小的堆叠结构，SDQL 的波动性较大。这意味着，当芯片较大时，大多数芯片内部路径不受时序优化影响。由于 DES 基准电路中芯片内部路径要少得多，在芯片边界处或附近的路径变化占芯片总路径变化的百分比更大。在相同设计中不同大小的堆叠造成的 SDQL 差异是由于逻辑分区的差异，它会改变统计 ATPG 模型测试的目标路径。

时序优化算法在每块芯片上的运行时间通常是几分钟，但对于一个完整的堆叠和更大的基准测试电路，运行时间更长。例如，完整的四芯片 DES 堆叠的运行时间为 12.4min。细分到每个芯片，对于芯片 0、1、2 和 3，运行时间（以 min 为单位）分别为 3.5、2.7、2.6 和 2.2。对于 FFT 四芯片基准，芯片级时序优化对应芯片 0、1、2 和 3 的运行时间（以 min 为单位）分别为 9.4、10.6、10.2 和 9.1，而堆叠级时序优化需要 41.5min。

6.2.4 总结 ★★★

小节总结

● 在芯片测试外壳边界寄存器插入后执行时序优化，可用于恢复因 DFT 插入而在芯片间路径上增加的延迟开销。

● 根据不同的设计约束，时序优化可在芯片层面或堆叠层面执行，且堆叠级时序优化能带来最佳的时序优化效果。

● 一般情况下，在非模块化逻辑设计中，时序优化可以恢复 100% 的延迟开销，在带有固定芯片的堆叠或带有固定模块的芯片中，时序优化可以恢复 50% 以上的延迟开销。

● 在某些设计中，逻辑再分配可以改善时序优化的结果，尽管由于添加或删除 TSV 的约束，该方法受到限制。

6.3　结　　论

　　本章讨论的方法和结果表明，时序优化可以用于恢复在 DFT 插入过程中添加到跨芯片边界的电路上的延迟。时序优化操作已经在芯片层面和堆叠层面都进行了展示，并且堆叠级时序优化决定了芯片级时序优化的上限。我们将一个 DES 电路和一个 FFT 电路划分为具有两个、三个和四个芯片的 3D 基准电路，并提供了它们的时序优化结果。在大多数情况下，例如无论是所有逻辑和芯片均不固定的情况，亦或 1/4 的芯片都固定的情况，时序优化都可以 100% 恢复由芯片 DFT 插入所增加的延迟。更进一步地，无论是在模块化的基准测试中还是有一半芯片固定的基准测试中，堆叠级时序优化在延迟恢复方面均优于芯片级时序优化。然而在某些情况下，可以使用逻辑再分配算法来改进芯片时序优化结果。事实也证明，测试向量的数量不会受到 DFT 插入或时序优化的显著影响。

第7章 »

键合后测试外壳和新兴测试标准

7.1 引　言

这本书已经讨论了 3D SIC 键合前和键合后的测试方法和架构。例如在第 4章和第 5 章中讨论的方法，被设计成与新兴测试标准相兼容。本章将探讨有关堆叠芯片和测试接口的新兴标准及其相关测试含义。7.2 节介绍了基于 IEEE 1500和 JTAG 1149.1[20,102] 测试标准的芯片测试外壳，目前由 IEEE P1838 工作组[103]研发。7.3 节介绍了为逻辑 – 存储器堆叠开发的 JEDEC JESD – 229 标准[104]，以及如何扩展 7.2 节中描述的测试外壳来测试使用 JEDEC 框架的堆叠。

这需要读者了解 2D 电路的测试标准，如 IEEE 1500 标准和 JTAG 1149.1 标准。图 7.1 所示为 IEEE 1500 标准最基本的实现，被用来为芯片上的单个测试模块提供一个标准化的测试接口。虽然图 7.1 只提供了单个测试模块，但多个模块可以通过测试访问机制（Test Access Mechanism，TAM）绑定在一起，通过外部引脚为所有测试外壳模块提供 I/O 测试。IEEE 1500 标准由边界测试外壳寄存器（WBR）组成，它从 I/O 模块捕获信号，并键合在一起作为 I/O 测试的扫描链，提供芯片内部和外部测试。

测试外壳指令寄存器（WIR）从测试外壳的串行端口编程，例如测试外壳的串行输入和输出（分别为 WSI 和 WSO）端口。其他串行输入包括测试外壳时钟和重置端口、指令寄存器选择端口，以及移位和捕获端口。WIR 将测试外壳置为各种测试状态。有一个旁路端口可以跳过 TAM 上的测试模块，从其他模块发送和接收测试数据。可选的组件可以添加到测试外壳中，包括用于快速路由测试数据的串行端口。

测试外壳指令寄存器（WIR）是从测试外壳串行端口编程的，例如测试外壳串行输入和输出端口（分别为 WSI 和 WSO）。其他串行输入包括测试外壳时钟端口、复位端口、指令寄存器选择端口、移位端口和捕获端口。WIR 能够将测试外壳置于各种测试状态，并且可以使用旁路端口跳过 TAM 上的测试模块，从其他模块发送和接收测试数据。其他可选组件也可以添加到测试外壳中，包括

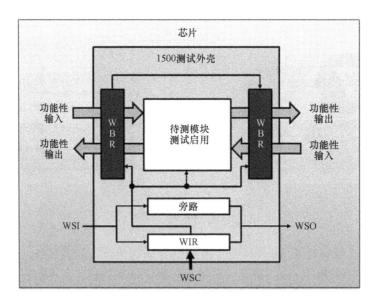

图 7.1　IEEE 1500 标准所需组件

用于测试数据快速路由的串行端口。

　　JTAG 1149.1 标准为印制电路板上的多个测试模块定义了一个标准的测试接口。它定义了四个强制的和一个可选的测试引脚。强制 I/O 包括测试数据输入信号（Test Data In，TDI）、测试数据输出（Test Data Out，TDO）、测试模式选择（Test Mode Select，TMS）和测试时钟（Test Clock，TCK），可选的为测试复位（Test ReSet，TRST）。JTAG 标准采用板级边界扫描测试，类似于 1500 标准中的 WBR 功能。这些边界寄存器同时允许进行内部测试（Internal TEST，INTEST）和外部测试（External TEST，EXTEST）。

　　7.2 节将介绍芯片测试外壳在 JTAG 或 IEEE 1500 上为堆叠芯片构建一个类似的测试接口。由于芯片测试外壳与两种标准兼容，可以在设计时考虑其中一种体系结构。芯片测试标准提供了所需的模块化，以便将各种来源的芯片集成到一个功能和可测试的堆叠中。尽管 3D 集成商可能不了解芯片上使用的测试架构，但供应商可以提供测试模式和标准化接口，以便集成商能够测试芯片。

　　针对宽 I/O 移动 DRAMS 的 JEDEC 标准（JESD-229）是为定义 3D 堆叠中存储器和逻辑芯片之间的接口而开发的。它定义了一个 512 位的接口，可以在相对较低的功率下提供显著的带宽。作为 3D 堆叠的第一个标准接口，它得到了 JEDEC 固态技术协会的支持，会在未来存储器-逻辑（MoL）堆叠设计中发挥重要作用。7.3 节将简要介绍 JEDEC 标准，然后用附加功能扩展芯片测试外壳设计，以创建用于 MoL 堆叠互连测试的标准化测试接口。

— 142 —

7.2　基于 3D 堆叠集成电路标准测试接口的芯片测试外壳

为了使用芯片级测试外壳，堆叠中的每个芯片都应该按照标准封装。芯片测试外壳支持减少带宽键合前测试模式，部分和完整堆叠的键合后测试，以及板级互连测试。芯片测试外壳与 IEEE 1500 和 JTAG 1149.1 标准兼容，因此在设计上是模块化的。也就是说，每个芯片的嵌入式测试模块、TSV 芯片间互连和外部引脚，都可以单独测试。这样，根据特定制造流程，可以灵活安排键合前后和板级测试。为方便起见，本节中讨论的芯片测试外壳将被称为 P1838 的标准测试外壳。

假设 P1838 测试外壳到堆叠的外部键合只在堆叠的顶部或底部可用。虽然可以在堆叠的其他地方进行 I/O 键合，例如通过线键合，但将来 I/O 很可能将只能通过堆叠的底部可用。在本节中，为了简化解释，假定 I/O 键合从堆叠底部切换到堆叠顶部，读者可以理解如果 I/O 通过堆叠顶部可用，测试外壳将如何实现。

P1838 测试外壳被设计用于适应各种键合前后的测试场景。例如，在芯片制造完成后，若某公司想要进行键合前 KGD 测试，包括所有内部模块的测试、芯片内电路和 TSV 测试（尽管包装器不明确支持键合前 TSV 测试，但第 3 章和第 4 章提供了可能的解决方案）。然后，该公司可能会将好的芯片运到第二家公司集成到一个堆叠中，第二家公司可能会对部分和完整的堆叠进行键合后测试，可能会重新测试每个芯片的内部模块以及芯片之间的 TSV 互连。芯片测试外壳是与 JTAG 1149.1 标准进一步集成以适应板级测试。

假设堆叠中的每个芯片都配备了扫描测试，即可扫描的数字逻辑、BIST 电路等。测试外壳与内部扫描链、测试控制架构（如 2D TAM）、压缩电路等进行接口。为了适应测试外壳及其功能，可能需要在设计中添加 TSV，以允许在测试期间进行芯片间的通信。这些专用的测试 TSV 被称为测试电梯，稍后将详细讨论。

由于外部引脚只在芯片底部（或顶部）可用，所有测试信号必须通过堆叠中较低的芯片进出堆叠中的每个芯片。也就是说，所有测试控制信号和测试数据必须通过堆叠的底部芯片。当这些信号被传送到或来自预期芯片，而没有在堆叠中进一步传输时，这被称为测试转弯。芯片测试外壳是层中性的，因为配备了测试外壳的芯片可以放置在堆叠中的任何位置。此外，测试外壳不限制堆叠中的芯片数量。

与 2D 电路的测试标准类似，P1838 测试外壳可以根据设计者的要求进行扩展。需要一位串行 TAM，并带有一个可选的多位并行 TAM。串行 TAM 用于调试和诊断，与 1500 串口类似的是，它为测试配置和路由测试数据提供了一种低成本、低带宽的加载指令的方法。在将堆叠结构集成到电路板上后，就可以使用串口了。可选的并行 TAM 提供了一种大批量生产测试的方法，虽然实现成本更高，但可以显著减少生产测试时间。

由于 P1838 测试外壳的模块化，可以在不同的时间执行各种测试，或者根本不执行，即不需要将堆叠作为单个实体进行测试。所有可能的芯片之间的互连测试和芯片本身的测试被认为是单独的测试插入。每个芯片可以由任意数量的嵌入式测试模块组成，这些模块也可以被视为独立的测试实体。该模块化的测试方法的优点是易于集成 IP 模块或芯片，能够根据被测试的电路优化不同的故障模型测试，以及为任何给定的堆叠设计、优化最佳测试流。

7.2.1　芯片测试外壳架构　★★★

堆叠中的每个芯片都配有一个芯片测试外壳，每个芯片测试外壳协同工作以进行测试。图 7.2 提供了键合到电路板上的三芯片堆叠测试外壳的概念性描述，其中堆叠中的每个芯片都被封装起来。本例中，堆叠结构底部的芯片上的引脚提供了功能 I/O 和测试输入。在每个芯片之间存在两种类型的 TSV——FTSV 和 TTSV，FTSV 是功能性 TSV，而 TTSV 是专用的测试 TSV，供芯片测试外壳使用，也称为测试电梯。每个芯片都包含一定数量的测试模块，这些模块通过 1500 测试外壳单独封装，每个芯片都有单独的 2D TAM，键合内部测试模块，并将模块键合到芯片测试外壳。这些模块不需要被包装，它们还可以包括测试压缩、BIST 或其他可测试模块。底部芯片上有一个符合 1149.1 标准的 TAP（Test – Access Port）端口，用于板级测试。

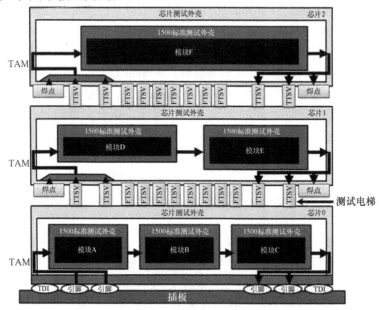

图 7.2　使用芯片测试外壳的三芯片堆叠概念示例

添加到堆叠中每个芯片的测试外壳是构成 P1838 标准的额外 DFT 架构。测试外壳包括用于配置测试外壳测试模式的串行 I/O 以及可能的并行测试接口。箭头表示测试数据在整个堆叠中的移动，并且每个芯片上都存在测试转弯，以从底部芯片上的 I/O 引脚接收数据并将数据返回到底部芯片，通过大型专用的探针垫，实现降低带宽的键合前测试。这些探针垫为探针提供了着陆点，以在键合前测试期间单独接触 TSV 进行测试。第 4 章和第 5 章中讨论的体系结构扩展提供了这些探针垫的兼容替代方案。测试电梯用于从底部 I/O 引脚在堆叠中向上和向下传送测试信号。3D TAM 包括测试转弯、测试电梯和用于设置单个封装测试模式的控制机构，以及可选的嵌入式模块测试模式，也作为芯片封装的一部分。

7.2.2　基于 1500 的芯片测试外壳 ★★★

　　芯片测试外壳可以设计为与 1500 或 1149.1 标准接口。这两者都将被讨论，从图 7.3 中所示的三维堆叠的 1500 实现开始。与 1500 类似，它可以有两个测试访问端口——一个强制性的单位串行端口，具有测试外壳串行输入（WSI）和测试外壳串行输出（WSO）端口，用于向测试外壳提供指令和低带宽测试，以及一个可选的高带宽测试的并行访问端口。根据设计的需要，并行端口的大小可以是任意的。测试外壳指令寄存器（WIR）的位，与测试外壳串行控制（WSC）信号相结合，确定测试外壳在任何给定时刻的操作模式。测试外壳边界寄存器（WBR）应用于测试模式和捕获响应，用于对芯片本身的内部测试（INTEST）和对芯片间电路的外部测试（EXTEST），如 TSV。在不测试芯片或不需要利用 WBR 的情况下，有一个旁路可以将测试数据送过芯片。在 P1838 中，内置、外置和旁通构成了三种可能的操作模式，与 1500 的对应模式类似。

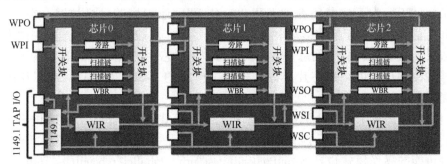

图 7.3　基于 1500 标准三芯片堆叠测试外壳示例

　　从图 7.3 的堆叠结构中可以看出，WSC 控制信号被散布到所有芯片的 WIR 上。串行和并行测试总线在堆叠结构中以菊花链的形式键合。堆叠结构中最高的芯片不使用测试电梯，因为它上面没有其他芯片。所有外部 I/O 引脚都在底部芯片上，作为 1149. 1 TAP 控制器以提供板测试。底部芯片上测试外壳的串口与 TAP 相连。P1838 测试外壳唯一需要附加的引脚是标准 JTAG 接口和可选并行端口的引脚。

P1838 有四个不同于 1500 的显著特征，并且是 3D SIC 所特有的。这些特征包括：

测试转弯：对标准 1500 接口进行了改善，该接口存在于每个芯片的底部，由 WSC、WSI、WSO、WPI 和 WPO 组成。在输出端口（WSO、WPO）添加芯片寄存器以提供芯片或堆叠结构与电路板之间的时序接口。

探针垫：除了底部芯片，所有堆叠上的芯片都配备了 I/O 引脚，在它们的一些背面或正面 TSV 接触上添加了超大的探针垫。这些为当前的探针技术提供了一个在芯片上的着陆点，并能单独接触每个探针垫。在 P1838 中，这些探针垫需要在 WSC、WSI 和 WSO 上安装，代表了芯片测试外壳的最小接口。探针垫也可以根据需要添加到任何或所有 WPI 和 WPO 引脚上。如果键合前测试添加的探针垫比键合后测试添加的并行输入端口少，则使用开关盒在低带宽键合前测试模式和高带宽键合后测试模式之间切换，开关盒的状态由 WIR 控制。虽然探针垫目前对于通过 P1838 标准中的芯片测试外壳进行测试是必要的，但前面的章节已经讨论了提供一个测试接口的方法，它需要很少的探针垫，同时提供键合前 TSV 测试和扫描测试。

测试电梯：芯片测试外壳的附加专用测试 TSV，可用于传送测试数据和芯片之间的指令。这些 TSV 被称为测试电梯。

分层结构 WIR：在 1500 标准中，每个芯片上的嵌入式测试芯片都配备与其 1500 标准兼容的测试外壳。为了向这些内部测试外壳提供指令，有必要使用分层结构 WIR。为了加载所有的 WIR，这些 WIR 像扫描链一样被键合在一起。WIR 链的长度取决于堆叠结构中芯片数量、每个芯片兼容 1500 标准的测试模块的数量，以及 WIR 指令的总长度。在 P1838 中，芯片测试外壳 WIR 配备了一个额外的控制位，以绕过芯片上嵌入式测试模块的 WIR，以便只加载芯片测试外壳。

图 7.4 提供了 P1838 测试外壳可能的工作模式。从串行或并行测试模式开始，并遵循一条路径到图的末尾，每一条路径都是一种可能的操作模式。例如，几种可能的操作模式包括 SerialPrebondIntestTurn、ParallelPrebondIntestTurn、ParallelPostbondExtestTurn 和 SerialPostbondExtestTurn。共有 16 种工作模式，包括 4 种绑定前模式和 12 种绑定后模式。

每个芯片可能处于不同的工作模式中，这取决于在任何给定时间堆叠测试的内容。例如，可以同时测试任何一个或所有芯片。同样，芯片间的任何一个或所有互连测试都可以同时进行。举个例子，考虑一个四芯片堆叠，其中芯片 2 和 3

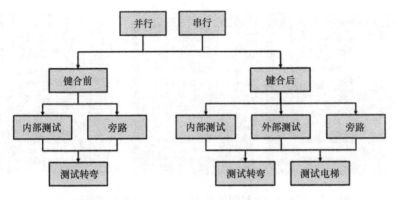

图 7.4　P1838 芯片测试外壳可能的操作模式图

之间的互连与芯片 4 的内部电路并行测试，所有这些测试都是利用并行访问端口进行的。在这个例子中，除芯片 2 和 3 外的每个芯片都将处于不同的工作模式。芯片 1 将处于 ParallelPostbondBypassElevator 模式，因为它被用作旁路来上下传递测试数据。芯片 2 和 3 处于 ParallelPostbondExtestEle vator 模式，因为其正在对它们之间的 TSV 执行外部测试，并将测试数据进一步传输到堆叠结构上。芯片 4 处于测试模式，执行内部模块测试并将测试数据传回堆叠结构中。

7.2.3　基于 JTAG 1149.1 的芯片测试外壳 ★★★

JTAG 1149.1 标准用于为电路板上的芯片提供测试测试外壳。它可以扩展到 P1838 堆叠中的所有芯片，通过芯片测试外壳提供测试功能。基于 1500 标准和 JTAG 1149.1 标准的芯片测试外壳在设计上有明显的重叠。包括测试转弯、探针垫、测试电梯和操作模式。这一节重点介绍两种芯片键合间的区别。

图 7.5 提供了 JTAG 1149.1 标准的三芯片堆叠测试外壳。JTAG 1149.1 标准只有一个通过测试数据输入端口（TDI）和测试数据输出端口（TDO）的串行测试访问机制。为了提供高带宽测试，可以在芯片测试外壳中添加额外的并行端口（TPI 和 TPO）。在基于 1500 标准的测试外壳中使用 WSC 端口的地方，改用一个 2bit 的 JTAG 控制端口。该端口包括测试时钟（TCK）和测试模式选择端口（TMS），以及一个可选的复位端口（TRSTN），图中未提供复位端口。为了向芯片测试外壳的指令寄存器（Instruction Register，IR）提供必要的控制信号，使用了称为 TAP 控制器的 16 状态有限状态机（Finite State Machine，FSM）。它可以通过 TMS 信号进行分步执行，为封装提供适当的指令。

使用基于 JTAG 1149.1 标准测试外壳的一个优势是分层结构 WIR 很容易实现，不需要进行额外的设计工作。这是因为嵌入式测试模块上的与 1500 标准兼容的测试外壳已经与每个芯片上包含的 JTAG 1149.1 指令寄存器建立了层次关系

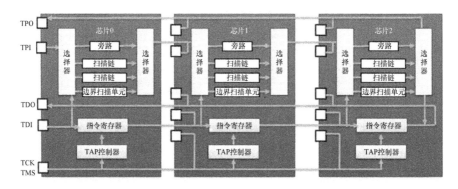

图 7.5　基于 JTAG 1149.1 标准的三芯片堆叠测试外壳示例

来实现。JTAG 接口还有许多广泛的可选用途，包括软件调试和仿真。使用基于 JTAG 1149.1 标准的芯片测试外壳，可以方便地将这些附加特性集成到堆叠结构中。

7.2.4　P1838 芯片测试外壳实例应用　★★★

本节提供了一个基于 1500 标准的芯片测试外壳的实例[105]。虽然只实现了一个基于 1500 标准，但也可以类似地开发一个基于 JTAG 1149.1 标准的实现，并且与本节中的示例有显著的重叠。为了降低实现的复杂性，提供一个"扁平"的芯片，或一个不包含嵌入式测试模块的芯片。芯片被视为一个单个可扫描实体进行测试。键合前的探针垫的数量将等于芯片测试电梯的数量。除分层结构 WIR 外，模块化芯片的封装类似于本节中的示例。因此，为了实现完整性，我们还将讨论如何实现分层结构 WIR。

图 7.6 提供了一个基于 1500 标准平面芯片的芯片测试外壳。该芯片包含 3 个主要功能输入（Primary Input，PI）和 3 个主要功能输出（Primary Output，PO）。在堆叠结构中，该芯片将被键合到另外两个芯片上。左侧的主 I/O 将键合到堆叠结构中较低的芯片上，而右侧的主 I/O 将键合到堆叠结构中较高的芯片上，芯片内有 3 个内部扫描链。

围绕整个芯片的 P1838 芯片测试外壳，相比内部芯片逻辑夸大了其尺寸，以实现其功能。包装包含前面讨论的基于 1500 标准的 P1838 实现的所有元素，包括 WBR（在主 I/O 上用圆圈表示）、WSI 和 WSO 串口、WIR、WBY（串行旁路路径）、WPI 和 WPO 并行端口、并行旁路路径（表示为"Bypass Regs"）、超大探针垫键合、测试电梯和用于时序目的的流水线寄存器（表示为"Reg"）。平行测试电梯和探针垫的数量相同，因此不需要在低带宽前测试和高带宽后测试之间切换。

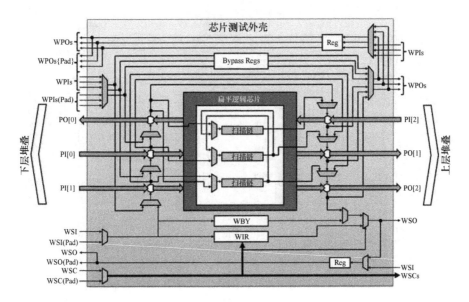

图 7.6　基于 1500 标准的芯片测试外壳的示例

测试外壳实现可以设置为图 7.4 所示的 16 种操作模式中的任何一种。每种工作模式将利用图 7.6 中包装逻辑的不同路径。图 7.7 提供了两种操作模式下的芯片测试外壳。图 7.7a 提供了 ParallelPrebondIntestTurn 模式，箭头对应着测试数据沿着测试外壳和内部逻辑测试架构的激活路径的移动。该模式用于堆叠前对芯片内部逻辑进行高带宽测试。测试数据通过 WPI 探针垫进入，在那里它被锁存到 WBR 中并应用到内部扫描链。然后，测试响应通过 WBY、流水线寄存器从内部逻辑输出，然后通过 WPO 探针垫输出到测试设备。

图 7.7b 提供了 SerialPostbondExtestElevator 芯片测试外壳模式。这用于该芯片和堆叠中其他芯片之间互连的低带宽测试。测试数据通过单位 WSI 端口进入，并被锁定在 WBR 中。芯片右侧的一位 WSO 用于将外部测试数据转移到堆叠中更高的芯片，这也必须处于外部测试模式才能进行的互连测试。从 WBR 开始，数据被应用于互连，测试响应被锁存。然后，通过使用芯片右侧的 WSI 端口和左侧的 WSO 端口，将测试响应从堆叠中较高芯片传输到较低芯片并移出去。

为了将芯片测试外壳配置成所需的操作模式，我们使用了多路复用器，这些信号由 WSC 信号和 WIR 控制。这些多路复用器执行各种功能，包括在并行模式或串行模式之间进行切换，确定串行端口是否用于加载 WIR、WBR 或 WBY 等。许多控制信号没有提供，以保持图像的可读性。

一个有多个嵌入式测试模块的分层芯片，将有一个类似设计的芯片测试外壳，并进行了一些改善。最重要的改善是在芯片测试外壳和嵌入式测试模块之间增加一个分层结构 WIR，图 7.8 所示为分层结构 WIR 示意图。图中只提供了内

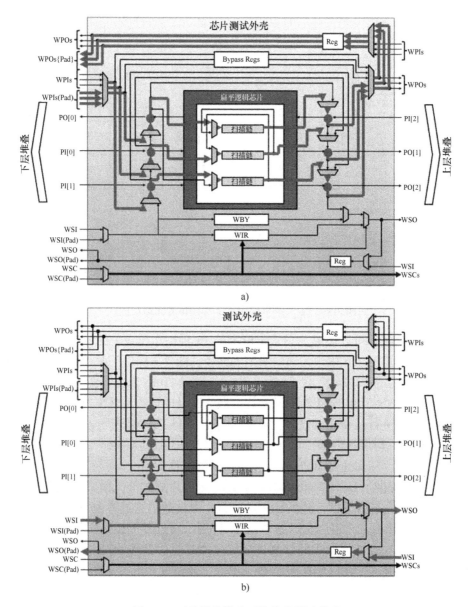

图 7.7　两种操作模式下的芯片测试外壳

a）用于 PPIT 测试模式的芯片测试外壳所使用的逻辑和路径示例

b）用于 SPEE 测试模式的芯片测试外壳所使用的逻辑和路径系列

部 WIR 链上的第一个内部测试模块，因为无论嵌入 WIR 的数量如何，实现都是相同的。除 WRSTN 外，芯片级 WSC 信号被传送到第一个模块 WIR，该模块与来自芯片测试外壳 WIR 的使能信号进行 AND（逻辑与）多路复用。当芯片测试外壳 WIR 启用信号有效，模块 WIR 应被启用。当确认启用信号时，图 7.8 中所示的多路复用器将模块 WIR 添加到 WIR 链中。

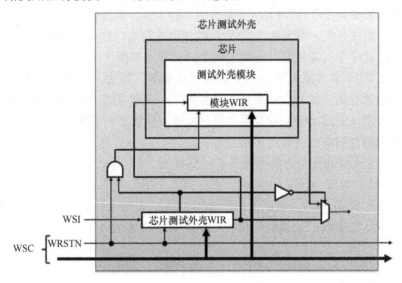

图 7.8 用于具有多个嵌入式测试模块的芯片的 1500 芯片测试外壳的分层结构 WIR 示例实现

当使用分层结构 WIR 时，可以执行三种操作。第一种操作，这是一个 WRSTN 复位，然后根据需要从 0～2 个指令加载。WRSTN 将所有的 WIR 设置为其功能模式。这也将 WIR 链重置为仅包括芯片测试外壳 WIR，这是最短长度的 WIR 链。第二种操作，如果需要测试模式，则将适当的指令装入所有芯片测试外壳 WIR 中。第三种操作，如果必须启用一个或多个模块 WIR，则相关的芯片测试外壳 WIR 指令将启用信号有效给 AND（逻辑与）多路复用器。这将重新配置分层结构 WIR 链，以包括所需的模块 WIR。

在此之后，芯片测试外壳和模块 WIR 将用新的指令重写。通过该方式，在重新分选测试时不需要跟踪 WIR 链的长度。因为每次测试都从一个 WRSTN 信号开始，所以 WIR 链总是处于一个已知的状态和长度。

7.2.5 用于实验基准的芯片级测试外壳的成本和实现 ★★★

为了从成本角度量化 P1838 测试外壳体系结构的面积开销，以确定该体系结构是否可行。P1838 测试外壳要求增加以测试电梯形式出现的 TSV、用于测试访问的超大探针垫和额外的逻辑电路。基于 1500 标准的芯片测试外壳需要 8 个探针垫用于必要的 WSC 和串行端口，以及一些可选的探针垫，这取决于在键合前测试中需要的并行端口的数量。基于 JTAG 1149.1 标准的芯片测试外壳需要 4 个用于 TDI、TDO、TCK 和 TMS 信号的探针垫，以及一些用于并行端口的额外探针垫。请注意，其他必要信号（如电源、接地、时钟等）需要额外的探针垫。除了探针垫外，还需要在设计中添加一些额外数量的 TSV。基于 1500 标准的芯片测试外壳，需要 8 个 TSV 加上所有并行端口的 TSV。类似地，基于 JTAG 1149.1 标准的芯片测试外壳，需要 4 个 TSV 和设计中并行端口数量的 TSV。

芯片测试外壳所需的额外逻辑电路的面积成本取决于三个组件。首先，有一个与 WIR、WBY 和多路复用器相关联的固定成本。其次，可变成本与芯片上功能 I/O 的数量有关，其与 I/O 数量呈线性增长，并包括 WBR 寄存器的成本。最后，嵌入式模块中扫描链的数量存在可变成本。该成本与扫描链的数量呈线性增加，并包括键合扫描链所需的多路复用器的成本。

P1838 芯片测试外壳的面积成本 A 可估算为

$$A = F_{\text{cost}} + (\#IO \cdot IO_{\text{cost}}) + (\#SC \cdot SC_{\text{cost}}) \tag{7.1}$$

式中，F_{cost} 是 WBR 和相关逻辑的固定成本；SC_{cost} 是每个扫描链的成本；IO_{cost} 是每个功能 I/O 的成本；变量 $\#IO$ 和 $\#SC$ 分别表示功能性 I/O 和嵌入式扫描链的数量。

文献 [105] 中创建了一个工具流，用于将一个 P1838 芯片封装到一个电路中。该流程从芯片的门级网表开始，一个商业 EDA 工具向其添加了一个传统的测试外壳。然后，通过手工改善传统测试外壳，创建芯片测试外壳。ATPG 用于验证设计，并通过报告包装设计与未包装设计的门面积来确定面积开销。

文献 [106] 中，作者将他们的流程用于 ISCAS'89 基准中的三个基准电路 s400、s1423 和 s5378。这些电路中的每一个都被单独用作测试外壳的芯片。它们被映射到 Faraday/UMC 90nm CMOS 标准单元库中。表 7.1 提供了每个电路的面积开销，第 1 列表示电路名称，第 2 列是根据式（7.1）确定测试外壳的预估面积开销，第 3 列表示由测试外壳插入流确定的实际面积开销，第 4 列表示附加 DFT 特征的面积开销百分比，由测试外壳面积除以未包装面积计算而来。

表 7.1　几种基准设计的 P1838 芯片测试外壳的实验面积开销

电路	测试外壳面积/μm^2		
	预估	实际	开销（%）
s400	945	942	90.5
s1423	1413	1411	37.7
s5378	3645	3645	31.0
PNX8550	19332	N/A	0.04

成本是通过使用 Faraday/UMC 90nm 标准单元库进行布局来确定的。成本计算为 $F_{\text{cost}} = 432\mu m^2$，$IO_{\text{cost}} = 36\mu m^2$，$SC_{\text{cost}} = 63\mu m^2$。由表可知，测试外壳插入后的预估面积和实际面积非常接近，因此被预估为准确的。ISCAS'89 基准的设

计非常小，s400 由 186 个单元组成，s1423 由 734 个单元组成，s5378 由 2961 个单元组成。由于它们尺寸较小，包装插入的面积开销是显著的。然而，与整体设计相比，随着芯片测试外壳占用的面积更小，开销面积迅速下降。而实际工业电路将比 ISCAS'89 基准电路大一个数量级。为了演示工业电路中测试外壳架构的面积开销，使用了 PNX8550[107]。表 7.1 提供了更大设计的估算面积开销。可以看到，对于一个大型设计，在 0.04 % 的额外开销下，包装器面积的开销可以忽略不计。

7.2.6　总结 ★★★

• 为基于 1500 标准或 JTAG 1149.1 标准的芯片测试外壳提供了一种 DFT 体系结构，为 3D 集成芯片的键合前和键合后测试提供了一个标准化的测试接口。

• 该体系结构包括串行和并行测试访问端口、进出芯片外部 I/O 的测试转弯、用于与相关开关盒的键合前测试的超大探针垫、用于在堆叠传输测试数据的测试电梯，以及分层结构 WIR 基础设施。

• 在工业尺寸的设计中，芯片测试外壳的面积开销可以忽略不计。

7.3　用于 MoL 3D 堆叠的 JEDEC 宽 I/O 标准

堆叠在逻辑上的 JEDEC 宽 I/O 标准（JESD – 229）根据功能和机械性能定义了逻辑和存储器芯片之间的接口。传统的 DRAM 接口只有 32 位，而 JESD – 229 接口由 512 位组成。与性能和功耗优化过的逻辑电路不同，DRAM 倾向专注于减少 DRAM 的面积和提高刷新需求。因此，异构集成，即在不同的芯片上生成存储器和逻辑，然后进行堆叠，可以产生成本更低、整体性能更好的堆叠。3D 堆叠中 TSV 的可用性可提供密集、低功耗互连，这有利于 MoL 设计。使用 JESD – 229 标准的优势是，与 LPDDR2 DRAM 相比，它提高了功耗和带宽。JESD – 229 标准定义了电气规格、使用协议和退出等特性，这些都有助于该技术的功能实现。机械方面包括阵列中衬垫的位置、阵列尺寸和公差。

JESD – 229 标准定义了 4 个独立的内存通道来组成其接口。这些被标记为通道 a 到 d，每个通道各有 128 个双向位，总计 512 位。JEDEC 标准是单数据速率，最高速度为 266 Mbps。总的来说，这提供了逻辑和存储器芯片之间 17 GB/s 的带宽。除了 128 个数据位外，每个存储器通道还包含 51 个用于控制、地址和时钟的信号，还有用于测试控制、接地和电源键合的共享垫。

机械上，界面上的每个垫都由一个微凸点组成。对于所有 4 个通道的 1200 个接触点，每个通道有 300 个微凸点。微凸点按每个通道对称排列，如图 7.9 所示。每个阵列，每个通道一个，包含 6 行由 50 列组成的微凸点。沿行的微凸点的间距为40μm，沿柱的间距为50μm，一个完整界面通道所占面积为 0.52mm×5.25mm。

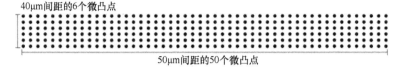

图 7.9　JESD－229 标准的单通道接口阵列

JEDEC 标准可容纳多达 4 个相互堆叠的存储器芯片。每个芯片都被称为一个等级，每个等级都有 4 个存储器芯片，如图 7.10 所示。存储器芯片标记为从列的左上角开始，并围绕其顺时针移动，从 a 开始，以 d 结束。逻辑存储器接口的微凸起阵列被对称地放置在排列的中心周围，每个芯片包含自己的数组。一个四阶的完整堆叠包含 16 个存储器芯片，但每个通道一次只能访问 1 个芯片。因此，最多可以同时访问 4 个芯片。应该注意的是，JEDEC 标准没有规定芯片是如何堆叠的。例如，一种设计可能使用 4 个芯片垂直堆叠在另一个芯片上，逻辑芯片在底部，而另一种设计可能将芯片并排堆叠在中阶层上。此外，没有规范每个堆叠的逻辑芯片数量，只有限制了存储器芯片数量。

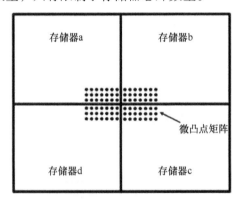

图 7.10　JESD－229 标准中单个存储器芯片的存储器和微凸点阵列的排列

根据 JESD－229 标准，对存储器芯片进行键合前测试时，必须进行探针测试。如果使用探针测试，所有接触都必须通过逻辑－存储器接口进行，因为这是唯一可用的接口。前几章已经讨论了可以提供键合前测试的方法和探针技术，本节的其余部分将重点介绍键合后测试。

在键合后测试中，功能读写操作可以通过逻辑芯片上的存储器控制器来测试 DRAM。集成在存储器控制器或其他地方的存储器 BIST 技术可用于此目的。JESD－229 标准还提供了两种附加模式，可用于键合后存储器测试。第一种模式是直接访问模式，该模式允许通过少量键合到 DRAM 微凸点的测试外壳引脚测试所有的 DRAM；第二种模式是 GPIO 测试模式，在该模式下，所有的 DRAM 都可以通过少量的 GPIO 驱动程序和接收器进行测试。这些驱动器和接收器是与存储器接口的逻辑模电路的一部分。

下一小节扩展了 P1838 芯片测试外壳，用于测试逻辑和存储器芯片之间的互连，因为这些互连不能被标准 MBIST 快速测试。包含一个芯片测试外壳将允许互连测试与其他内存测试分开进行，并且对部分和完整的堆叠测试很有用。因为对所有的 DRAM 的测试都需要大量的时间，所以只对互连测试执行它可能是不可行的。通过芯片包装提供专用的互连测试只需要很少的时间和精力。

7.3.1　扩展 P1838 芯片测试外壳在 JEDEC 环境中的测试 ★★★

虽然大多数 DRAM 通常没有可用的边界扫描测试，但按照 JESD – 229 标准设计的 DRAM 却可以做到。该标准可用于 JEDEC 接口的互连测试，但不符合 JTAG 1149.1 或 1500 标准。该边界扫描功能可以大量重用，用于与芯片测试外壳的互连测试。

图 7.11 提供了在 JESD – 229 标准中概述的存储器芯片的边界扫描实现。共有 179 个功能信号，它们都被锁定为两种边界扫描故障（Scan Flop，SF）中的一种。图 7.12a、b 分别提供了 SF1 和 SF2 的边界扫描触发器。在这 179 个信号中，有 51 个是键合到 SF1 型边界扫描故障的单向控制和地址信号。其他 128 个数据信号是双向的，并被 SF2 型边界扫描故障拦截。这些边界扫描寄存器为 TSV 互连的驱动器和接收器提供可控性和可观测性，允许外部互连测试。扫描测试的输入和输出信号分别为扫描数据输入（Scan – Data – In，SDI）和扫描数据输出（Scan – Data – Out，SDO），在每个通道的等级中共享。因此，SDO 信号的驱动程序必须是三态的，以便能够在任何给定的时间在信道中选择适当等级的边界寄存器。

在 JESD – 229 标准中操作边界扫描，控制信号位于 DRAM 内部。信号由控制器本身产生，控制器又从逻辑芯片接收信号。控制器所需的信号如下：

1. SSEN—SSEN 是 DRAM 堆叠结构中的 1bit 扫描启用信号。要启用边界扫描，设置为高位，在功能模式下，设置为低位。如果不需要对存储器芯片进行边界扫描，SSEN 信号接地。

2. CS_n [0:3] [a:d] —CS_n 信号，称为芯片选择信号，在一个四芯片堆叠结构中每个通道高达 4bit 宽。该信号用于激活每个通道最多一个存储器芯片，并且是低电平有效。它在功能模式和测试模式中都有使用。

3. SSH_n [a:d] —SSH_n 是扫描移位信号。通道宽为 1bit，允许边界扫描链移动。当值为低时，SSH_n 信号激活，测试数据从边界扫描链移入；当值为高时，边界寄存器从它们相关的微凸点中捕获输入。

4. SOE_n [a:d] —SOE_n 信号，称为扫描输出启用信号，每个通道 1bit

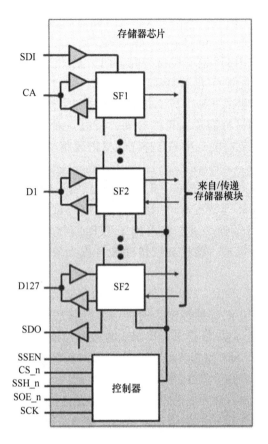

图 7. 11　JESD - 229 标准中存储器芯片的边界扫描实现

宽。如果为低，则它为 CS_n 信号选择的通道中的存储器芯片启用 SDO 信号的三态驱动器。

5. SCK［a: d］—SCK 信号是用于边界扫描链的移位和捕获操作的扫描时钟，每个通道 1bit 宽。

在功能模式和测试模式下，在 JESD - 229 标准中都使用了边界扫描寄存器。在功能模式下，SSEN 为低，CS_n 根据需要被确定，访问适当的存储器芯片，而其他控制信号不影响操作。除了功能模式外，JESD - 229 标准还支持以下 5 种独立的测试模式：

1. Serial $\dfrac{\text{In}}{\text{Out}}$—该模式通过边界扫描寄存器移动数据。在此操作过程中，SSEN 为高，SCK 翻转，所有其他控制信号均低。

2. Serial In（No Out）—此模式只允许扫描插入操作，因为 SDO 驱动程序已被禁用。要进入此模式，SSEN、SOE_n 为高，SCK 翻转，其他控制信号均低。

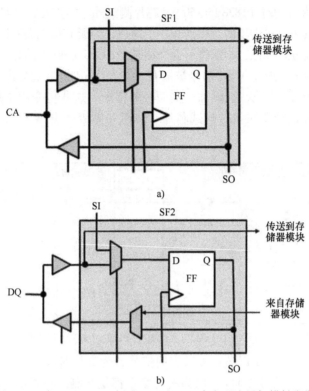

图 7.12　在 JESD－229 标准 SF1 和 SF2 中实现边界扫描触发器

a）SF1 的边界扫描触发器　b）SF2 的边界扫描触发器

3．Parallel In—在该模式下，边界扫描寄存器从阵列中相关的微凸点中捕获数据。SCK 翻转，所有其他控制信号为高。

4．Parallel Out—在此模式下，边界扫描寄存器驱动其相关的微凸点的输出。在此模式下，CS_n 为低，所有其他控制信号为高，SCK 对操作没有影响。

5．No－Operation（NOP）—该模式同时禁用数据和 SDO 驱动程序，有效地防止边界寄存器改变状态。在此模式下，SSH_n 低，SSEN 和 CS_n 高，没有其他控制信号或扫描时钟对电路产生影响。

7.2 节讨论的 P1838 芯片级测试外壳可以扩展到利用 JESD－229 标准的边界扫描能力，在逻辑芯片和堆叠在其上面的存储器芯片之间进行键合后互连测试。DRAM 控制信号在逻辑测试外壳上的芯片测试外壳中产生，DRAM 边界扫描寄存器包含在芯片测试外壳的串行和并行 TAM 中。测试外壳扩展最多支持 4 个存储器单元，与 JEDEC 标准一致。

在互连测试中，测试逻辑芯片和选定存储器模块之间的互连。在文献 [108] 中开发的算法测试方法用于 P1838 芯片测试外壳的扩展，逐级测试互连。也可以采用其他方法，例如，同时测试属于多个队列上不同通道的存储器芯片。

图7.13 提供了基于 P1838 的 1500 型芯片测试外壳的扩展，以完成 DRAM 堆叠的互连测试。虽然只提供了两个级别和一个通道，但所有级别和通道的架构都是相同的。由于实现方式类似，本节将不会介绍基于 JTAG 1149.1 的芯片测试外壳。

在测试外壳扩展中，WSC 信号被散布，并与 WIR 链一起处理所有的测试控制。WIR 被扩展了 13 位，以添加一些额外的指令。这些指令用于启用 DRAM 边界扫描模式，并选择要在何时测试芯片、通道和等级。由 WIR 产生的几个额外的信号如下：

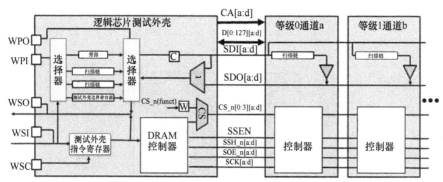

图 7.13　用于控制宽 I/O DRAM 测试的基于 P1838 1500 型芯片测试外壳的扩展

1. DRAM_TE—1bit DRAM 测试启用信号，为高位时，将 DRAM 堆叠置于测试模式。整个堆叠只需要 1bit，因为所有级别都是在测试模式中同时设置的。为低位时，存储器处于功能模式。DRAM_TE 信号的值将等同于每个等级内部的 SSEN 信号。当 3D 包装复位时，DRAM_TE 设置为低。

2. DRAM_ELEVATE [a:d]—此信号在每个 DRAM 通道中包含 1bit。该信号控制着图 7.13 中标记为 t 的多路复用器。为高位时，相应的通道被放置在 elevate 模式中，并包含在堆叠的 TAM 配置中。为低位时，相应的通道处于 turn 模式式，并被 TAM 绕过。例如，位序列 {1110} 将测试数据 elevate 到堆叠中的通道 a、b 和 c，但是在通道 d 处进行了一个 turn，没有测试数据进入它。

3. DRAM_RS [a:d]—此信号在每个 DRAM 通道中包含 2bit。这个 DRAM 等级选择信号选择在给定信道中的四个等级中的一个。例如，位序列 11 00 10 01 在通道 a 中选择等级 3，在通道 b 中选择等级 0，在通道 c 中选择等级 2，在通道 d 中选择等级 1。

4. DRAM_CAP—此信号是每个内存通道宽 1bit。它设置测试数据，在存储器中捕获，或在低值时捕获逻辑芯片。

根据 WIR 中的指令，逻辑芯片上的 DRAM 控制器生成 JESD – 229 边界测试逻辑所使用的信号 CS_n、SSEN、SSH_n、SOE_n 和 SCK。JESD – 229 边界扫描的测试模式包括在 P1838 测试外壳模式中，如下所示。P1838 串行输入和输出转换模式激活由 DRAM_RS 确定的级别中的 SDO 驱动程序。在该模式中，测试数据分别通过 SDI 和 SDO 传入和传出。P1838 并行输入模式禁用存储器芯片上的三态驱动器。逻辑芯片上的 WBR 被用来驱动存储器数据引脚。然后，WBR 上的值被存储在存储器芯片上的边界扫描寄存器中，测试逻辑芯片的驱动器和存储器芯片的接收器。P1838 并行输出模式为所选级别的数据驱动程序来驱动其互连。在存储器芯片中被驱动的值在逻辑芯片的 WBR 中被捕获，这测试存储器芯片的驱动程序和逻辑芯片的接收器。

如图 7.13 所示，标记为 CS 的多路复用器，在功能 CS_n 信号和 DRAM 控制器产生的信号之间进行切换。因为 CS_n 信号切换存储器输入和输出的三态驱动器，并且由存储器控制器生成，所以为达到测试目的必须包括生成这些信号的替代方法。否则，在信号总线上可能存在相互冲突的信号。CS 多路复用器用于在存储器控制器产生的功能 CS_n 信号和包装中的 DRAM 控制器产生的测试信号之间进行切换。CS 多路复用器的控制信号来自于 DRAM_TE 信号。

在测试期间禁用功能 CS_n 信号的缺点是，在测试芯片测试外壳上的内部芯片逻辑时，没有测试这些信号路径。为了补偿这一点，在 CS 复用器之前插入锁存功能 CS_n 值的扫描寄存器，这就提供了测试信号路径所需的可观测性。这些扫描寄存器还必须具有一些相关的逻辑，以便在存储器堆叠处于非活动状态时禁用三态 DRAM 驱动器。

7.3.2　总结　★★★

小节总结

• P1838 芯片测试外壳被扩展，用于测试 JESD – 229 标准中的逻辑和存储器芯片之间的互连，其中包括不符合 JTAG 1149.1 或 IEEE 1500 标准的边界扫描寄存器。

• 额外的信号被添加到 WIR 中，WIR 被扩展了 13 位，以创建每个 DRAM 等级的内部控制器所需的信号。

• 在逻辑芯片的内部测试中，在功能 CS_n 信号中添加仅观测扫描寄存器，以实现可观测性。

7.4　结　　论

本章讨论了新兴的用于 3D 堆叠测试的 P1838 芯片测试外壳，并简要检查了目前可用于可堆叠宽 I/O 模块的 JEDEC 标准。然后探究 JESD – 229 标准的测试特性，并扩展了 P1838 测试外壳，在 JESD – 229 兼容的逻辑存储器堆叠中执行互连测试。

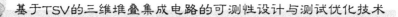

  P1838 芯片包装器拓展了 IEEE 1500 和 JTAG 1149.1 标准，为 3D 堆叠中的芯片创建芯片级测试外壳。这些芯片级测试外壳提供了一个标准测试接口，可以轻易集成到堆叠结构和模块化测试中。该包装利用超大探针垫和一个开关盒，将测试外壳设置为键合前测试模式，该包装支持一个低带宽的键合前测试。全带宽串行和并行测试可用于键合后的堆叠结构，并可用于部分和完整的堆叠测试。此外，测试外壳允许通过堆叠中最低或最高的芯片进行符合与 JTAG 1149.1 标准兼容的板级测试。此外，P1838 测试外壳的面积开销可以忽略不计。

  将 P1838 测试外壳扩展到 JESD-229 兼容的 MoL 堆叠，利用了 JEDEC 标准中存在的边界扫描功能，以实现逻辑和存储器芯片之间的键合后互连测试。WIR 被扩展了 13 位，为包装器中新的 DRAM 控制器提供指令。DRAM 控制器解释 WIR 指令，以向每个 DRAM 等级上的测试逻辑提供信号。然后将 DRAM 测试纳入可用的 P1838 测试模式中。添加了额外的多路复用器和扫描单元，以消除对内存总线的部分占用，并实现内存总线的可观测性。

第8章 »

测试架构优化和测试调度

8.1 引 言

前几章已经讨论了与键合前 KGD 测试以及键合前后测试标准等相关的问题。键合后测试在许多方面没有键合前测试那么复杂，因为可以使用外部测试引脚进行测试访问，并且在测试期间可以将键合芯片中的 TSV 视为是互连（尽管测试 TSV 自身可能需要对 TSV 和邻近有源器件特有的故障模式进行测试）。然而，必须考虑 3D 堆叠键合后测试的新限制，如根据堆叠结构中的位置对芯片进行有限的测试访问、多个键合后测试插入，以及在芯片间添加的 TSV 测试限制。正如键合前测试一样，为了最大限度减少键合后的测试成本，从而在产品的整个制造流程中达到性价比最高的 KGD、部分堆叠和已知良好堆叠（Known – Good – Stack，KGS）测试，需要优化设计 3D 测试架构和测试计划。

由于修复后的高良率和简化的测试和设计，存储器与逻辑相比更容易堆叠[10]，因此，3D 存储器堆叠已经被制造出来[10]。包括在逻辑上堆叠存储器[46] 或多个逻辑芯片[47] 堆叠在不久的将来可能会出现。尽管 3D 设计和测试自动化还没有完全成熟，无法用于商业开发，但它正在顺利发展[11]，而且许多商业设计工具已经开始支持不同程度的 3D 设计。这些工具需要能够利用 3D 技术的优势，同时考虑到各种与设计有关的平衡。例如，在基于 TSV 的 3D SIC 中，由于其相关的芯片面积成本，可用于测试访问的 TSV 数量有限。大多数 TSV 可能专门用于功能访问、电源/接地和时钟路由。

在 3D SIC 中，基于核心的芯片键合后测试具备新的挑战[42,43]。为了测试芯片和相关的核心，必须在芯片上安装测试访问机制（TAM），以将测试数据传输到核心，并且需要一个 3D TAM 来将测试数据从堆叠的输入/输出引脚传输至芯片。与 2D 大型系统晶圆（SOC）的 TAM 设计相比，3D SIC 的 TAM 设计另具挑战。在 3D SIC 设计中，测试架构必须能够支持独立的芯片测试以及部分和完整堆叠的测试，正因如此，第 7 章中讨论的测试标准也正在研发。这些标准要求兼容的测试架构优化，而不仅仅是最小化测试长度，而且还要使 3D TAM 布线使用到的 TSV 数量最小化，因为每个 TSV 都有与它相关的面积消耗，同时这是 3D SIC 中潜在的缺陷来源。因此，测试长度取决于测试架构和测试计划，并受到可用测试资源限制的制约。

本章讨论了使用 TSV 实现的 3D SIC 的测试架构优化。这些优化与第 7 章中呈现的新兴标准兼容。考虑了具有芯片级测试架构的 3D SIC 的各种设计案例——包括具有固定测试架构的芯片和尚未被设计测试架构的芯片。在本章中，数学编程技术被用来求出各种架构优化问题的最佳解决方案。这些数学模型除了可以立即用于优化之外，还为 3D 优化提供了一个清晰的框架，作为未来研究和应用的基础。该优化将首先针对一个完整的堆叠测试而开发，然后扩展至包括任一或所有键合后测试插入以及键合后 TSV 测试的优化。由此证明，多种测试插入的最佳测试架构解决方案和测试计划与单独的最终堆叠测试对应的方案不同。

8.1.1 3D 测试架构和测试调度 ★★★

3D SIC 的测试架构优化问题考虑了三种不同的 3D 集成案例——（1）硬核，其中已存在测试架构；（2）软核，其中 2D（每个芯片）和 3D（每个堆叠）测试架构被共同优化；（3）固核，其中测试架构已经存在，但为了减少测试引脚和 TSV 的使用，并实现堆叠测试资源更好地分配，可能会在芯片中添加串行/并行转换硬件。

为了简单和易于实施，本章假设基于会话的测试计划[15]，即所有同时执行的测试都需要在下一个测试会话开始前完成。为了总堆叠限制和相邻芯片之间的 TSV 限制，开发了最小化用于目标测试长度的 TSV 或测试引脚数量的方法。虽然理论上有可能在堆叠给定的某一层上有多个芯片，但在本章中，假定堆叠的每层中只有一个芯片。此外，一个核心只会被认为是单个芯片的一部分，即不考虑"3D 核心"。除了使每个软核的测试长度最小外，在所有三个问题实例中，整个堆叠的测试长度也是最小化的。

2D SOCs 的测试和相关测试接口架构的优化已经得到较好研究[22,24,30,32]。优化方法包括整数线性规划（Integer Linear Programming，ILP）[22]、矩形包装[22,31]、迭代细化[32]，以及其他启发式方法[24,33]。然而，这些方法最初都是为 2D SOC 开发的，并没有考虑到与 3D 技术相关的额外测试复杂性。

最近，关于 3D SIC 测试的早期工作已经被报道。文献［12］中开发了用于设计 3D SIC 中的核心包装启发式方法。这些方法并没有解决 3D TAM 设计的问题。文献［48］中提出了堆叠中每个芯片的测试架构设计的 ILP 模型。虽然这些 ILP 模型考虑了与 3D SIC 测试有关的约束，如 TSV 限制，但该方法没有考虑芯片级 TAM 的重复使用。文献［49］中提出了一种基于模拟退火的 TAM 线长最小化技术。该方法的缺点是，它意味着 3D 测试结构在实践中是不可行的。文献

[39] 中描述了减少加权测试成本的启发式方法，同时考虑到了键合前后测试中对测试针宽度的限制。在文献 [39] 中有一个不现实的假设，即 TAM 可以在任何一层开始和结束。

在大多数早期的 3D SIC 测试工作中，TAM 优化仅在芯片层面进行，这导致 TAM 效率低下，并且部分堆叠测试和完整堆叠测试并非最佳的测试计划。此外，所有以前的方法都假设设计者在优化过程中可以在每个芯片上创建 TAM 架构，这在所有情况下都是不可能的。在第 7 章中，提出了一个芯片级测试外壳和相关的 3D 架构，使所有的键合前后测试成为可能。该方法依据当前的 JTAG 1149.1 和 IEEE 1500 标准提出了芯片级测试外壳。除了功能和测试模式之外，芯片级测试外壳还允许在堆叠中的较高芯片之间绕过测试数据，并在键合前测试中减少测试带宽。这是对 3D SIC 中的测试架构的一个现实和实际的研究，但它没有提供对优化和测试计划的见解。本章呈现的优化方法与芯片测试外壳兼容，它们没有对芯片测试外壳或 3D TAM 做出任何不现实的假设。本章讨论的优化中不包括键合前测试。如果利用第 5 章中描述的可重新配置的扫描链，那么每个芯片的键合前测试配置可以被视为一个单独的优化问题。

8.1.2 考虑多重键合后测试插入和 TSV 测试的优化需求 ★★★

2D 集成电路通常需要两次测试插入，即晶圆测试和封装。与 2D 相比，3D 堆叠引入了许多自然测试插入[42]。由于减薄、对准和键合的芯片堆叠步骤可能会引入缺陷，因此在组装过程中可能需要测试多个后续（部分）堆叠。图 8.1 提供了一个 3D 堆叠制造和测试调度的例子。首先，晶圆测试（即键合前测试）可用于在堆叠前测试芯片，以确保正确的功能，以及在堆叠中匹配芯片的功率和性能。其次，芯片 1 和芯片 2 被堆叠起来，然后再次测试。这可能是第一次测试芯片 1 和芯片 2 之间的 TSV，因为技术限制使得 TSV 的键合前测试不可行[43]。这一步也确保了由于额外的 3D 制造步骤，如对齐和键合，可以检测到堆叠中的缺陷。当第三个芯片被添加到堆叠结构中，所有芯片都在堆叠结构中了，包括所有的 TSV 键合，都被重新测试。最后，"已知良好的堆叠（KGD）"被封装起来，并对最终产品进行测试。需要优化方法来最小化测试时间，不仅是为了最后的堆叠测试，即"如果中间的（部分）堆叠没有被测试"，也是为了最小化总的测试时间，如果最后堆叠和部分堆叠在键合期间被测试。

在 8.3 节中，以前讨论过的带有硬核和软核的 3D SIC 的优化方法将会被扩展到考虑多个键合后测试插入。除了最小化每个软核的测试时间外，还可以通过考虑所有可能的堆叠测试和完整的堆叠，以及芯片外部测试来最小化测试时间。这些优化方法可以有效地生成测试 3D SIC 的多种方案。

在文献 [23] 中，作者提出了一种用于 2D 集成电路的扩展的测试外壳架

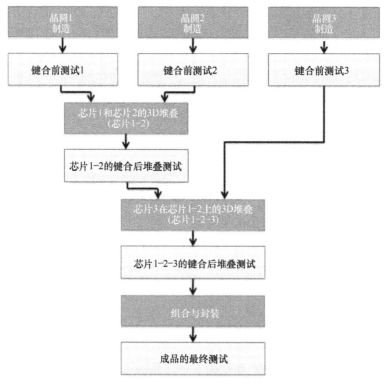

图 8.1　有多个测试插入点的 3D SIC 制造和测试调度

构，它使用改进的测试外壳单元，其中每个测试外壳单元可以键合到两个 TAM。与 1500 标准测试外壳相比（在本章的其余部分被称为"薄型"或类 1500 测试外壳），该扩展的测试外壳架构，或者说"厚型"测试外壳，使核外测试（EXTEST）和核内测试（INTEST）并行运行成为可能。本章将考虑这两种类型的测试外壳进行 EXTEST 优化；特别是，本章使用"厚型"测试外壳的行为是芯片级测试外壳为了能同时进行片外测试（TSV 测试）和芯片内部测试的自然延伸。

　　本章其余部分安排如下。在 8.2 节中，介绍了最小化最终堆叠测试时间的优化技术。这里对用于测试访问的专用 TSV 的数量设置了全局限制，并且由于堆叠中最低的芯片上的测试引脚数量有限，因此限制了测试带宽。虽然该优化为设计 3D 测试架构提供了一个充分的切入点，但它并没有考虑到测试部分堆叠时的多个测试插入点。此外，优化框架中忽略了 TSV 和芯片外部逻辑的测试时间。8.3 节扩展了 8.2 节的模型，以使多个测试计划和对任何数量或所有的键合后堆叠测试的优化成为可能。考虑每个芯片 TSV 的最大数量，而不是全局限制，测试带宽的约束使用了一个更现实的专用测试 TSV 模型。此外，在优化过程中还考虑了使用"厚型"和"薄型"封装的芯片内部测试和外部测试时间。8.6 节会对本章进行总结。

8.2 堆叠后测试架构和调度优化

在一个 3D SIC 中，（目前由 2~8 个裸芯组成[13]），最底层的裸芯通常直接键合到芯片的 I/O 引脚，因此可以使用测试引脚进行测试。为了测试堆叠中的非底层芯片，测试数据必须通过最低芯片上的测试引脚进入。因此，要测试堆叠中的其他芯片，测试访问机制（TAM）必须通过最低芯片上的测试引脚扩展到堆叠中的所有芯片。为了在堆叠中向上和向下传输测试数据，除了堆叠中最高的芯片外，每个芯片上都需要有"测试电梯[35]"[42]。测试针和测试电梯的数量以及使用 TSV 的数量会影响堆叠的总测试长度。

考虑一个 3D SIC 的例子，如图 8.2 所示，有 3 个芯片，每个上面都有给定的测试访问架构。假设芯片 1、2 和 3 的测试长度分别为 300、800 和 600 个时钟周期。底层芯片的可用测试引脚总数为 100 个。芯片 1 需要 40 个测试引脚（TAM 的宽度为 20），芯片 2 和 3 分别需要 60 个测试电梯和 40 个测试电梯。每个芯片的测试长度由其测试结构决定。

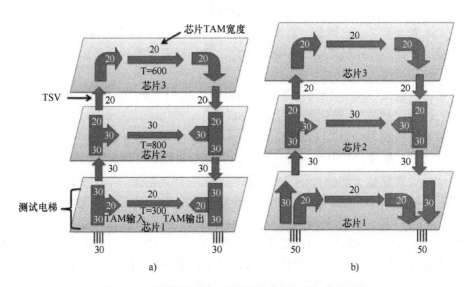

图 8.2 有硬核的三芯片堆叠的两个测试架构的实例

a）考虑到所有芯片都进行串行测试的情况下 b）考虑到芯片 1 和 2 并行测试的情况下

图 8.2a 提供了所有芯片都进行串行测试的情况下，测试电梯的宽度和 TSV 的使用数量。在该情况下，总共使用了 100 个 TSV，同时有 100 个测试引脚是可以使用的，但只有其中的 60 个被利用了。堆叠的总测试长度是各个芯片的测试长度之和，即 1700 个周期。图 8.2b 提供了芯片 1 和芯片 2 并行测试所需的测试

架构。在该情况下，TSV 的使用数量与图 8.2a 中的相同。然而，所有的 100 个测试引脚都需要平行地测试芯片 1 和芯片 2。另外，60 个测试电梯必须在芯片 1 和芯片 2 之间通过，以便将一个单独的 30bit 宽的 TAM 传递给芯片 2 进行并行测试。在该情况下，堆叠的总测试长度为 max {300，800} + 600 = 1400 个周期。这个例子清楚地表明，在测试长度与测试引脚和 TSV 使用的数量之间要有一个权衡。因此，3D SIC 的测试架构优化算法必须使测试长度最小化，同时要考虑到所使用的测试引脚和 TSV 的数量上限。

图 8.3 说明了带有硬核的 3D SIC 的测试架构优化。对于硬核，芯片上的 2D 测试结构是固定的。设计者唯一可以控制的结构是 3D TAM。硬核为优化提供了较少的灵活性，因为在 3D TAM 设计中，每个芯片都必须被分配到精确数量的输入和输出 TAM 线。因此，在设计 3D TAM 时，唯一可以做出的决定是，鉴于测试引脚和测试 TSV 的限制，哪些（如果有的话）芯片可以相互之间进行平行测试。如果供应商向 3D 集成商（Integrator）出售装配好的芯片，那么在 TAM 设计问题中可能会出现硬核。

图 8.3a 说明了在硬核问题上出现的变量。可以看出，一个固定的 2D TAM 宽度与每个芯片的已知测试时间。给出的约束条件是可用的测试引脚数量 W_{max} 和测试 TSV 数量 TSV_{max}。因此，图 8.3b 提供了相应的解决方案。在这里，每个芯片都接受了所需的和预先定义的测试带宽，但芯片 1 和芯片 2 可以通过 3D TAM 实现了并行测试。

硬核的测试架构优化问题表示为 PSHD，其中 "PS" 代表 "问题陈述"，"HD" 代表 "硬核"。该问题可以定义如下。

带有硬核的 3D SIC（PSHD）

给定一个堆叠，其中有一组芯片 M，可用于的测试引脚总数为 W_{max}，以及可用于全局（贯穿整个堆叠）的 TAM 设计的最大 TSV 数量（TSV_{max}）。对于每个 $m \in M$ 的芯片，芯片的编号对应于它在堆叠中的层级（芯片 1 是最底层的芯片，芯片 2 是上一层，依此类推），每个芯片上测试芯片所需的测试引脚数量 w_m（$w_m \leqslant W_{max}$），以及相关的测试长度 t_m（因为每个芯片的测试架构是给定的，所以 t_m 也是给定的）。确定堆叠的最佳 TAM 设计和相应的测试计划，使堆叠的总测试长度 T 最小化，使用的 TSV 的数量不超过 TSV_{max}。

两个对偶问题，PSHDT（"T" 代表 TSV 最小化）和 PSHDW（"W" 代表测试引脚数最小化），可以表述如下。对于 PSHDT，确定一个最佳的 TAM 设计和相应的测试计划，可以使堆叠使用的 TSV 总数最小化，并且不超过测试长度 T_{max} 和测试引脚数 W_{max} 的上限。对于 PSHDW，确定堆叠的最佳 TAM 设计和测试计划，可以使堆叠使用的测试引脚数最小化，并且不超过测试长度 T_{max} 和 TSV 总数（TSV_{max}）的上限。

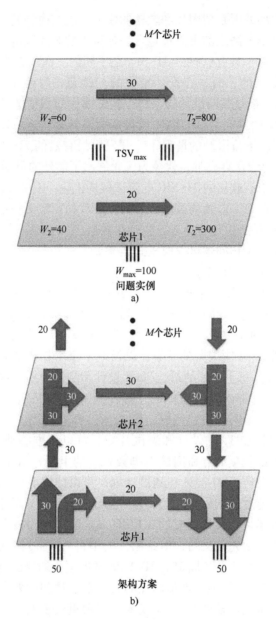

图 8.3　PSHD 的说明

a) 一个问题实例　b) 一个优化结构

　　硬核模型是基于先前的 SOC 测试工作[14]，并且有额外的约束条件，而硬核（固核）和软核模型则有相当程度的不同，也更复杂。除了简单地增加 3D 设计约束，每个芯片必须在许多不同可能的 TAM 宽度范围内考虑，并且必须考虑芯片沿着 3D 堆叠平行测试时的许多变化。这些考虑需要增加更多的变量和约束。

总体而言，这些增加的因素使固核和软核的模型比硬核模型复杂得多，潜在地限制了在运行时间变得过高之前可以被包含在模型中的芯片数量。

上述问题陈述对于具有软核的 3D SIC 是不同的。在软核中，每个芯片的测试架构不是预先定义的，而是在设计堆叠的测试架构时确定的。在该情况下，2D TAM 和 3D TAM 都是共同设计的。每个测试模块的扫描链是给定的，但每个模块的测试外壳和 TAM 是在 3D TAM 设计期间设计的。这使设计者能够在给定 TSV 数量和测试引脚数量限制的情况下，开发出最有效的 2D/3D TAM 设计。当芯片在内部制造用于 3D 集成时，软核为优化展示了额外的灵活性。

图 8.4 提供了带有软核的 3D SIC 的测试架构优化。图 8.4a 提供了与软核模型相关的已知量，即每个芯片的模块数、每个芯片的预定义扫描链，还有 W_{max} 和 TSV_{max}。图 8.4b 提供了优化的结果，包括包装器、2D TAM 和 3D TAM 设计。

软核的测试架构优化问题可以被正式定义如下。

带软核的 3D SIC（PSSD）

给定一个具有 M 组芯片的堆叠结构，在最低芯片上可用于测试的测试引脚总数 W_{max}，以及可用于 TAM 设计的 TSV 的最大数量（TSV_{max}）。对于每个芯片 $m \in M$，给出了核心的总数量 c_m。此外，对于每个核心 c，给出了输入 i_c 和输出 o_c 的数量、测试模式 p_c 和扫描链 s_c 的总数，以及对于每个扫描链 v 在触发器中的长度 $l_{c,v}$。确定堆叠以及每个芯片的最佳 TAM 设计和测试计划，这样就能使堆叠的总测试长度 T 最小，同时使所用的 TSV 的数量不超过 TSV_{max}。

分别再次陈述如下两个对偶问题，即 PSSDT 和 PSSDW。对于 PSSDT，确定堆叠和每个芯片的最佳 TAM 设计和测试计划，可以使堆叠使用的 TSV 总数最小，并且不超过测试长度 T_{max} 和测试引脚数 W_{max} 的上限。对于 PSSDW，确定堆叠以及每个芯片的最佳 TAM 设计和测试计划，可以使堆叠使用的测试引脚总数达到最小，并且不超过测试长度 T_{max} 和 TSV 总数（TSV_{max}）的上限。

最后，问题陈述是为带有固核的 3D SIC 制定的。在固核中，每个芯片的测试结构与硬核一样是预先定义的，但是额外的串行/并行转换硬件可能会被添加到芯片中，以允许使用比芯片固定的 2D TAM 宽度更少的测试电梯（或在最低芯片情况下的测试引脚）。转换硬件被添加的时间在芯片测试外壳的输入之前和输出之后。输入硬件将数量较少的 TAM 线复用到数量较多的芯片测试外壳上。芯片测试外壳输出端的解复用器将测试响应从数量较多的芯片测试外壳上转移到数量较少的 TAM 线上。与涉及硬核的方案相比，该方案在测试长度更高的代价下使用更少的测试引脚，但也允许在测试计划和测试时间优化方面有更多的灵活性。

图 8.5 提供了带有固核的 3D SIC 的测试架构优化问题。图 8.5a 提供了固核问题的已知量，这些已知量与硬核问题的已知量类似，不同的是给出了每个芯片

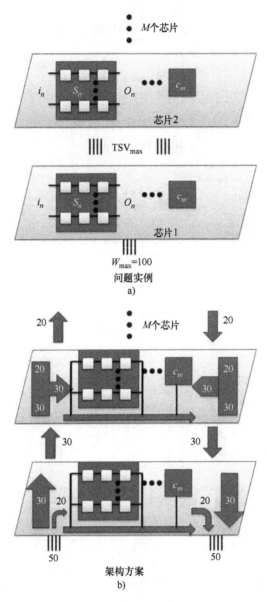

图 8.4 PSSD 的说明

a）一个问题实例 b）优化结构

的某些串行/并行转换带宽的测试时间。在优化过程中，可以使用其中一个转换器（或没有转换器），如图 8.5b 所示。例如，对于芯片 1，使用了 15bits 的 3D TAM 宽度，尽管 2D TAM 被设计为 20bits 的宽度。

固核的测试架构的优化正式定义如下。

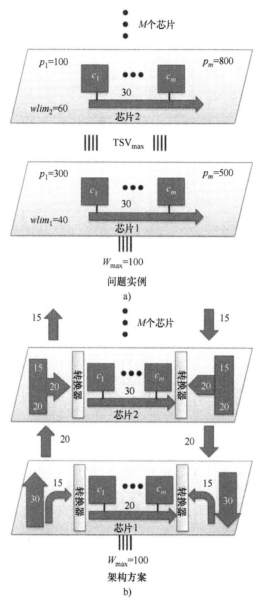

图 8.5 PSFD 的说明

a）一个问题实例 b）优化结构

带有固核的 3D SIC（PSFD）

给出一个具有一组芯片 M 的堆叠，在最低的芯片上可用于测试的测试引脚总数 W_{max}，以及可用于 TAM 设计的 TSV 的最大数量（TSV_{max}）。对于每个芯片 $m \in M$，给出了一个固定的 2D TAM 架构，其核心总数为 c_m，以及它们使用的

TAM 分区和宽度。此外，对于每个核心 n，给出了测试向量的总数 p_n 和测试引脚数量 $wlim_m$。确定堆叠的最佳 TAM 设计和测试计划，以及每个芯片的可能的串行/并行转换宽度，从而使堆叠的总测试长度 T 最小化，同时让使用的 TSV 数量不超过 TSV_{max}。

上述问题都是 NP – hard（"限制性证明"），因为它们可以用标准技术还原为矩形封装问题，而这对于 NP – hard 是已知的[16]。例如，对于 PSHD，如果去掉对 TSV 最大数量的限制，每个芯片可以表示为一个矩形，其宽度等于其测试长度，高度等于所需的测试引脚数量。现在，所有这些矩形（芯片）必须被装入一个宽度等于测试引脚总数、高度等于堆叠的总测试长度的容器中，所以必须使其最小化。同样，对于 PSSD，也必须从一组具有不同宽度和高度的矩形中为每个芯片选择一个矩形，但该方案的一个特殊情况与 PSHD 相同。尽管这些问题具有 NP – hard 的性质，但它们可以被优化解决，因为 3D SIC 中的层数预期是有限的，例如，预测逻辑堆叠，最多可达到第四层[17]。

上述问题比矩形封装的组合问题[16]更为普遍。增加的 3D 设计约束和更大的设计自由度，特别是对于固核和软核，极大地增加了解决问题的空间。矩形包装只是问题陈述中一个特殊的同时也是相当简单的案例。

8.2.1　堆叠后测试的测试架构优化　★★★

在本节中，我们将利用整数线性规划（ILP）来解决上一节中定义的问题。尽管 ILP 方法不能根据实例问题进行扩展，但是对于实际的堆叠来说，PSHD 和 PSSD 的问题实例相对较小，因此 ILP 是解决这两个问题的很好备选方案。

8.2.2　用于 PSHD 的 ILP 方法　★★★

要针对这个问题创建 ILP 模型，首先必须定义变量和约束集合。考虑一个二进制变量 x_{ij}，如果芯片 i 与芯片 j 并行测试，它就等于 1，否则为 0。变量 x_{ij} 的约束可以定义如下：

$$x_{ij} = 1 \quad \forall i \tag{8.1}$$

$$x_{ij} = x_{ji} \quad \forall i, j \tag{8.2}$$

$$1 - x_{ij} \geq x_{ik} - x_{jk} \geq x_{ij} - 1 \quad \forall i \neq j \neq k \tag{8.3}$$

第一个约束表明，每个芯片总是被认为是与自身测试。第二个约束条件表明，如果芯片 i 与 j 并行测试，那么芯片 j 也要与芯片 i 并行测试。最后一个约束条件表明，如果芯片 i 与 j 并行测试，那么它还必须与芯片 j 平行测试的所有其他芯片进行平行测试。

接下来，考虑第二个二进制变量 y_i，如果芯片 i 与更低层上的芯片 j 并行测试（$l_i > l_j$），则该变量为 0，否则为 1。堆叠的总测试长度 T 是所有串联测试芯片的测试长度之和加上每组并行测试芯片的最大测试长度。通过使用变量x_{ij}和y_i，一个含有一系列芯片的堆叠 M 的总测试长度 T 可以定义如下：

$$T = \sum_{i=1}^{|M|} y_i \cdot \left(\max_{j=i\cdots|M|} \{ x_{ij} \cdot t_j \} \right) \tag{8.4}$$

式（8.4）的正确性可通过如下归纳证明：

基础实例

在基础实例中，我们考虑一个两层芯片的结构，此时有两种可能的优化结果。要么两个芯片进行串联测试，要么两个芯片并行测试。如果采用串联测试，则$y_1 = 1$、$x_{11} = 1$、$x_{12} = 0$ 且$y_2 = 1$、$x_{21} = 0$、$x_{22} = 1$。根据式（8.4），总测试长度应该为：$y_1 \max \{ x_{11} \cdot t_1 \} + y_2 \max \{ x_{22} \cdot t_2 \} = \max \{ t_1, 0 \} + \max \{ t_2 \} = t_1 + t_2$。如果采用并行测试，对应的变量会变成：$y_1 = 1$、$x_{11} = 1$、$x_{12} = 1$ 且$y_2 = 0$、$x_{21} = 1$、$x_{22} = 1$。公式相应变为：$1 \cdot \max \{ t_1, t_2 \} + 0 \cdot \max \{ t_2 \} = \max \{ t_1, t_2 \}$。这些均可以被证明为是正确的

归纳假设：

我们假定在堆叠 M 上式（8.4）成立。

递归步骤：

必须证明适当考虑了总测试长度中芯片 $M+1$ 测试长度。芯片 $M+1$ 要么与堆叠中的芯片一同进行串行测试，要么与堆叠中较低层的某些芯片并行测试。当采用串行测试时，$y_{M+1} = 1$，$x_{M+1,M+1} = 1$，而$x_{n,M+1}$ 和$x_{M+1,n}$ 对于任何 $n \neq M+1$ 均为 0。总测试长度为

$$
\begin{aligned}
& y_1 \cdot \max \{ x_{11} t_1, x_{12} t_2, \cdots, x_{1M} t_M, x_{1,M+1} t_{M+1} \} + \\
& y_2 \cdot \max \{ x_{22} t_2, x_{23} t_3, \cdots, x_{2M} t_M, x_{2,M+1} t_{M+1} \} + \\
& \cdots + y_M \max \{ x_{MM} t_M \}
\end{aligned}
\tag{8.5}
$$

在式（8.5）中，对于所有的 $n \neq M+1$，均有：$x_{n,M+1} = 0$，因此芯片 $M+1$ 的测试长度仅在总测试长度上添加了一次，为

$$y_{M+1} \max \{ x_{M+1,M+1} t_{M+1} = t_{M+1} \} \tag{8.6}$$

当采用并行测试时，芯片 $M+1$ 与比它低层的一个或多个芯片并行测试。设芯片 k 是与芯片 $M+1$ 并行测试的芯片中最底层的。此时有：$y_k = 1$，$x_{k,M+1} = 1$，$y_{M+1} = 0$，$x_{M+1,k} = 1$。之后

$$y_{M+1} \cdot \max \{ x_{M+1,M+1} t_{M+1} \} = 0 \tag{8.7}$$

并且

$$y_k \cdot \max \{ x_{kk} t_k, x_{k,k+1} t_{k+1}, \cdots, x_{k,M+1} t_{M+1} \} \tag{8.8}$$

能够将芯片 k、芯片 $M+1$ 以及所有一起并行测试的芯片的测试长度一同考虑在内。

需要注意的是，式（8.4）有两个非线性元素，一个是 max 函数，另一个是变量 y_i 和 max 函数的乘积。我们通过引入两个新变量将这个方程线性化。变量 c_i 会提取每个芯片 i 的 max 函数的值，而变量 u_i 则代表乘积 $y_i \cdot c_i$。变量 y_i 和 c_i 均使用标准线性化技术定义，如图 8.6 所示。总测试长度的线性化函数可以写成：

$$T = \sum_{i=1}^{|M|} u_i \tag{8.9}$$

由于用于芯片并行测试的测试引脚数量不应超过给定的测试引脚 W_{max}，并行组中用于测试的所有芯片测试引脚总数的约束可以定义如下。在不等式中，w_j 为芯片 j 的 TAM 宽度。

$$\sum_{j=1}^{|M|} x_{ij} \cdot w_j \leqslant W_{max} \ \forall i \tag{8.10}$$

同样，TSV 的总数不应超过给定的 TSV 限制 TSV_{max}。用于键合第 i 层到第 i-1 层的 TSV 数量是第 i 层或上层拥有最多测试引脚键合层所需引脚数量的最大值，以及同一并行测试中第 i 层或上层的并行测试芯片总和。基于此，对测试架构中使用的 TSV 总数的约束可以定义如下：

$$\sum_{i=2}^{|M|} \left\{ \max_{k=i}^{|M|} \left\{ w_k, \sum_{j=k}^{|M|} w_j \cdot x_{kj} \right\} \right\} \leqslant TSV_{max} \tag{8.11}$$

通过用变量 d_i 表示最大函数，可以将上述约束线性化。最后，为了完成 PSHD 的 ILP 模型，必须定义二元变量 y_i 的约束以及二元变量 y_i 和 x_{ij} 之间的关系。为此，定义了一个接近但小于 1 的常数 C。这样就可以将 y_i 定义为

$$y_i = 1 \tag{8.12}$$

$$y_i \geqslant \frac{i}{1-i} \sum_{j=1}^{i-1} (x_{ij} - 1) - C \ \forall i > 1 \tag{8.13}$$

式（8.12）将 y_1 限定为 1，因为最低层没有任何比它低的层能并行测试。式（8.13）为其他层定义了 y_i。要理解这个约束，首先观察到如果每个 y_i 都为零，目标函数［见式（8.4）］将变为最小值——等于 0，这是一个绝对的最小测试长度。因此，只有在绝对必要的情况下，y_i 才必须定为 1，否则可以依赖目标函数将所有不受限制的 y_i 变量赋值为 0。这个方程考虑了 x_{ij} 的和能够取的值的范围。式（8.13）中的分数将总和归一化为 0 到 1 之间的值（包括 1），而总和则考虑了被测试的一片芯片与它下层的一片芯片并行的所有可能情况。

式（8.13）可以通过以下归纳法证明：

基础实例：

考虑一个两层芯片的基础堆叠。变量 y_i 总是等于 1，$x_{11}=1$，$x_{22}=1$。此时可以采用两种可能的配置来测试这两个芯片。第一种配置是对两个芯片进行串行测

试。如果采用该方式，那么变量的值为$x_{12}=0$和$x_{21}=0$。那么y_2的方程就变成：

$$y_2 \geq \frac{1}{1-2}(x_{21}-1)-M \tag{8.14}$$

$$y_2 \geq 1-M \tag{8.15}$$

因为$M<1$，而$1-M$是一个仅仅比0大一点的值。因此，y_2必须大于零，因为它是二进制的，所以它必须取1。第二种配置是两个芯片都是并行测试的，这样就有$x_{12}=1$和$x_{21}=1$。y_2的定义如下：

$$y_2 \geq \frac{1}{1-2}(x_{21}-1)-M \tag{8.16}$$

$$y_2 \geq -M \tag{8.17}$$

这使得y_2不受限制，由于它只能取0或1的值，因此它总是大于负数。由此按照预期来说y_2会定为0，因为它是与堆叠中比它低的一个芯片并行测试的。

归纳假设：

我们假定在芯片m上式（8.13）成立。

芯片$m+1$的情况：

对于芯片$m+1$，式（8.13）将变形为

$$y_{m+1} \geq \frac{1}{1-(m+1)}\{[x_{(m+1)1}-1]+[x_{(m+1)2}-1]+$$
$$\cdots+[x_{(m+1)m}-1]\}-M \tag{8.18}$$

如果对芯片$m+1$进行串行测试，那么上述累加将相加共m次。这将导致：

$$y_m \geq \frac{1}{-m}(-m)-M \tag{8.19}$$

$$y_m \geq 1-M \tag{8.20}$$

此时y_{m+1}限制为1。现在考虑在芯片$m+1$的并行测试情况下，式（8.18）的右边可以取的值的范围。如果$m+1$与下层的一个芯片并行测试，那么求和的其中一项为0，此时式（8.13）将变形为

$$y_m \geq \frac{1}{-m}[-(m-1)]-M \tag{8.21}$$

$$y_m \geq \frac{1-m}{-m}-M \tag{8.22}$$

很明显，这个分式的结果是一个小于1的正数，并且减去M后会变为负值，因此y_{m+1}将不受限制。在芯片$m+1$与下层的每个芯片并行测试的情况下，求和的每一项都为0，此时式（8.13）变形为

$$y_m \geq \frac{1}{-m}(0)-M \tag{8.23}$$

$$y_m \geq -M \tag{8.24}$$

因此当芯片 $m+1$ 并行测试时，右侧的取值范围应该在 $\left[\dfrac{1-m}{-m}-M,\ -M\right]$ 内。所有可能的取值均为负值，此时 y_{m+1} 是不受限制的。

图 8.6 所示为 PSDH 问题的完整 ILP 模型图。

$$
\begin{aligned}
&\textbf{目标函数:} \\
&\quad \text{求最小值} \sum_{i=1}^{|M|} u_i \\
&\textbf{限制条件:} \\
&\quad t_{\max} = \max_{i=1}^{|M|} t_i \\
&\quad c_i \geqslant x_{ij} \cdot t_j \qquad \forall i,j = i\cdots|M| \\
&\quad u_i \geqslant 0 \qquad \forall i \\
&\quad u_i - t_{\max} \cdot y_i \leqslant 0 \qquad \forall i \\
&\quad u_i - c_i \leqslant 0 \qquad \forall i \\
&\quad c_i - u_i + t_{\max} \cdot y_i \leqslant t_{\max} \qquad \forall i \\
&\quad \sum_{j=1}^{|M|} x_{ij} \cdot w_j \leqslant W_{\max} \qquad \forall i \\
&\quad x_{ii} = 1 \qquad \forall i \\
&\quad x_{ij} = x_{ji} \qquad \forall i,j \\
&\quad 1 - x_{ij} \geqslant x_{ik} - x_{jk} \geqslant x_{ij} - 1 \qquad \forall i \neq j \neq k \\
&\quad \sum_{i=2}^{|M|} d_i \leqslant \text{TSV}_{\max} \qquad \forall i \\
&\quad d_i \geqslant \sum_{j=k}^{|M|} w_j \cdot x_{kj} \qquad \forall i,k = i\cdots|M| \\
&\quad d_i \geqslant w_j \qquad \forall i,j = i\cdots|M| \\
&\quad y_1 = 1 \\
&\quad y_i \geqslant \frac{1}{1-i}\sum_{j=1}^{i-1}(x_{ij}-1) - C \qquad \forall i > 1
\end{aligned}
$$

图 8.6　3D TAM 优化 PSHD 的完整 ILP 模型图

使用 ILP 的一个优点是，通过适当改善图 8.6 的模型，可以很容易地解决 PSHDT 和 PSHDW 的两个问题。对于 PSHDT 和 PSHDW，我们引入最大测试长度约束 $T_{\max}$，并在模型中加入以下不等式：

$$\sum_{i=1}^{|M|} u_i \leqslant T_{\max}$$

此时我们发现，之前的目标函数现在变成了约束。对于 PSHDT，去掉了对所用 TSV 的约束，即涉及 $\text{TSV}_{\max}$ 的不等式，用下面目标函数代替：

$$\text{Min} \sum_{i=2}^{|M|} d_i$$

对于 PSHDW，去掉了对测试引脚数量的限制，即 $W_{\max}$ 的不等式，并引入变量 P 表示堆叠使用的测试引脚数量。以下式（8.25）定义了 P。

$$P \geqslant \sum_{j=1}^{|M|} x_{ij} \cdot w_j \, \forall i \qquad (8.25)$$

因此，PSHDW 问题的目标是尽量减少 P。

8.2.3 用于 PSSD 的 ILP 方法 ★★★

具有软核的 3D SIC 的 ILP 公式与具有硬核的 3D SIC 的 ILP 公式推导方法相似。该情况下，芯片 i 的测试长度 t_i 是分配给它的 TAM 宽度 w_i 的函数。利用第 8.2.2 节中定义的变量 x_{ij} 和 y_i，可将具有一系列软核的堆叠 M 的总测试长度 T 定义如下：

$$T = \sum_{i=1}^{|M|} y_i \cdot \max_{j=i\cdots|M|} \{x_{ij} \cdot t_j(w_j)\} \tag{8.26}$$

值得注意的是，式（8.26）有几个非线性元素。如果要将式（8.26）线性化，首先必须定义测试长度函数。为此引入一个二进制变量 g_{in}，其中当 $w_i = n$ 时，$g_{in} = 1$，否则为 0。然后用变量 v_{ij} 线性化 $x_{ij} \cdot \sum_{n=1}^{k_i} [g_{in} \cdot t_j(n)]$。与式（8.9）类似，变量 c_i 代表每个芯片 i 的最大函数值，变量 u_i 表示乘积 $y_i \cdot c_i$。由于 w_i 现在是一个决策变量，我们定义一个有关所有 i、j、k 的变量 z_{ijk} 来线性化乘积 $x_{ij} \cdot w_j$。最大函数和之前一样用变量 d_i 表示。通过使用变量 z_{ijk}，每个芯片可以得到的 TAM 宽度会有一个上限，该上限即为可用的测试引脚的数量。这可以用下面的一系列不等式来表示。图 8.7 所示为 PSSD 的完整 ILP 模型。

$$\sum_{j=1}^{|M|} z_{ijk} \leq W_{\max} \quad \forall i \tag{8.27}$$

与之前一样，通过对 ILP 模型进行改善，解决了 PSSDT 和 PSSDW 的两个问题。对于 PSSDT 和 PSSDW，与硬核的两个问题一样，我们引入了最大测试长度约束 $T_{\max}$，并在问题中添加了以下约束：

$$\sum_{i=1}^{|M|} u_i \leq T_{\max} \tag{8.28}$$

对于 PSSDT，我们去掉了所用 TSV 的约束，使用下面这个目标函数：

$$\text{Min} \sum_{i=2}^{|M|} d_i$$

对于 PSHDT，去掉了测试引脚数量的限制，即 $W_{\max}$ 的不等式，再次使用变量 P。下面的式（8.29）定义了 P。

$$P \geq \sum_{j=1}^{|M|} z_{jij} \quad \forall i \tag{8.29}$$

PSHDT 的目标是最小化变量 P。

8.2.4 用于 PSFD 的 ILP 方法 ★★★

具有硬核 3D SIC 的 ILP 公式是软核模型的扩展。为了表明芯片的测试引脚数量不能超过该芯片固定 2D TAM 所需的测试引脚数量，我们添加了一个约束。

目标函数:
$$\text{求最小值 } \sum_{i=1}^{N} u_i$$

限制条件:
$$t_{\max} = \max_{i=1}^{|M|} t_i$$
$$c_i \geqslant v_{ij} \qquad \forall i, j = i \cdots |M|$$
$$v_{ij} \geqslant 0 \qquad \forall i, j$$
$$v_{ij} - t_{\max} \cdot x_{ij} \leqslant 0 \qquad \forall i, j = 1 \cdots |M|$$
$$-\sum_{n=1}^{k_i} [g_{in} \cdot t_j(n)] + v_{ij} \leqslant 0 \qquad \forall i, j$$
$$\sum_{n=1}^{k_i} [g_{in} \cdot t_j(n)] - v_{ij} + t_{\max} \cdot x_{ij} \leqslant t_{\max} \qquad \forall i, j$$
$$u_i \geqslant 0 \qquad \forall i$$
$$u_i - t_{\max} \cdot y_i \leqslant 0 \qquad \forall i$$
$$u_i - c_i \leqslant 0 \qquad \forall i$$
$$c_i - u_i + t_{\max} \cdot y_i \leqslant t_{\max} \qquad \forall i$$
$$z_{ijk} \geqslant 0 \qquad \forall i, j, k$$
$$z_{ijk} - t_{\max} \cdot x_{jk} \leqslant 0 \qquad \forall i, j, k$$
$$-w_i + z_{ijk} \leqslant 0 \qquad \forall i, j, k$$
$$w_i - z_{ijk} + t_{\max} \cdot x_{jk} \leqslant t_{\max} \qquad \forall i, j, k$$
$$\sum_{i=2}^{|M|} d_i \leqslant \text{TSV}_{\max}$$
$$d_i \geqslant \sum_{j=k}^{|M|} z_{jkj} \qquad \forall i, k = i \cdots |M|$$
$$d_i \geqslant w_j \qquad \forall i, j = i \cdots |M|$$
$$\sum_{j=1}^{|M|} z_{jij} \leqslant W_{\max} \qquad \forall i$$
$$x_{ii} = 1 \qquad \forall i$$
$$x_{ij} = x_{ji} \qquad \forall i, j$$
$$1 - x_{ij} \geqslant x_{ik} - x_{jk} \geqslant x_{ij} - 1 \qquad \forall i \neq j \neq k$$
$$y_1 = 1$$
$$y_i \geqslant \frac{1}{1-i} \sum_{j=1}^{i-1} (x_{ij} - 1) - M \qquad \forall i > 1$$

图 8.7　3D TAM 优化 PSSD 的完整 ILP 模型

此约束表示为

$$w_i \leqslant wlim_i \qquad \forall i \tag{8.30}$$

式中，$wlim_i$ 是在任何串行或并行转换之前，每个芯片 i 上 2D TAM 所需的测试引脚数量。为了使串行/并行转换准确地确定芯片的测试长度，我们改善了文献[18]的控制感知 TAM 设计方法，以允许有关分配模块到芯片的 TAM 分区的架构固定。然后逐步地减少和重新优化 TAM 分区的有效宽度，从而基于给定的带宽确定使用最佳串行/并行转换，如图 8.8 所示。

图 8.8a 提供了 TAM 宽度减少前的芯片，此时该芯片需要 10 个引脚来进行测试。其中有两个核心，一个具有由固定数量的扫描触发器组成的 3 个测试外壳链，另一个具有 2 个测试外壳链。测试每个核心所需时间取决于最长测试外壳链

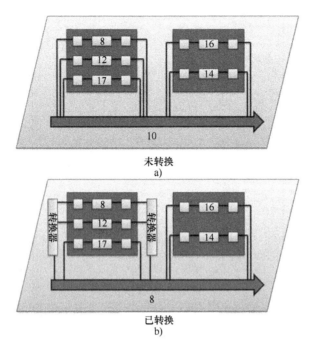

图 8.8 使用串行/并行转换减少 TAM 宽度的说明

a）未转换 b）转换后

的长度和核心所需的测试模式的数量。在本例中，假定两个核心需要相同数量的测试模式。因此，TAM 宽度减少了 2，最好将长度为 8 和 12 的测试外壳链组合在第一个核心中，这样可以形成最长的测试外壳链——20，如图 8.8b 所示。

8.2.5 基于 ILP 的堆叠后测试优化的结果和讨论 ★★★

本节将展示前一节中提出的 ILP 模型的实验结果。作为基准，我们手工制作了三个 3D SIC（图 8.9），其内部若干个芯片来自 ITC'02 SOC 测试基准的几个 SOC。使用的 SOC 分别是：d695、f2126、p22810、p34392 和 p93791。在 SIC 1 中，芯片的顺序是：最底层的芯片是最复杂的（p93791），如果在堆叠中有芯片向高层移动，复杂度随之增加。在 SIC 2 中，顺序是相反的。而对于 SIC 3，最复杂的芯片被放置在堆叠的中间，当有芯片从堆叠中移除时，复杂度随之降低。对于相同的测试位宽，在 SIC 1 中堆叠中最底层的芯片有最多的测试次数。在表 8.1 中，f2126 的测试时间比 p22810 稍高，因为它的测试位宽更小。然而，从测试的角度来看，P22810 仍然是更复杂的芯片。因为 SIC 1 和 SIC 2 是两个极端情况，所以它们更好地说明了生成的结果。SIC 3 是为了演示 3D 堆叠的中间情况下的测试时间，而不是完全相反的极端情况。

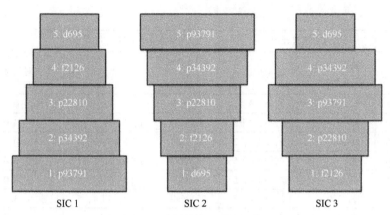

图 8.9 三个 3D SIC 测试基准电路

表 8.1 PSHD 要求的芯片测试长度和测试引脚数

芯片	d695	f2126	p22810	p34392	p93791
测试长度（循环次数）	96297	669329	651281	1384949	1947063
测试引脚数#	15	20	25	25	30

为了确定具有给定 TAM 宽度的芯片（SOC）的测试架构和测试长度，使用了文献［18］中的控制感知 TAM 设计方法。控制感知 TAM 设计考虑了体系结构中 TAM 独立测试所需的扫描使能信号的数量。对于 PSHD（带硬核芯片的 3D SIC），表 8.1 所示为不同芯片的测试长度（循环次数）和 TAM 宽度。注意，芯片分配到的测试引脚数基于芯片的大小，以避免某芯片拥有过大的测试长度。

可以看到，在所有的芯片相互并行测试时，硬核堆叠的最小测试长度可达1947063 个循环。为了研究实现这个 3D 堆叠测试长度的效果，考虑 SIC 1 和 SIC 2。对于这两类 SIC，它们都需要在底层的芯片上安装 115 个测试引脚。SIC 1 需要 195 个测试 TSV，SIC 2 需要 265 个测试 TSV。

表 8.2 比较了使用 ILP 和贪心算法对 SIC 1 上的 PSHD 产生的最优结果。贪心算法会尝试将芯片集中组合并行测试，并从那些能最大程度减少测试时间的芯片开始。如果有多个芯片组合能减少相同的测试时间，它就会按照消耗最少测试资源来对它们分选。与 PSSD 和 PSFD 相比，PSHD 是一个相对简单的问题。因此，贪心算法有时能够产生最优的结果，尽管在大部分情况下它无法得出最小的测试时间。

表 8.2 PSHD 算法与贪心算法对 SIC 1 的优化结果比较

TSV_{max}	W_{max}	PSHD（ILP）		PSHD（贪心算法）		测试长度变化的百分比（ILP 对比贪心算法）
		测试长度（循环次数）	测试方案	测试长度（循环次数）	测试方案	
160	30	4748920	1, 2, 3, 4, 5	4748920	1, 2, 3, 4, 5	0.0

（续）

TSV$_{max}$	W_{max}	PSHD（ILP）		PSHD（贪心算法）		测试长度变化的百分比（ILP 对比贪心算法）
		测试长度（循环次数）	测试方案	测试长度（循环次数）	测试方案	
160	35	4652620	1, 2, 3, 4 ‖ 5	4652620	1, 2, 3, 4 ‖ 5	0.0
160	40	4652620	1, 2, 3, 4 ‖ 5	4652620	1, 2, 3, 4 ‖ 5	0.0
160	45	3983290	1 ‖ 5, 2 ‖ 4, 3	4001340	1, 2 ‖ 5, 3 ‖ 4	0.5
160	50	3428310	1 ‖ 4, 2 ‖ 3, 5	3428310	1 ‖ 4, 2 ‖ 3, 5	0.0
160	55	2712690	1 ‖ 2, 3 ‖ 4, 5	2712690	1, 2, 3 ‖ 4, 5	0.0
160	60	2616390	1 ‖ 2, 3 ‖ 4, 5	2712690	1, 2, 3 ‖ 4, 5	3.7
160	65	2616390	1, 2, 3 ‖ 4 ‖ 5	2712690	1 ‖ 2, 3 ‖ 4, 5	3.7
160	70	2616390	1 ‖ 2 ‖ 5, 3 ‖ 4	2616390	1 ‖ 2 ‖ 5, 3 ‖ 4	0.0
160	75	2598340	1 ‖ 2 ‖ 4, 3 ‖ 5	2616390	1 ‖ 2 ‖ 5, 3 ‖ 4	0.7
160	80	2598340	1 ‖ 2 ‖ 4, 3 ‖ 5	2616390	1 ‖ 2 ‖ 5, 3 ‖ 4	0.7
160	85	2598340	1 ‖ 2 ‖ 4, 3 ‖ 5	2616390	1 ‖ 2 ‖ 5, 3 ‖ 4	0.7
160	90	2598340	1 ‖ 2 ‖ 4, 3 ‖ 5	2616390	1 ‖ 2 ‖ 5, 3 ‖ 4	0.7
160	95	2043360	1 ‖ 2 ‖ 3 ‖ 4, 5	2616390	1 ‖ 2 ‖ 5, 3 ‖ 4	28.0
160	100	2043360	1 ‖ 2 ‖ 3 ‖ 4, 5	2043360	1 ‖ 2 ‖ 3 ‖ 4, 5	0.0

表 8.3 展示了表 8.2 中的信息在 PSSD 中的结果。软核问题较难用贪心启发式求解。PSSD 的启发式算法使用 PSHD 中的贪心算法作为测试体系结构优化的子程序。它首先分配相等数量的测试引脚到每个芯片并优化在这些约束下的 2D TAM 和 3D TAM。然后，它从每个芯片随机添加和删除随机数量的测试引脚，每次平衡结果以使用最大数量的测试引脚，并再次优化。最后它会检查减少的测试时间，如果没有减少测试时间或违反了约束，则返回到目前为止的最佳解决方案。如果在经过 10000 次迭代后仍然没有得出更好的结果，该算法将中止。可以看到，由于解空间过大，就测试长度而言，最佳 ILP 解决方案往往比启发式解决方案要好得多。

表 8.3　PSSD 算法与贪心算法对 SIC 1 的优化结果的比较

TSV$_{max}$	W_{max}	PSSD（ILP）		PSHD（贪心算法）		测试长度变化的百分比（ILP 对比贪心算法）
		测试长度（循环次数）	测试方案	测试长度（循环次数）	测试方案	
140	30	4795930	1 ‖ 2 ‖ 3 ‖ 4, 5	7842000	1 ‖ 2, 3, 4 ‖ 5	63.5
140	35	4237100	1 ‖ 2 ‖ 3 ‖ 4, 5	7633580	1 ‖ 3, 2 ‖ 4, 5	80.1
140	40	3841360	1 ‖ 2 ‖ 3 ‖ 4, 5	6846400	1 ‖ 3, 2 ‖ 4, 5	78.2
140	45	3591550	1 ‖ 2 ‖ 3 ‖ 4, 5	6379510	1 ‖ 2 ‖ 3, 4 ‖ 5	77.6
140	50	3090720	1 ‖ 2 ‖ 3 ‖ 4, 5	6041270	1 ‖ 2 ‖ 3, 4 ‖ 5	95.5

（续）

TSV$_{max}$	W_{max}	PSSD（ILP）		PSHD（贪心算法）		测试长度变化的百分比（ILP 对比贪心算法）
		测试长度（循环次数）	测试方案	测试长度（循环次数）	测试方案	
140	55	2991860	1 ‖ 2 ‖ 3 ‖ 4 ‖ 5	5873430	1 ‖ 2 ‖ 3 ‖ 4，5	96.3
140	60	2873290	1 ‖ 2 ‖ 3 ‖ 4，5	5821900	1 ‖ 2 ‖ 3 ‖ 4，5	102.6
140	65	2784050	1 ‖ 2 ‖ 3 ‖ 4 ‖ 5	5705410	1 ‖ 2 ‖ 3 ‖ 4，5	104.9
140	70	2743320	1 ‖ 2 ‖ 3 ‖ 4 ‖ 5	5638140	1 ‖ 2 ‖ 3 ‖ 4，5	105.5
140	75	2629500	1 ‖ 2 ‖ 3 ‖ 4 ‖ 5	5638140	1 ‖ 2 ‖ 3 ‖ 4，5	114.4
140	80	2439380	1 ‖ 2 ‖ 3 ‖ 4 ‖ 5	5496200	1 ‖ 2 ‖ 3 ‖ 4，5	125.3
140	85	2402330	1 ‖ 2 ‖ 3 ‖ 4 ‖ 5	5447190	1 ‖ 2 ‖ 3 ‖ 4，5	126.7
140	90	2395760	1 ‖ 2 ‖ 3 ‖ 4 ‖ 5	5447190	1 ‖ 2 ‖ 3 ‖ 4，5	127.4
140	95	2383400	1 ‖ 2 ‖ 3 ‖ 4 ‖ 5	5447190	1 ‖ 2 ‖ 3 ‖ 4，5	128.5
140	100	2369680	1 ‖ 2 ‖ 3 ‖ 4 ‖ 5	5351480	1 ‖ 2 ‖ 3 ‖ 4，5	125.8

　　我们有必要简单讨论一下如何使用 ILP 优化生成的信息来构建软核的测试体系结构。在使用 ILP 模型之前，我们假设堆叠中的每个芯片都拥有大量可用的 TAM 宽度范围，并为所有芯片生成了最小化测试时间的 2D TAM 体系结构。从这个意义上说，2D 架构已经完成了，必须做出关于使用哪种架构的选择。ILP 公式提供了关于每个芯片使用哪个 TAM 宽度和哪种测试计划的数据，这让设计人员知道哪些芯片需要并行测试。有了这些信息，3D TAM 的设计就变得简单了。积分器只需为每个芯片提供适当的 TAM 宽度，确保每个芯片之间的测试通道数量足以满足任何并行测试所需的带宽即可。

　　以表 8.3 中 W_{pin} 为 60 时软核 ILP 优化提供的信息为例。尽管没有在表 8.3 中提供，ILP 优化过程为设计人员提供了每个芯片的宽度值（这些值提供了该芯片使用的测试引脚的数量，因此 TAM 宽度是下列值的一半）：$W_1 = 30$，$W_2 = 20$，$W_3 = 6$，$W_4 = 4$，$W_5 = 30$。设计师可以得知芯片 1~4 并行测试，然后再对芯片 5 测试。因为顶部芯片的宽度主导了堆叠，TSV 布线只需要每个芯片之间的 30 个测试通道。芯片 1、2、3、4 分别使用 60 个可用测试引脚中的不同测试引脚，芯片 5 可以使用 30 个测试引脚。哪个引脚键合到哪个芯片，以及走线的路径等问题均由设计人员做出最佳的判断。

　　对于固定的 TSV$_{max}$ 和 W_{max} 范围，表 8.4 给出了使用综合 TestRail 体系结构[32] 的三个基准 3D SIC 的 PSHD 的代表性结果。可以考虑 TSV$_{max}$ 的附加值，但没有提供新的见解。对于 PSHD 及其与 PSHD 的比较，通过综合 TestBus [32] 体系结构进行了优化，并利用 XPRESS – MP 工具[34] 求解 ILP 模型。在表 8.4 中，第 1 列提供允许的最大 TSV 数量（TSV$_{max}$），而第 2 列表示可用的测试引脚数量

W_{max}。第 3、6 和 9 列分别表示 3D SIC 1、2 和 3 的总测试长度（循环次数）。第 4、7 和 10 列提供了 3D SIC 的结果测试，其中符号"k"表示芯片的并行测试，符号","表示串行测试。最后，第 5、8 和 11 列提供了三个 3D SIC 的串行测试案例中测试长度减少的百分比。从表 8.4 可以看出，与所有芯片（表中第 1 行）均使用串行测试相比，所提出的方法缩短了 57% 的测试长度。注意，尽管 SIC 2 和 SIC 3 获得了相同的测试长度，$TSV_{max} = 160$，但其中优化算法给出的 TAM 体系结构和测试计划却是不同的（见第 4 和第 10 列）。

表 8.4　PSHD 实验结果

TSV_{max}	W_{pin}	PSHD SIC 1			PSHD SIC 2			PSHD SIC 3		
		测试长度（循环次数）	测试规划	缩减（%）	测试长度（循环次数）	测试规划	缩减（%）	测试长度（循环次数）	测试规划	缩减（%）
160	30	4748920	1,2,3,4,5	0.00	4748920	1,2,3,4,5	0.00	4748920	1,2,3,4,5	0.00
160	35	4652620	1,2,3,4 ∥ 5	2.03	4652620	1 ∥ 2,3,4,5	2.03	4652620	1 ∥ 5,2,3,4	2.03
160	40	4652620	1,2,3,4 ∥ 5	2.03	4652620	1 ∥ 3,2,4,5	2.03	4652620	1 ∥ 5,2,3,4	2.03
160	45	3983290	1 ∥ 5,2 ∥ 4,3	16.12	3983290	1 ∥ 3,2 ∥ 4,5	16.12	3983290	1 ∥ 4,2 ∥ 5,3	16.12
160	50	3428310	1 ∥ 4,2 ∥ 3,5	27.81	3428310	1,2 ∥ 5,3 ∥ 4	27.81	3428310	1,2 ∥ 4,3 ∥ 5	27.81
160	55	2712690	1 ∥ 2,3 ∥ 4,5	42.88	2712690	1,2 ∥ 3,4 ∥ 5	42.88	2712690	1,2 ∥ 3,4 ∥ 5	42.88
160	60	2616390	1 ∥ 2,3 ∥ 4 ∥ 5	44.91	2616390	1 ∥ 2 ∥ 3,4 ∥ 5	44.91	2616390	1 ∥ 4 ∥ 5,2 ∥ 3	44.91
160	65	2616390	1 ∥ 2,3 ∥ 4 ∥ 5	44.91	2616390	1 ∥ 2 ∥ 3,4 ∥ 5	44.91	2616390	1 ∥ 4 ∥ 5,2 ∥ 3	44.91
160	70	2616390	1 ∥ 2 ∥ 5,3 ∥ 4	44.91	2616390	1 ∥ 2 ∥ 3,4 ∥ 5	44.91	2616390	1 ∥ 2 ∥ 3,4 ∥ 5	44.91
160	75	2598340	1 ∥ 2 ∥ 4,3 ∥ 5	45.29	2616390	1 ∥ 2 ∥ 3,4 ∥ 5	44.91	2616390	1 ∥ 2 ∥ 3,4,5	44.91
160	80	2598340	1 ∥ 2 ∥ 4,3 ∥ 5	45.29	2616390	1 ∥ 2 ∥ 3,4 ∥ 5	44.91	2616390	1 ∥ 2 ∥ 3,4 ∥ 5	44.91
160	85	2598340	1 ∥ 2 ∥ 4,3 ∥ 5	45.29	2616390	1 ∥ 2 ∥ 3,4 ∥ 5	44.91	2616390	1 ∥ 2 ∥ 3,4 ∥ 5	44.91
160	90	2598340	1 ∥ 2 ∥ 4,3 ∥ 5	45.29	2616390	1 ∥ 2 ∥ 3,4 ∥ 5	44.91	2616390	1 ∥ 2 ∥ 3,4 ∥ 5	44.91
160	95	2598340	1 ∥ 2 ∥ 4,3 ∥ 5	45.29	2616390	1 ∥ 2 ∥ 3,4 ∥ 5	44.91	2616390	1 ∥ 2 ∥ 3,4 ∥ 5	44.91
160	100	2043360	1 ∥ 2 ∥ 3 ∥ 4,5	56.97	2616390	1 ∥ 2 ∥ 3 ∥,4 ∥ 5	44.91	2616390	1 ∥ 2 ∥ 3,4 ∥ 5	44.91
160	105	2043360	1 ∥ 2 ∥ 3 ∥ 4,5	56.97	2616390	1 ∥ 2 ∥ 3 ∥,4 ∥ 5	44.91	2616390	1 ∥ 2 ∥ 3,4 ∥ 5	44.91

对于不同数量的 TSV（TSV_{max}），图 8.10a 和 b 提供了随着 SIC 1 和 SIC 2 的测试引脚 W_{max} 数量的增加，测试长度 T 的变化。从图中可以看出，TSV_{max} 和 W_{max} 都决定了哪些芯片应该并行测试，从而决定了堆叠的总测试长度。对于 TSV_{max}，增加 W_{max} 并不一定会减少测试长度，这表明存在着一个帕累托最优点。这些对测试资源分配有重要的影响，因为对应目标测试长度的测试资源应该只在它们与帕累托最优平台中的第一个点的一致程度有关。

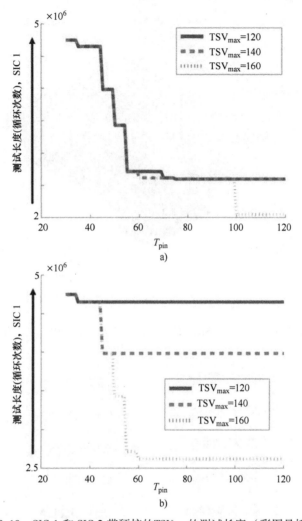

图 8.10　SIC 1 和 SIC 2 带硬核的TSV$_{max}$的测试长度（彩图见插页）

图 8.11 提供了当TSV$_{max}$和W_{max}都发生变化时 SIC 2 测试长度的变化。由图可知，对于给定的TSV$_{max}$，少量增加测试引脚数量W_{max}会显著减少测试长度，而在固定测试引脚数量W_{max}的情况下，要达到相同的测试长度减少，则需要大幅度增加TSV$_{max}$。

图 8.12 提供了优化期间 SIC 1 和 SIC 2 之间的差异。提供了两个 3D 堆叠，每个堆叠有 5 个芯片，每个芯片上提供 TAM 宽度，堆叠左边提供每个芯片之间使用的 TSV 数量。图 8.12a 提供了并行测试芯片 1 和芯片 2 以及 SIC 1 的芯片 3、4 和 5 所需的 TSV 数量。由于芯片 1 和芯片 2 是测试长度最长的芯片，因此需要对其进行并行测试。这需要 90 个 TSV。对于 SIC 2，这需要 250 个 TSV，如图 8.12b所示。这说明了为什么优化会对 SIC 1 比对 SIC 2 产生更好的结果。

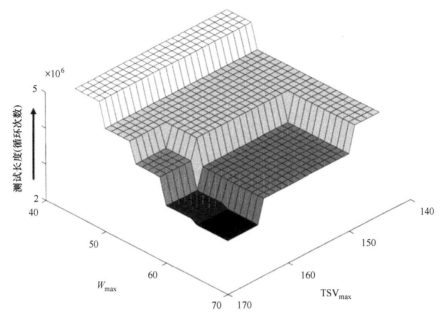

图 8.11　带硬核的 SIC 2 的测试长度随 W_{max} 和 TSV_{max} 的变化

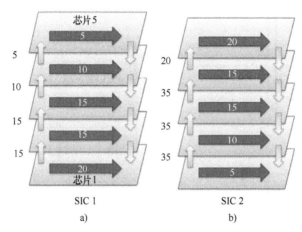

图 8.12　SIC 1 相对于 SIC 2 的优化示例

a) SIC 1　b) SIC 2

　　表 8.5 比较了 TestBus 体系结构的 PSHD 和 PSFD 的结果。表 8.5 表明，通过向硬核中添加 TAM 输入的串口/并口转换，可以获得高达 28 % 的测试长度减少。这是因为转换允许增加单个芯片的测试长度，以便在测试进度优化期间最大限度地减少总体 SIC 测试长度。还应该注意到，每个芯片使用的测试时间表和测试引脚的数量在硬核和固核问题实例之间有很大的不同。

　　与硬核相比，固核需要少量的额外硬件才能将芯片输入端较窄的 TAM 转换为较宽的芯片内部 TAM，反之亦然。该额外硬件的面积成本相对于芯片面积以及芯核和芯片测试外壳所需的硬件可忽略不计。

表 8.5 PSHD 和 PSFD 之间的比较

优化框架	W_{max}	测试长度（循环次数）	降低（%）	测试规模	每个芯片使用的测试引脚数
PSHD	35	4678670	0	1,2,3,4 ‖ 5	30, 24, 24, 20, 14
	44	4009340	0	1 ‖ 4,2,3 ‖ 5	30, 24, 24, 20, 14
	50	3381720	0	1 ‖ 3,2 ‖ 5,4	30, 24, 24, 20, 14
	60	2658750	0	1 ‖ 5,2 ‖ 3,4	30, 24, 24, 20, 14
	80	2658750	0	1 ‖ 5,2 ‖ 3,4	30, 24, 24, 20, 14
PSFD	35	3828490	18.17	1 ‖ 4,2 ‖ 3,5	28, 24, 10, 7, 14
	44	2875900	28.27	1 ‖ 2,3 ‖ 4,5	28, 16, 24, 18, 14
	50	2641060	21.90	1 ‖ 2,3 ‖ 4 ‖ 5	30, 18, 24, 18, 4
	60	2335780	12.15	1 ‖ 2 ‖ 3 ‖ 4,5	28, 16, 10, 6, 14
	80	1971400	25.85	1 ‖ 2 ‖ 3 ‖ 4 ‖ 5	30, 24, 10, 8, 8

图 8.13 提供了当 W_{max} 变化时，对于两个 TSV_{max} 值和两个 SIC，PSHD 和 PS-FD 之间的测试长度比较。在这些情况下，在不使用串口/并口转换的情况下，使用少于 30 个测试引脚测试硬核是不可能的。由于使用较少的测试引脚，单个芯片的测试长度大大增加，导致整体测试长度在 W_{max} 的某些值以下急剧增加。值得注意的是，使用硬核的 SIC 的测试长度永远不能短于使用固核的相同 SIC 的测试长度，但可以相等。这是因为，在试验长度最坏的情况下，对固核的优化等价于对硬核的优化，即不进行串口/并口转换。可以看出，使用串口/并口转换硬件相比于不进行转换的硬核，可以减少测试资源的使用，缩短测试时间。该发现在 SIC 2 中特别有效，因为堆叠中的芯片位置限制了测试时间的减少（图 8.16）。

图 8.14 给出了 SIC 1 的 PSHDT 结果（采用硬核的 3D SIC 和 TSV 计数优化）。在严格的测试长度约束下，对于较小的 W_{max} 值，无法获得优化的解决方案。例如，在图 8.14 中，W_{max} 值为 30 将不会产生可行的测试架构，直到测试长度超过 470000 个周期。一旦优化的架构可以实现，无论 W_{max} 的值如何，使用的最小 TSV 数量通常都是相同的。这有两个原因。第一种情况是，3D TAM 对于硬核堆叠只有少数几种配置，多个配置会给出相同的最小 TSV 值。然而，这只是部分解释，因为对于不同的 W_{max} 值，最小 TSV 值也是相等的。第二种情况是，导致图 8.14 结果的主要原因是为了尽量减少堆叠使用的 TSV 数量，ILP 求解器会倾向于将所有的芯片相互串联进行测试。如果无法做到这一点，那么它将尝试只测试那些具有最小 TAM 宽度的芯片。该测试配置，倾向于串行测试，也是使用的测试引脚数量最少的配置。

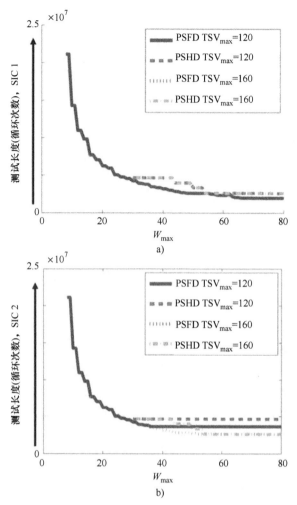

图 8.13　固核与硬核之间 SIC 1 和 SIC 2 的测试长度随着 W_{max} 变化的比较

　　这就解释了图 8.14 中的 TSV 数量即使在测试引脚约束很紧的情况下也会出现重叠，最小化使用的 TSV 也会趋向于最小化使用的测试引脚数量。这在 SIC 1 和 SIC 2 中都可以看到（图 8.15），尽管在优化程度较低的 SIC 2 堆叠中测试所需的 TSV 数量较多。PSHDW（带硬核的 3D SIC 及测试引脚使用优化）的结果也与预期一致。如果最小化 TSV 使用量也倾向于最小化测试引脚使用量，那么最小化测试引脚使用量也应该倾向于最小化 TSV 使用量。因此，对于紧密和松散的 TSV_{max} 约束，重叠的最小测试引脚使用再次被观察到。需要注意的是，优化最小 TSV 或测试引脚倾向于串行测试。因此，这些优化导致了与测试时间优化截然不同的测试架构。相比之下，最小化测试时间的解决方案往往会需要多个芯片的并行测试，见表 8.3 中的 PSSD。

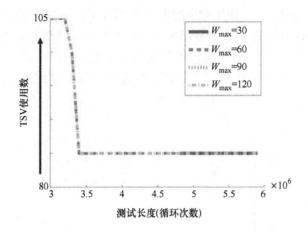

图 8.14　硬核 SIC 1 的 T_{max} 随 TSV 的变化（彩图见插页）

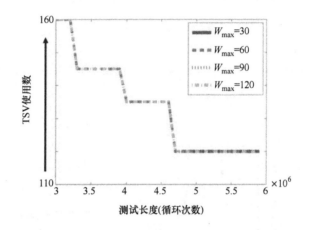

图 8.15　硬核 SIC 2 的 T_{max} 随 TSV 的变化（彩图见插页）

　　对于 PSSD（带软核的 3D SIC），当 W_{max} 变化时，帕累托最优状态几乎不存在，如图 8.16 所示。这是由于堆叠中的芯片是软的，因此总是可以找到一个芯片，为其添加一个额外的测试引脚减少总测试长度。对于 SIC 2，可以找到一些帕累托最优点。这是因为堆叠中最复杂的芯片往往是减少测试长度的瓶颈。由于这些芯片被堆叠在 SIC 2 中的顶部，因此 TSV 约束限制较多，将测试引脚添加到这些芯片需要在整个堆叠中使用更多的 TSV 和测试电梯。然而，对于 PSSD，尽管变化的 W_{max} 不会产生帕累托最优点，但变化的 TSV_{max} 会产生各种帕累托最优点，如图 8.17 所示。值得注意的是，该效应在 SIC 2 中比在其他 3D SIC 中更明显。这是因为在瓶颈芯片（在最高层）上增加测试引脚会引入比其他 3D SIC 更大的 TSV 开销。此外，只要 W_{max} 足够，TSV_{max} 就是测试长度的限制器。对于

PSHD、PSSD 和 PSFD，在使用最少的 TSV 的情况下，在最低层使用最大的芯片，在最高层使用最小的芯片的堆叠结构（SIC 1）对于减少测试长度是最好的。图 8.20比较了 SIC 2 和 SIC 3 间软核优化测试长度。如图所示，当 W_{max} 较大时，SIC 3 试验长度小于或等于 SIC 2。然而，在紧的测试引脚约束下，SIC 2 会得到更好的测试长度。

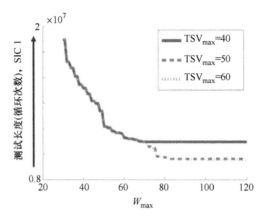

图 8.16　具有软核的 SIC 1 的 W_{max} 测试长度变化（彩图见插页）

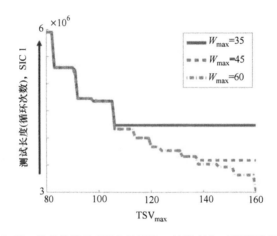

图 8.17　具有软核的 SIC 2 的 TSV_{max} 长度变化（彩图见插页）

图 8.18 提供了 SIC 1 的 PSSDT（3D SIC 软核和 TSV 计数优化）结果。与硬核优化相比，更少的帕累托最优性是预期的，因为软模型中存在更多的空间。由前所述的原因，得到了与图 8.14 类似的结果。对测试引脚优化也做了类似的观察，如图 8.19 所示，其中提供了和 SIC 2 的 PSSDW 结果（软核的 3D SIC 及测试引脚使用优化）。

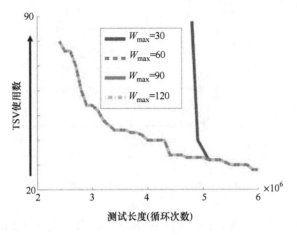

图 8.18　具有软核的 SIC 1 的 T_{max} 随 TSV 的变化（彩图见插页）

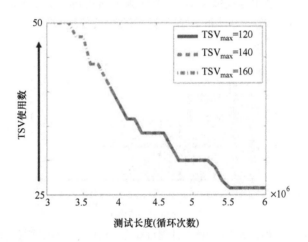

图 8.19　软核 SIC 2 测试引脚随 T_{max} 变化情况（彩图见插页）

考虑对于 PSSD 问题 SIC 2 相对于 SIC 3 的优化，如图 8.20 所示。对于硬核，见表 8.4，生成了具有不同体系结构的相似测试时间。这是因为硬核模型太受限于 3D 约束，导致 SIC 2 和 SIC 3 的测试时间不同。对于软核，情况并非如此，在 SIC 3 中，额外的自由度导致了与 SIC 2 不同的结构和更好的测试时间。从设计角度来看，这意味着如果可以将最复杂的芯片保留在堆叠中的较低层，则可以实现具有较低测试时间的堆叠布局。

图 8.21 展示了在 TSV_{max} 为 160，W_{pin} 为 100 的 3D 堆叠中硬核的优化。可以看到，对于固定芯片的 TAM，由于无法更改每个单个芯片的测试长度，因此优化的机会有限。因此，测试计划有不需要的空白，浪费了测试资源。使用固核和软核有助于消除浪费的资源，如图 8.22 和图 8.23 所示。通过减少分配给 p22810

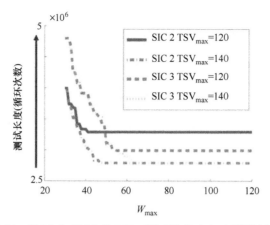

图 8.20　SIC 2 和 SIC 3 的 PSSD 测试长度对比（彩图见插页）

的 TAM 线的数量并使用这些线来代替并行测试所有的芯片，固核允许适度地减少测试长度。采用软核，甚至可以节省更多的测试长度。

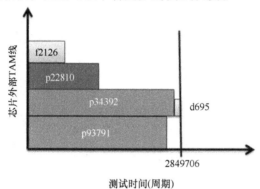

图 8.21　硬核 SIC 1 的测试计划可视化，$\text{TSV}_{\max} = 160$，$W_{\text{pin}} = 100$

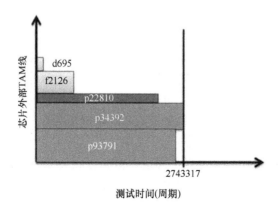

图 8.22　固核 SIC 1 的测试时间表可视化，$\text{TSV}_{\max} = 160$，$W_{\text{pin}} = 100$

最后，通过确定 ILP 求解器占用超过一天 CPU 时间的堆叠大小（层数）考虑基于 ILP 的优化方法的可扩展性。对于 PSHD，$M=16$；而对于 PSSD，$M=10$。M 的这些值对于现实堆叠是不可能的，因此可得，本文提出的方法具有可扩展性和实用性。

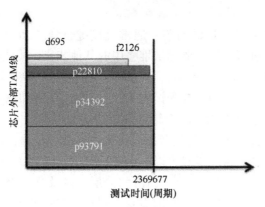

图 8.23　软核 SIC 1 的测试方案可视化，$\text{TSV}_{\max}=160$，$W_{\text{pin}}=100$

8.2.6　总结　★★★

小节总结

- 创建了基于数学 ILP 模型的优化，用于设计 3D TAM 和/或 2D TAM 和测试计划，以最大限度地减少最终堆叠测试时间。
- 优化考虑了对堆叠集成（硬核、软核和固核）的限制、对添加专用测试 TSV 的全局限制以及对堆叠中芯片的测试访问限制。
- 与贪心算法相比，ILP 的实现通常大幅减少测试时间。对于计算更为复杂的 2D TAM 和 3D TAM 与测试计划的协同优化问题尤其正确。
- 帕累托最优状态表示硬核的集成，而增加测试资源往往会导致软核成型工艺集成的测试时间减少。
- 增加外部测试引脚的可用性往往比缓解 TSV 限制对测试时间的影响更大，尽管两者都是减少测试时间的重要因素。

8.3　针对多次测试插入和互连测试的扩展测试优化

在 8.2 节中，介绍了优化技术以最小化最终堆叠测试时间。对用于测试访问的专用 TSV 数量设置了全局限制，并且由于堆叠中最低芯片上的测试引脚数量有限，对测试带宽施加了限制。本节扩展了数学模型，使优化器能够考虑 3D 测试工程师所需的任一或所有键合后测试插入。这是一种更通用的方法，仍然允许单独对最终的堆叠测试进行优化，或者对任何数量的键合后测试插入进行优化。此外，扩展优化框架还将考虑 TSV 和芯片外逻辑的测试时间。最后，3D TAM 的 TSV 限制在更真实的每层基础上应用。

8.3.1 改善优化问题定义 ★★★

如前所述，3D SIC 中最低的芯片通常直接键合到芯片 I/O 脚，因此可以使用测试外壳的引脚进行测试。要测试堆叠中的其他芯片，应该提供从最低芯片进入堆叠结构的 TAM。为了在堆叠上下行传输测试数据，除了堆叠结构中最高的芯片外，每个芯片上都必须包含测试电梯[42]。测试引脚和测试电梯的数量，以及使用的 TSV 数量，都会影响堆叠结构的总测试时间。

与 2D SIC 相比，3D SIC 的生产需要许多新的制造步骤，包括 TSV 创建、晶圆减薄、对准和键合。这些步骤可以引入 2D SIC 不会产生的可能缺陷[43]。这些缺陷包括 TSV 填充不完整、错位、剥落和分层，以及背面磨削导致的开裂。由于探针技术的限制和非接触式探测的需要，很难对 TSV 进行键合前测试。因此，需要采用焊后部分堆叠和堆叠内 TSV 测试来检测这些新的缺陷，减少缺陷逃逸。

下面的两个示例分别针对硬核和软核，突出了优化技术的局限性，这些技术忽略了多次测试插入。在 8.2 节只考虑所有芯片键合完成后的最终堆叠试验进行优化决策。这些芯片不能直接应用于优化多个测试插入，如图 8.24 所示。

例 1：考虑尝试优化两个测试插入，第一个是堆叠上有 3 个芯片，如图 8.24a 所示；第二个是堆叠上有 4 个芯片，如图 8.24b 所示，通过构建为第一个测试插入创建的测试体系结构。该例中，全局 TSV 限制为 90。如图 8.24a 所示，将芯片 1、2 和 3 串联测试，使得测试时间最小化为 1500 个周期，并使用 80 个 TSV 作为测试电梯。然后尝试在保留之前架构的同时增加第 4 个芯片，但这会导致违反 TSV 限制，因为现在需要 100 个 TSV（图中所标示的测试电梯超过上限规定）。相反，如果优化从完整堆叠开始并向后工作，则会获得测试时间的次优结果。这是因为最终堆叠测试创建的架构无法支持其他中间测试插入的最优测试计划。因此，需要新的优化技术来进行部分堆叠测试。下面的例 2 重点强调了该问题。

例 2：还可以表明，仅针对最终堆叠测试进行优化不会导致多次测试插入的最佳测试时间。考虑一个来自 ITC'02 SOC 基准[19]的三个芯片，如图 8.25 所示。该堆叠有 40 个测试引脚，每个芯片每侧的 TSV 限制为 40 个，作为测试基础设施使用的最大 TSV 数量。每个芯片的测试时间由其测试架构决定，在本例中，测试架构依赖于菊花链。

图 8.25a 提供了结果中的测试电梯宽度和所使用的 TSV 数量，如果对堆叠进行了优化，以减少所有芯片键合后的最终堆叠测试时间。该架构允许对所有 3

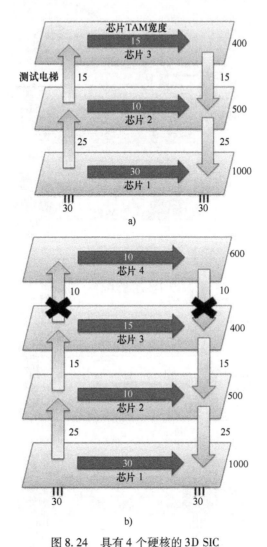

图 8.24　具有 4 个硬核的 3D SIC

a）在不考虑多次测试插入的情况下，对三芯片部分堆叠进行测试插入的测试架构

b）考虑完全堆叠测试时 TSV 约束违反

个芯片进行并行测试，最终堆叠测试时间为 1313618 周期，单个芯片测试时间为 1313618、1303387 和 658834 周期，从上到下依次进行。该架构使用 40 个允许的测试引脚中的 38 个和 64 个 TSV。当同时考虑两种可能的堆叠测试时，在中层芯片键合到下层芯片后进行第一次和最后一次堆叠测试时，总测试时间变为 2617005 个周期（芯片 1 和芯片 2 为首次堆叠测试并行测试）。

图 8.25b 提供了在优化时考虑所有堆叠测试时创建的测试架构，该架构使用

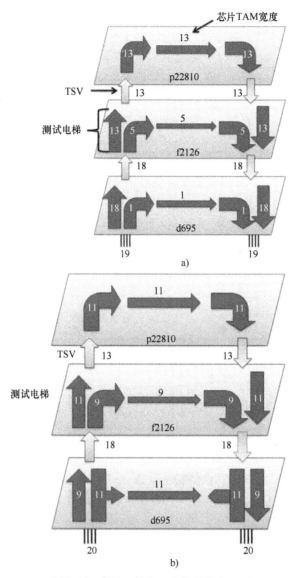

图 8.25　例 2：具有三个软核的 3D SIC

a）只考虑最终堆叠测试时的测试架构　b）针对所有键合后测试插入优化的架构

了所有 40 个测试引脚和 64 个 TSV。该架构允许在第一次堆叠测试时对芯片 1 和芯片 2 进行并行测试，然后在对芯片 1 进行最终堆叠测试后对芯片 2 和芯片 3 进行并行测试。芯片从上到下的测试时间分别为 1338480、700665 和 75004 周期。这导致最终的堆叠测试时间为 1413484 周期，相较于之前的例子在时间上有所增加。然而，当考虑所有堆叠测试时，此体系结构导致总测试时间为 2114149 周期（700665 次循环用于首次堆叠测试），比例 1 大为减少。例 2 清晰地展示了优化目标对架构和测试时间的影响。因此，针对 3D SIC 的测试架构优化算法必须在考虑到 3D 设计约束以及所有这些约束的情况下最小化测试时间。

通过以上的例子作为更好的优化方法的动机，可以正式讨论本节中的问题。为所有堆叠测试插入使用硬核的 3D SIC 的测试架构优化问题定义如下。

硬核 3D SIC 与多个测试插入（$P_{\text{MTS}}^{\text{H}}$）

给定包括一个堆叠，其中包含一组 M 个芯片和可用于测试的测试引脚总数 W_{max}。对于每个 $m \in M$ 的芯片，给出了其在堆叠中的层数 l_m、测试芯片所需的测试引脚数量 w_m（$w_m \leqslant W_{\text{max}}$）、相关的测试时间 t_m 以及 $m - 1$ 和 m（$m > 1$）之间可用于 TAM 设计的最大 TSV 数量（$\text{TSV}_{\text{max}_m}$）。目标是确定堆叠的最佳 TAM 设计和每个堆叠阶段的测试计划，使得总的测试时间 T，即所有期望堆叠测试的测试次数之和（最终堆叠测试或多次测试插入）最小，并且每个芯片使用的 TSV 数量不超过 $\text{TSV}_{\text{max}_m}$。

对于具有软核的 3D SIC，每个芯片的测试架构并非预先定义，而是在堆叠测试架构设计时确定。这个场景在测试时间优化方面提供了更大的灵活性。具有软核和多个测试插入的 3D SIC 的测试体系结构优化问题的正式定义如下。

软核 3D SIC（$P_{\text{MTS}}^{\text{S}}$）

所述给定包括具有一组 M 个芯片的堆叠和可用于测试的测试引脚总数 W_{max}。对于每个芯片 $m \in M$，它在堆叠中的层数为 l_m，在芯片 $m - 1$ 和 m（$m > 1$）之间可以用于 TAM 设计的最大 TSV 数量（$\text{TSV}_{\text{max}_m}$），以及总的核心数 c_m 是给定的。此外，对于每个核心 n、输入数量 i_n、输出数量 O_n、测试模式总数 p_n、扫描链总数 s_n，并且对于每个扫描链 k，在触发器 $l_{n,k}$ 中的扫描链的长度是给定的。目标是为堆叠的每个阶段以及每个芯片确定一个最优的 TAM 设计和测试计划，使得堆叠的总测试时间 T 最小化，并且每个芯片使用的 TSV 数量不超过 $\text{TSV}_{\text{max}_m}$。

进一步考虑测试 TSV 和芯片外部逻辑以及每个芯片中的核心。这个问题有两种变体，如图 8.26 所示。图 8.26a 展示了一个具有测试架构的三芯片堆叠结构，使用厚型测试外壳允许 TSV 测试与模块测试并行进行。每个芯片都有一个单独的 TAM 用于芯片外部测试，包括堆叠中较高和较低的芯片。每个 TAM 都有自己的宽度，并使用不同的测试引脚。在该情况下，用于 TSV 测试的测试引脚不适用于芯片测试。

例如，芯片 2 的内部测试和芯片 2、芯片 3 之间 TSV 与芯片逻辑的外部测试可以同时进行，共使用 23 个测试引脚。第二个变体使用了一个薄型测试外壳，它允许芯片外部测试只与芯片上的模块测试串行进行，如图 8.26b 所示。此设计允许用于芯片外部测试的 TAM 访问芯片的完整测试宽度，但测试引脚在芯片上的所有 TAM 间共享。在该架构中，针对芯片 2 和芯片 3 之间的逻辑和 TSV 的外部测试可以与芯片 1 的内部测试并行进行，但不能与其他测试并行进行。

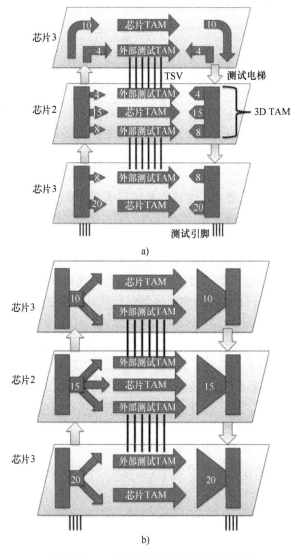

图 8.26　一个 3D SIC 的测试架构的实例

a) 带有厚型测试外壳的芯片外部测试　b) 带有薄型测试外壳的芯片外部测试

下面给出这两种变体的问题定义，其中"‖"表示并行，"－－"表示串行。测试硬核的问题，包括单个测试插入（最终堆叠测试）的 TSV 测试。

硬核和厚型测试外壳（$P_{\mathrm{DTSV}}^{\mathrm{H}}$，‖）或薄型测试外壳（$P_{\mathrm{DTSV}}^{\mathrm{H}}$，－－）的 3D SIC

给出了一个堆叠，其中包含一组 M 个芯片和可用于测试的测试引脚总数 $W_{\max}$。对于每个芯片 $m \in M$，给出其在堆叠中的层数 l_m、测试芯片所需的测试引脚数w_m（$w = \leqslant W_{\max}$）、相关的测试时间t_m，以及在芯片$m-1$和m之间可用于 TAM 设计的最大测试电梯数$TSV_{\max_m}$。此外，给出了在$m-1$和m之间的 TSV（$Wt_{\max}$）的功能 TSV 数量（T_{fm}）和测试宽度，以及在$m-1$和m（$m>1$）之间的功能 TSV 的测试图形的数量（P_{fm}）。目标是为芯片内部和外部测试的堆叠确定最佳的 TAM 设计和测试计划，使总测试时间T最小化，并且每个芯片使用的测试 TSV 数量不超过$TSV_{\max_m}$。

测试软核的问题，包括针对单个测试插入的 TSV 测试，如下所述为问题 4a 和 4b。

软核和厚型测试外壳（P_{DTSV}^H，‖）或薄型测试外壳（P_{DTSV}^H，－－）的 3D SIC

给出了一个堆叠，其中包含一组M个芯片和可用于测试的测试引脚总数$W_{\max}$。对于每个$m \in M$的芯片，给出了其在堆叠中的层数l_m，在$m-1$和m之间可用于 TAM 设计的最大测试电梯数（$TSV_{\max_m}$），以及在$m-1$和m之间的功能 TSV 数（T_{fm}）。此外，还给出了在$m-1$和m（对于$m>1$）之间的功能性 TSV 的测试图形数（P_{fm}）以及核心总数c_m。对于每个核n、输入个数i_n、输出个数O_n、测试图案总数p_n、扫描链总数s_n，对于每个扫描链k，触发器中扫描链的长度l_n，k是给定的。确定堆叠和 TSV 的最佳 TAM 设计以及堆叠的测试时间表，使总测试时间T最小化，并且每个芯片使用的测试 TSV 数量不超过$TSV_{\max_m}$。

上面提出的所有 6 个问题都是 NP － hard 的"限制证明"[21]，因为它们可以使用标准技术来减少矩形封装问题，这是已知的 NP － hard[16]。例如，对于问题P_{MTS}^S，如果去掉与最大 TSV 数量相关的约束，只考虑最终的堆叠测试插入，则每个芯片可以表示为一组不同宽度和高度的矩形，其中宽度等于其测试时间，对于给定的 TAM 宽度和高度等于所需测试引脚的数量。现在，所有这些矩形（芯片）都必须封装到一个宽度等于测试引脚总数、高度等于堆叠总测试时间的容器中，并且必须使其最小化。尽管这些问题具有 NP － hard 性质，但它们可以得到最优的解决，因为 3D SIC 中的层数预计是有限的，例如，逻辑堆叠最多可以预测到四层[17]。

8.4 扩展 ILP 模型的推导

在本节中，ILP 用于建模和解决上一节中定义的问题。实际中的问题实例对于具有从 2 ~ 8 个芯片的任意位置的实际堆叠来说相对较小。因此，ILP 方法是解决这些优化问题的良好选择。

8.4.1 P_{MTS}^H问题的 ILP 模型 ★★★

为了建立该问题的 ILP 模型，必须定义变量和约束集合。首先，定义一个二

基于TSV的三维堆叠集成电路的可测性设计与测试优化技术

进制变量x_{ijk}，当堆叠结构中有k个芯片时，如果芯片i与j并行测试以插入测试，则x_{ijk}等于1，否则为0。有M个试验插入，堆叠中每增加一个芯片，k的取值范围为$2\sim M$。对变量x_{ijk}的约束可以定义如下：

$$x_{ijk} = 1 \qquad \forall\, k, i \leq k \tag{8.31}$$

$$x_{ijk} = x_{jik} \qquad \forall\, k, \{i,j\} \leq k \tag{8.32}$$

$$1 - x_{iqk} \geq x_{qik} - x_{jqk} \geq x_{ijk} - 1 \qquad \forall\, k, \{i,j,q\} \leq k, i \neq j \neq q \tag{8.33}$$

第一个约束表明，对于每一个测试插入，每个芯片总是被认为自己是被测试的。第二个约束指出，如果在插入k时对芯片i和j进行并行测试，那么在插入k时对芯片j也进行并行测试。最后一个约束确保，如果对插入k的第i个和第j个芯片同时进行测试，它也必须与所有其他与芯片j并行测试的芯片一起对插入k进行并行测试。

接下来，定义第二个二进制变量y_{ik}，如果为了插入k而在下层（$l_i > l_j$）对芯片i和j进行并行测试，则y_{ik}等于0，否则为1。堆叠的总测试时间T为每次测试插入时，所有串行测试芯片的测试次数之和加上所有测试计划的每组并行测试芯片的测试次数的最大值。使用变量x_{ijk}和y_{ik}，对于所有带有一组芯片M的测试插入，总的测试时间T可以定义如下。

$$T = \sum_{k=2}^{|M|} \sum_{i=1}^{k} y_{ik} \cdot \max_{j=i\cdots k} \{x_{ijk} \cdot t_j\} \tag{8.34}$$

值得注意的是，式（8.34）有两个非线性元素，max函数和y_{ik}变量与max函数的乘积。通过引入两个新变量将其线性化。变量c_{ik}取每个用于测试插入k的芯片i的max函数的值，变量u_{ik}表示结果$y_{ik} \cdot c_{ik}$。变量u_{ik}和c_{ik}是使用标准线性化技术定义的。总测试时间的线性化函数可以写成如下形式：

$$T = \sum_{k=2}^{|M|} \sum_{i=1}^{k} u_{ik} \tag{8.35}$$

由于用于芯片并行测试的测试引脚数量不应超过每个测试插入的所有测试计划中的给定测试引脚W_{max}，因此可以为所有k定义一个约束，约束在任何给定测试插入的并行集中用于测试所有芯片的引脚总数。

$$\sum_{k=2}^{|M|} x_{ijk} \cdot w_j \leq W_{max} \qquad \forall\, i \leq k \tag{8.36}$$

同样，在所有测试插入中，每个芯片面使用的TSV总数不应超过给定的TSV限制（TSV_{max_m}）。需要说明的是，TSV_{max_2}为芯片1上面和芯片2下面的极限，TSV_{max_3}为芯片2上面和芯片3下面的极限，依此类推。用于将第i层键合到第$i-1$层的TSV数量是花费最多测试引脚的第i层或更高层所需的引脚数量的最大值，以及在所有测试插入中位于同一并行测试集中的第i层或更高层的并行测试芯片的总和。基于此，测试体系结构中使用的TSV总数的约束可以定义如下。

$$\max_{j \leqslant k \leqslant |M|} \left\{ w_i, \sum_{j=i}^{k} w_i \cdot x_{kj} \right\} \leqslant \text{TSVmax}_i \quad \forall i \geqslant 2 \tag{8.37}$$

上述约束集可以通过用变量 d_i 表示 max 函数来线性化。最后，为了完成问题 $P_{\text{MTS}}^{\text{H}}$ 的 ILP 模型，必须定义二元变量 y_{ik} 的约束条件以及二元变量 y_{ik} 与 x_{ijk} 之间的关系。为此，引入一个常数 C，使其接近但小于 1。则变量 y_{ik} 可以定义如下。

$$y_{1k} = 1 \quad \forall k \tag{8.38}$$

$$y_{ik} \geqslant \frac{1}{1-i} \sum_{j=1}^{i-1} (x_{ijk} - 1) - C \quad \forall k, i \leqslant k, i \neq l \tag{8.39}$$

式（8.38）迫使 y_{1k} 为 1，因为最低层不能与任何低于自身的层平行测试。式（8.39）为其他层定义了 y_{ik}。为了理解这个约束，首先观察到如果每个 y_{ik} 为零，目标函数 [见式（8.34）所示] 将被最小化。这样会使得目标函数值等于 0，这是一个绝对最小的测试时间。因此，只有在绝对必要的情况下，y_{ik} 必须被限制为 1，然后可以依靠目标函数为所有不受限制的 y_{ik} 变量赋值 0。式（8.39）考虑了 x_{ijk} 之和可以取的取值范围。式（8.39）中的分数将总和规范化为一个介于 0 和 1 之间的值，而总和考虑了一个芯片与其下方芯片平行的所有可能情况。完整的 ILP 模型如图 8.27 所示。

目标:
$$\text{Min} \sum_{k=2}^{|M|} \sum_{i=1}^{k} u_{ik}$$

约束条件:
$$t_{\max} = \max_{i=1}^{|M|} t_i$$
$$c_{ik} \geqslant x_{ijk} \cdot t_j \quad \forall k, \{i,j\} \leqslant k$$
$$u_{ik} \geqslant 0 \quad \forall k, i \leqslant k$$
$$u_{ik} - t_{\max} \cdot y_{ik} \leqslant 0 \quad \forall k, i \leqslant k$$
$$u_{ik} - c_{ik} \leqslant 0 \quad \forall k, i \leqslant k$$
$$c_{ik} - u_{ik} + t_{\max} \cdot y_{ik} \leqslant t_{\max} \quad \forall k, i \leqslant k$$
$$\sum_{j=1}^{k} x_{ijk} \cdot w_j \leqslant W_{\max} \quad \forall k, i \leqslant k$$
$$x_{iik} = 1 \quad \forall k, i \leqslant k$$
$$x_{ijk} = x_{jik} \quad \forall k, \{i,j\} \leqslant k$$
$$1 - x_{iqk} \geqslant x_{iqk} - x_{jqk} \geqslant x_{ijk} - 1 \quad \forall k, \{i,j,q\} \leqslant k, i \neq j \neq q$$
$$d_i \leqslant \text{TSVmax}_i \quad \forall i \neq 1$$
$$d_i \geqslant \sum_{j=i}^{k} w_j \cdot x_{ijk} \quad \forall i \neq 1, k \geqslant i$$
$$d_i \geqslant w_j \quad \forall i, j = i \cdots |M|$$
$$y_{1k} = 1 \quad \forall k$$
$$y_{ik} \geqslant \frac{1}{1-i} \sum_{j=1}^{i-1} (x_{ijk} - 1) - C \quad \forall k, i \leqslant k, i \neq 1$$

图 8.27　求解 3D TAM 优化问题 $P_{\text{MTS}}^{\text{H}}$ 的完整 ILP 模型

图 8.28 展示了 P_{MTS}^{H} 的 ILP 模型。图 8.28 中的 3D SIC 由 3 个芯片组成，测试时间为 1333098、700665 和 106391 周期。有 22 个测试引脚可用，所以 W_{max} 是 22。TSV_{max} 设置为 20，这样在任意两个芯片（这就将每个芯片的 TSV 限制在 40 个）之间可以有不超过 20 个专用测试 TSV。有两个测试插入，第一个是芯片 1 和芯片 2 堆叠时，第二个是完全堆叠时。在第一次测试插入（$k = 2$）时，计算芯片 1 和芯片 2 并行测试的最优解。因此，$x_{1,1,2}$、$x_{1,2,2}$、$x_{2,1,2}$ 和 $x_{2,2,2}$ 都等于 1。芯片 2 与其下方的芯片 1 并行测试，所以 $y_{2,2}$ 是 0，$y_{1,2}$ 是 1。本次试验插入的试验时间为 1333098 周期，因为 $u_{1,2}$ 是 1333098、$u_{2,2}$ 是 0。

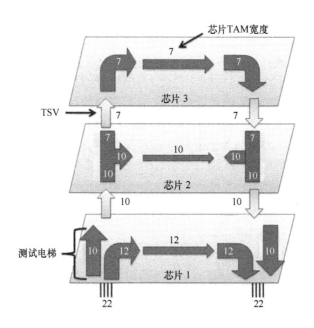

图 8.28　具有硬核的优化 3D SIC 中的测试架构示例

对于第二个测试插入（$k = 3$），最佳解决方案是并行测试芯片 1 和芯片 2，然后测试芯片 3。因为芯片 1 和芯片 2 再次并行测试，所以 $x_{1,1,3}$、$x_{1,2,3}$、$x_{2,1,3}$ 和 $x_{2,2,3}$ 均等于 1。对于芯片 3，$x_{3,3,3}$ 是 1。其他所有 x_{ijk} 变量均为 0。与之前类似，$y_{2,3}$ 为 0，因为芯片 1 和芯片 2 并行测试。变量 $y_{1,3}$ 和变量 $y_{3,3}$ 是 1。此测试插入的测试时间为 1439489，$u_{1,3}$ 是 1333098，$u_{2,3}$ 是 0，和 $u_{3,3}$ 是 106391。在这个架构中，d_2 是 20，d_3 是 14，两者都没有违反 TSV 限制。所有 44 个测试引脚被使用。

上面的 ILP 模型是 8.2 节中的一个特例的推广，仅对最终堆叠测试最小化了测试时间。如果变量 k 在 P_{MTS}^{H} 中被限制为只取一个值，即 M，那么优化将产生一个测试架构和测试计划，只为最终堆叠最小化测试时间，即 8.2 小节中的目标。

仅针对最终堆叠测试的优化分别称为硬核和软核的 P_{FS}^{H} 和 P_{FS}^{S}。因此，这里提出的优化模型的一个优点是它是灵活的，即它可以很容易地定制，以最小化任何数量的堆叠测试的测试时间，从一个最终测试到两个或多个中间测试插入。可以自动生成用于测试堆叠的多个选项。例如，假设关注两个测试插入——第二个芯片粘贴到第一个芯片之后和最后的堆叠测试。通过允许 k 现在取两个值，即 2 和 M，可以通过只考虑这两个插入来最小化堆叠的测试时间。

8.4.2　P_{MTS}^{S} 问题的 ILP 模型　★★★

具有软核和多个测试插入的 3D SIC 的 ILP 模型以与上述具有硬核的 3D SIC 相似的方式导出。在该情况下，测试时间 t_i 对于芯片 i 是分配给它的 TAM 宽度 w_i 的函数。使用在 8.4.3 节中定义的变量 x_{ijk} 和 y_{ik}，在所有的测试插入中，包含软核 M 的堆叠的总测试时间 T 可以定义如下。

$$T = \sum_{k=2}^{|M|} \sum_{i=1}^{k} y_{ik} \cdot \max_{j=i..k} \{ x_{ijk} \cdot t_j(w_j) \} \tag{8.40}$$

需要注意的是，方程（8.40）有几个非线性元素。要使这个方程线性化，首先定义测试时间函数。为此，引入一个二进制变量 g_{in}，如果 $w_i = n$，则为 $g_{in} = 1$，否则为 0。然后使用变量 v_{ijk} 将表达式 $x_{ijk} \cdot \sum_{n=1}^{k_i} [g_{in} \cdot t_j(n)]$ 线性化。需要说明的是，尽管变量 x_{ijk} 可以根据每个插入的测试进度而针对不同的测试插入而改变，但必须有一个用于每个芯片的测试引脚值，以反映一个能够支持所有测试插入中使用的所有测试进度体系结构。

与式（8.35）类似，变量 c_{ik} 取每个测试插入 k 的每个芯片 i 的 max 函数的值，变量 u_{ik} 表示乘积 $y_{ik} \cdot c_{ik}$。因为 w_j 现在是一个决策变量，所以 $x_{ijk} \cdot w_j$ 使用一个新的变量 z_{ijkj} 进行线性化。max 函数与前面一样由变量 d_i 表示。通过使用变量 z_{ijkj}，可以通过一个上限来约束每个芯片可以被赋予的 TAM 宽度，这个上限就是可用测试引脚的数量。由以下不等式表示。

$$\sum_{j=i}^{k} z_{ijkj} \leqslant W_{max} \quad \forall k, i \leqslant k \tag{8.41}$$

图 8.29 所示为 P_{MTS}^{S} 问题的完整 ILP 模型。

8.4.3　其他问题的 ILP 模型　★★★

8.4.1 和 8.4.2 节中的 ILP 模型没有考虑测试 TSV 所需的 TAM 架构和测试时间。为了包含 TSV 测试，两层之间的 TSV 键合被视为一个"虚拟"芯片。此芯片对于硬核具有预定义的测试宽度，对于软核具有与测试时间相关的一系列可能宽度，就

目标:
$$\text{Min} \sum_{k=2}^{(|M|)} \sum_{i=1}^{k} u_i$$
约束条件:
$$t_{\max} = \max_{i=1}^{|M|} t_i$$
$$c_{ik} \geqslant v_{ijk} \qquad \forall k, i \leqslant k, i \leqslant j \leqslant k$$
$$v_{ijk} \geqslant 0 \qquad \forall k, \{i,j\} \leqslant k$$
$$v_{ijk} - t_{\max} \cdot x_{ijk} \leqslant 0 \qquad \forall k, \{i,j\} \leqslant k$$
$$-\sum_{n=1}^{k_i} \left[g_{in} \cdot t_j(n) \right] + v_{ijk} \leqslant 0 \qquad \forall k, \{i,j\} \leqslant k$$
$$\sum_{n=1}^{k_i} \left[g_{in} \cdot t_j(n) \right] - v_{ijk} + t_{\max} \cdot x_{ijk} \leqslant t_{\max} \qquad \forall k, \{i,j\} \leqslant k$$
$$u_{ik} \geqslant 0 \qquad \forall k, i \leqslant k$$
$$u_{ik} - t_{\max} \cdot y_{ik} \leqslant 0 \qquad \forall k, i \leqslant k$$
$$u_{ik} - c_{ik} \leqslant 0 \qquad \forall k, i \leqslant k$$
$$c_{ik} - u_{ik} + t_{\max} \cdot y_{ik} \leqslant t_{\max} \qquad \forall k, i \leqslant k$$
$$z_{ijkj} \geqslant 0 \quad \forall k, \{i,j\} \leqslant k$$
$$z_{ijkj} - t_{\max} \cdot x_{ijk} \leqslant 0 \quad \forall k, \{i,j\} \leqslant k$$
$$-w_j + z_{ijkj} \leqslant 0 \quad \forall k, \{i,j\} \leqslant k \qquad \forall k, \{i,j\} \leqslant k$$
$$w_j - z_{ijkj} + t_{\max} \cdot x_{ijk} \leqslant t_{\max} \qquad \forall k, \{i,j\} \leqslant k$$
$$\sum_{i=2}^{|M|} d_i \leqslant \text{TSVmax}_i$$
$$d_q \geqslant \sum_{j=i}^{k} z_{ijkj} \qquad \forall 2 \leqslant q \leqslant |M|, k \geqslant q, q \leqslant i \leqslant k$$
$$d_i \geqslant w_j \qquad \forall i, j \geqslant i$$
$$\sum_{j=1}^{k} z_{ijkj} \leqslant W_{\max} \qquad \forall k, i \leqslant k$$
$$x_{iik} = 1 \qquad \forall k, i \leqslant k$$
$$x_{ijk} = x_{jik} \qquad \forall k, \{i,j\} \leqslant k$$
$$1 - x_{iqk} \geqslant x_{iqk} - x_{jqk} \geqslant x_{ijk} - 1 \qquad \forall k, \{i,j,q\} \leqslant k, i \neq j \neq q$$
$$y_{1k} = 1 \qquad \forall k$$
$$y_{ik} \geqslant \frac{1}{1-i} \sum_{j=1}^{i-1} (x_{ijk} - 1) - C \qquad \forall k, i \leqslant k, i \neq 1$$

图 8.29　3D TAM 优化问题 $P_{\text{MTS}}^{\text{S}}$ 的完整 ILP 模型

像每个模型的实际芯片一样。为了计算 TSV "层"的测试时间,公式$\lceil Tf_m/\lfloor (pins)/4 \rfloor \rceil (Pf_m + 1)$被运用,其中 $pins$ 指可用于 TSV 测试的测试引脚数量。

　　以上解释是在假定一层有 4 个引脚的前提下开始的。假设在两个芯片之间,有任意数量的功能性 TSV 用于芯片的输入或输出。TSV 尖端被锁存,相应的触发器被键合形成一个或多个扫描链。因此,扫描触发器也被假定为单向的。为了快速测试所有 TSV,必须同时允许在 TSV 两侧进行移入、移出和捕获。这需要每个 TSV 扫描链有 4 个测试引脚,换言之,每个 TSV 扫描链的两侧都有一个输入和输出引脚,如图 8.30a 所示。从图 8.30b 可以看出,如果考虑 TSV 两侧芯片的 TSV 扫描链数量不相等,堆叠测试时间不会减少,因为测试时间的瓶颈将是 TSV 扫描链数量最少的芯片 (TSV 测试需要在 TSV 两侧并联使用 TSV 扫描链)。

为了减少测试时间，必须增加至少 4 个测试引脚，如图 8.30c 所示。因此，测试引脚的使用在 TSV 测试中被均匀地分配在各个芯片上，TSV 两侧的扫描链数为 $\lceil Tf_m / \lfloor (pins)/4 \rfloor \rceil$。这要乘以 TSV 测试所需的模式数，再加上一个模式，以适应移入和移出操作。在保证通用性的情况下，不考虑用于 TSV 测试的芯片级测试外壳的控制信号所需的测试引脚数。

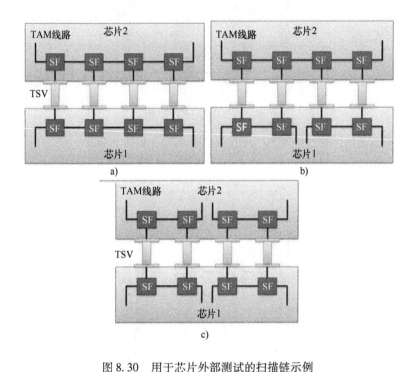

图 8.30　用于芯片外部测试的扫描链示例

a）每个芯片一个扫描链，有四个扫描触发器瓶颈

b）一个芯片上有一个扫描链，另一个芯片上有两个扫描链，和四个扫描触发器瓶颈

c）有两个扫描触发器瓶颈的每个芯片有两个扫描链

图 8.31 提供了厚型和薄型测试外壳的区别。在图 8.31a 中，芯片内部和芯片外部 TAM 使用不同的测试引脚。因此，EXTEST 可以与芯片 1 和芯片 2 的一个或两个 INTEST 并行执行。这是厚型测试外壳的典型。对于薄型测试外壳，图 8.31b 提供了相同的测试引脚用于芯片内测试和芯片外测试，因此测试数据必须复用到正确的 TAM。在该情况下，每个芯片的 INTEST 可以并行执行，但是 EXTEST 不能与 INTEST 在芯片 1 和芯片 2 上并行执行（虽然它可以与堆叠中其他芯片的 INTEST 并行执行）。

包含 TSV 的硬核 3D SIC 的 ILP 模型以与问题 1 中的硬核 3D SIC 相似的方式

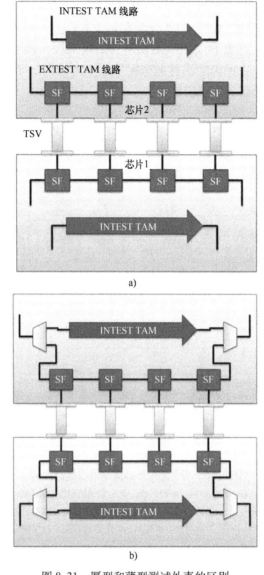

图 8.31　厚型和薄型测试外壳的区别

a）厚型测试外壳　b）薄型测试外壳的简化说明

导出。首先从所有包含多次测试插入的变量中去掉下标 k ——只考虑最后的堆叠测试。如前所述，为了优化的目的，将两层之间的一组 TSV 看成一个虚拟芯片，使得芯片 1 成为堆叠中的最低芯片，芯片 2 表示芯片 1 和芯片 3 之间的 TSV，芯片 3 是堆叠中的第二个芯片，芯片 4 表示芯片 3 和芯片 5 之间的 TSV，依此类推。这样，奇数的芯片即为实际芯片，偶数的芯片表示两个奇数的芯片之间的 TSV。

必须添加变量和约束，才能准确地对表示 TSV 的芯片进行建模。首先定义变量 $p_i = 1$，如果一个表示 TSV 的芯片 i 可以与下面和上面的芯片并行测试，否则为 0。在厚型测试外壳的情况下，p_i 作为一个决策变量留下来，而在薄型测试外壳的情况下，p_i 对于所有代表 TSV 的芯片被强制为 0。对于实际的（偶数）芯片，p_i 总是 1。如果一个代表 TSV 的芯片可以与周围的芯片并行测试，那么提供给 TSV 测试的测试引脚数量减少了可用于测试的芯片的引脚数量。否则，TSV 可以使用其周围的芯片所使用的测试引脚。定义集合芯片包含堆叠中所有偶数芯片，或实际芯片。对厚型测试外壳（第一种约束同样适用于薄型测试外壳）增加了以下对 p_i 的限制：

$$p_i = 1 \quad \forall i \in die \tag{8.42}$$

$$p_{i+1} \leq w_i - w_{i+1} \quad \forall i \in die, i \neq |M| \tag{8.43}$$

$$p_{i+1} \leq w_{i+2} - w_{i+1} \quad \forall i \in die, i \neq |M| \tag{8.44}$$

如果一个芯片上的所有引脚都共享用于 TSV 测试，则 p_i 将被限制为 0，否则该变量将被打开以进行优化。使用变量 p_i 来精确表示堆叠中使用的 TSV 和测试引脚的数量，并使用这些约束来进一步限制变量 p_i。变量 d_i 被重新定义如下：

$$d_i \geq \sum_{k=2}^{|M|} w_j \cdot x_{kj} \quad \forall i \in die, i \neq |M|, k = i \cdots |M| \tag{8.45}$$

$$d_i \geq w_j \quad \forall i \in die, i \neq |M|, j = i \cdots |M| \tag{8.46}$$

$$d_i \geq w_j + p_{j-1} \cdot w_{j-1} + p_{j+1} \cdot w_{j+1} \quad \forall i \in die, j \geq i \tag{8.47}$$

因此，测试电梯的使用只在实际芯片之间进行，同时考虑到并行测试的 TSV 层使用的额外测试电梯的数量。对于薄型测试外壳，去掉了对 d_i 的最后一个约束。对于芯片 1，最后一个约束改为：$d_i \geq w_j + p_{j+1} \cdot w_{j+1}$。因此，测试引脚约束减少为：

$$\sum_{j=1}^{|M|} x_{ij} \cdot w_j \leq W_{max} \quad \forall i \tag{8.48}$$

$$w_j + p_{i-1} \cdot w_{i-1} + p_{i+1} \cdot w_{i+1} \leq W_{max} \quad \forall i \in die, i \neq |M| \tag{8.49}$$

约束式（8.51）说明了芯片和 TSV 在并行或串行测试时使用的组合测试引脚。对于薄型测试外壳，这个约束被移除，而对于第一个芯片，则改为读取 $w_j + p_{j+1} \cdot w_{j+1} \leq W_{max}$，$\forall i \in die, i \neq |M|$。需要进一步更新变量 x_{ij}，如下所示：

$$x_{i,i+1} \leq p_{i+1} \quad \forall i \in die, i \neq |M| \tag{8.50}$$

$$x_{i+2,i+1} \leq p_{i+1} \quad \forall i \in die, i \neq |M| \tag{8.51}$$

图 8.32 所示为完整的 $P_{DTSV,\parallel}^{H}$ 的 ILP 模型。对于 P_{DTSV--}^{H}，增加了一个进一步的约束：

$$x_{i-1,i+1} = 0 \quad \forall i \in die, i \neq \{1, |M|\} \tag{8.52}$$

问题 $P_{\mathrm{DTSV,\parallel}}^{\mathrm{S}}$ 的建模方式与 $P_{\mathrm{MTS}}^{\mathrm{S}}$ 类似，去掉了下标 k 并添加了 $P_{\mathrm{DTSV,\parallel}}^{\mathrm{H}}$ 中定义的约束。这样，$P_{\mathrm{DTSV,\parallel}}^{\mathrm{S}}$ 的 ILP 模型可以从 $P_{\mathrm{MTS}}^{\mathrm{S}}$ 的 ILP 模型中推导出来，就像 $P_{\mathrm{DTSV,\parallel}}^{\mathrm{H}}$ 从 $P_{\mathrm{MTS}}^{\mathrm{H}}$ 中推导出来一样。增加了一个新的线性化约束 p_{wi} 来表示 $p_i \cdot w_i$。图 8.33 所示为 $P_{\mathrm{DTSV,\parallel}}^{\mathrm{S}}$ 问题的完整 ILP 模型。

目标:
$$\mathrm{Min} \sum_{i=1}^{|M|} u_i$$

约束条件:
$$t_{\max} = \max_{i=1}^{|M|} t_i$$
$$c_i \geqslant x_{ij} \cdot t_j \qquad \forall i, j = i \cdots |M|$$
$$u_i \geqslant 0$$
$$u_i - t_{\max} \cdot y_i \leqslant 0$$
$$u_i - c_i \leqslant 0$$
$$c_i - u_i + t_{\max} \cdot y_i \leqslant t_{\max}$$
$$\sum_{j=1}^{|M|} x_{ij} \cdot w_j \leqslant W_{\max} \qquad \forall i$$
$$w_i + p_{i-1} \cdot w_{i-1} + p_{i+1} \cdot w_{i+1} \leqslant W_{\max} \qquad \forall i \in \mathrm{die}, i \neq |M|$$
$$x_{ii} = 1 \qquad \forall i$$
$$x_{ij} = x_{ji} \qquad \forall i, j$$
$$1 - x_{ij} \geqslant x_{ik} - x_{jk} \geqslant x_{ij} - 1 \qquad \forall i \neq j \neq k$$
$$x_{i,i+1} \leqslant p_{i+1} \qquad \forall i \in \mathrm{die}, i \neq |M|$$
$$x_{i+2,i+1} \leqslant p_{i+1} \qquad \forall i \in \mathrm{die}, i \neq |M|$$
$$\sum_{i=2}^{|M|} d_i \leqslant \mathrm{TSV}_{\max i}$$
$$d_i \geqslant \sum_{j=k}^{|M|} w_j \cdot x_{kj} \qquad \forall i \in \mathrm{die}, i \neq |M|, k = i \cdots |M|$$
$$d_i \geqslant w_j \qquad \forall i \in \mathrm{die}, i \neq |M|, j = i \cdots |M|$$
$$d_i \geqslant w_j + p_{j-1} \cdot w_{j-1} + p_{j+1} \cdot w_{j+1} \qquad \forall i \in \mathrm{die}, j \geqslant i$$
$$y_1 = 1$$
$$y_i \geqslant \frac{1}{1-i} \sum_{j=1}^{i-1} (x_{ij} - 1) - C \qquad \forall i > 1$$
$$p_i = 1 \qquad \forall i \in \mathrm{die}$$
$$p_{i+1} \leqslant w_i - w_{i+1} \qquad \forall i \in \mathrm{die}, i \neq |M|$$
$$p_{i+1} \leqslant w_{i+2} - w_{i+1} \qquad \forall i \in \mathrm{die}, i \neq |M|$$

图 8.32 3D TAM 优化问题 $P_{\mathrm{DTSV,\parallel}}^{\mathrm{H}}$ 的完整 ILP 模型

目标:

$$\text{Minimize} \sum_{i=1}^{N} u_i$$

约束条件:

$$t_{\max} = \max_{i=1}^{|M|} t_i$$

$$c_i \geq v_{ij} \qquad \forall i, j = i \cdots |M|$$

$$v_{ij} \geq 0 \qquad \forall i, j$$

$$v_{ij} - t_{\max} \cdot x_{ij} \leq 0 \qquad \forall i, j = 1 \cdots |M|$$

$$-\sum_{n=1}^{k_i} [g_{in} \cdot t_j(n)] + v_{ij} \leq 0 \qquad \forall i, j$$

$$\sum_{n=1}^{k_i} [g_{in} \cdot t_j(n)] - v_{ij} + t_{\max} \cdot x_{ij} \leq t_{\max} \qquad \forall i, j$$

$$u_i \geq 0$$

$$u_i - t_{\max} \cdot y_i \leq 0$$

$$u_i - c_i \leq 0$$

$$c_i - u_i + t_{\max} \cdot y_i \leq t_{\max}$$

$$z_{ijk} \geq 0$$

$$z_{ijk} - t_{\max} \cdot x_{jk} \leq 0$$

$$-w_i + z_{ijk} \leq 0$$

$$w_i - z_{ijk} + t_{\max} \cdot x_{jk} \leq t_{\max}$$

$$\sum_{i=2}^{|M|} d_i \leq \text{TSV}_{\max}$$

$$\sum_{i=2}^{|M|} d_i \leq \text{TSV}_{\max i}$$

$$d_i \geq \sum_{j=k}^{|M|} z_{jkj} \qquad \forall i \in \text{die}, i \neq |M|, k = i \cdots |M|$$

$$d_i \geq w_j \qquad \forall i \in \text{die}, i \neq |M|, j = i \cdots |M|$$

$$d_i \geq w_j + pw_{j-1} + pw_{j+1} \qquad \forall i \in \text{die}, j \geq i$$

$$\sum_{j=1}^{|M|} z_{jij} \leq W_{\max} \qquad \forall i$$

$$w_i + pw_{i-1} + pw_{i+1} \leq W_{\max} \qquad \forall i \in \text{die}, i \neq |M|$$

$$x_{ii} = 1 \qquad \forall i$$

$$x_{ij} = x_{ji} \qquad \forall i, j$$

$$1 - x_{ij} \geq x_{ik} - x_{jk} \geq x_{ij} - 1 \qquad \forall i \neq j \neq k$$

$$x_{i,i+1} \leq p_{i+1} \qquad \forall i \in \text{die}, i \neq |M|$$

$$x_{i+2,i+1} \leq p_{i+1} \qquad \forall i \in \text{die}, i \neq |M|$$

$$y_1 = 1$$

$$y_i \geq \frac{1}{1-i} \sum_{j=1}^{i-1} (x_{ij} - 1) - M \qquad \forall i > 1$$

$$p_i = 1 \qquad \forall i \in \text{die}$$

$$p_{i+1} \leq w_i - w_{i+1} \qquad \forall i \in \text{die}, i \neq |M|$$

$$p_{i+1} \leq w_{i+2} - w_{i+1} \qquad \forall i \in \text{die}, i \neq |M|$$

$$pw_i \geq 0 \qquad \forall i$$

$$pw_i - W_{\max} \cdot p_i \leq 0 \qquad \forall i$$

$$pw_i - w_i \leq 0 \qquad \forall i$$

$$w_i - pw_i + W_{\max} \cdot p_i \leq W_{\max} \qquad \forall i$$

图 8.33　3D TAM 优化问题 $P_{\text{DTSV},\,\parallel}^{\text{S}}$ 的完整 ILP 模型

8.5　多测试插入 ILP 模型的结果和讨论

本节给出了 8.4 节中给出的 ILP 模型的实验结果。本节使用 8.2 节中图 8.9 所示的 SIC 1 和 SIC 2 作为基准。在 SIC 1 中，最复杂的芯片（p93791）被放置在底

部，随着堆叠的向上移动，芯片复杂度降低。在 SIC 2 中，这个顺序是相反的。

如前所述，为了确定给定 TAM 宽度的芯片（SOC）的测试架构和测试时间，使用了文献［18］中针对菊花链 TestRail 架构[32] 的 TAM 设计方法。对于具有硬核问题的实例，表 8.6 列出了不同芯片的测试时间（周期）和 TAM 宽度。注意，测试引脚是根据其尺寸分配给芯片的，以避免对任何单个芯片测试时间过长。

表 8.6 优化中使用硬核的测试长度和测试引脚数量

芯片名称	d695	f2126	p22810	p34392	p93791
测试长度	106391	700665	1333098	2743317	2608870
测试引脚	15	20	25	25	30

对于固定的 TSV_{max} 和 W_{max} 的取值范围，表 8.7 给出了两个基准 SIC 的 P_{MTS}^H 和 P_{MTS}^S 的结果。它们仅与最终键合后堆叠测试（简称 P_{FS}^H 和 P_{FS}^S）的优化结果进行比较。使用 XPRESSMP[34] 运行 ILP 模型并得到最优结果。在具有 4GB 内存的皓龙 250 上进行实验的 CPU 时间在几 s 到 8min 之间。在表 8.6 中，第 1 列给出了运行的优化模型，第 2 列给出了基准 SIC。第 3 列提供了每个芯片允许的最大 TSV 数量（TSV_{max}），而第 4 列给出了最低芯片处可用测试引脚的数量 W_{max}。第 5 列给出了 5 芯片堆叠中所有 4 个键合后测试插入的总测试长度（周期）。第 6 列给出了仅针对最终堆叠测试的优化案例中测试时间减少的百分比。设 P_{FS}^S 的测试长度为 $T1$，P_{MTS}^S 的测试长度为 $T2$。然后，百分比减少为 $[(T1-T2)/T1]\cdot100\%$。

表 8.7 重测试插入的实验结果和比较

优化框架	SIC	TSV_{max}	W_{max}	测试长度（循环次数）	缩减（%）	测试规划 1（芯片 1-2）	测试规划 2（芯片 1-2-3）	测试规划 3（芯片 1-2-3-4）	测试规划 4（芯片 1-2-3-4-5）	每个芯片使用的测试引脚
P_{FS}^H	SIC 1	70	49	21254500	0.00	1,2	1,2 ∥ 3	1,2 ∥ 3,4	1 ∥ 5,2 ∥ 3,4	30,25,25,20,15
	SIC 1	70	50	19091000	0.00	1,2	1,2,3	1,2,3 ∥ 4	1,2 ∥ 5,3 ∥ 4	30,25,25,20,15
	SIC 1	70	69	10819000	0.00	1 ∥ 2	1 ∥ 2 ∥ 3	1 ∥ 2 ∥ 3,4	1 ∥ 2 ∥ 3,4 ∥ 5	30,25,25,20,15
	SIC 1	70	70	10819000	0.00	1 ∥ 2	1 ∥ 2 ∥ 3	1 ∥ 2 ∥ 3,4	1 ∥ 2 ∥ 3,4 ∥ 5	30,25,25,20,15
P_{MTS}^H	SIC 1	70	49	12901800	39.30	1 ∥ 2	1,2 ∥ 3	1 ∥ 4,2 ∥ 3	1 ∥ 4,2 ∥ 3,5	30,25,25,20,15
	SIC 1	70	50	11042700	42.16	1 ∥ 2	1,2 ∥ 3	1 ∥ 2,3 ∥ 4	1,2 ∥ 5,3 ∥ 4	30,25,25,20,15
	SIC 1	70	69	9554160	11.69	1 ∥ 2	1 ∥ 2 ∥ 3	1 ∥ 3 ∥ 4,2	1 ∥ 2 ∥ 3,4 ∥ 5	30,25,25,20,15
	SIC 1	70	70	8959880	17.18	1 ∥ 2	1 ∥ 2 ∥ 3	1,2 ∥ 3 ∥ 4	1 ∥ 4 ∥ 5,2 ∥ 3	30,25,25,20,15
P_{FS}^S	SIC 2	50	49	13366500	0.00	1 ∥ 2	1 ∥ 2 ∥ 3	1 ∥ 2 ∥ 3 ∥ 4	1 ∥ 2 ∥ 3 ∥ 4,5	22,16,6,4,28
	SIC 2	50	50	12149400	0.00	1 ∥ 2	1 ∥ 2 ∥ 3	1 ∥ 2 ∥ 3 ∥ 4	1 ∥ 2 ∥ 3 ∥ 4,5	24,16,6,4,30
	SIC 2	50	51	12149400	0.00	1 ∥ 2	1 ∥ 2 ∥ 3	1 ∥ 2 ∥ 3 ∥ 4	1 ∥ 2 ∥ 3 ∥ 4,5	24,17,6,4,30
P_{MTS}^S	SIC 2	50	49	9636860	27.90	1 ∥ 2	1,2,3 ∥ 4	1 ∥ 2,3 ∥ 4	1 ∥ 2,3 ∥ 4 ∥ 5	3,18,28,20,29
	SIC 2	50	50	9467830	22.07	1 ∥ 2	1 ∥ 2,3 ∥ 4	1 ∥ 2 ∥ 3 ∥ 4	1 ∥ 2,3 ∥ 4 ∥ 5	22,18,10,16,24
	SIC 2	50	51	9392830	22.69	1 ∥ 2	1 ∥ 2 ∥ 3 ∥ 4	1 ∥ 2 ∥ 3 ∥ 4	1 ∥ 2,3 ∥ 4 ∥ 5	3,22,10,16,24

对于硬核的计算以同样的方式进行。默认情况下，P_{FS}^{H} 和 P_{FS}^{S} 的百分比减少量为零。第 7 ~ 10 列提供了每次测试插入时 3D SIC 的测试安排，其中符号 " ‖ " 表示芯片的并行测试，用一个 "," 表示串行测试。最后，第 11 列给出了每个芯片所需的测试引脚数量。从表 8.7 中可以看出，与针对最终堆叠测试的第 8.2 节优化方法相比，本文提出的方法可以显著减少测试时间。

对于不同 TSV 数量（TSV_{max}），图 8.34a 和 b 给出了 SIC 1 和 SIC 2 的测试时间 T 随测试引脚数量 W_{max} 的变化。

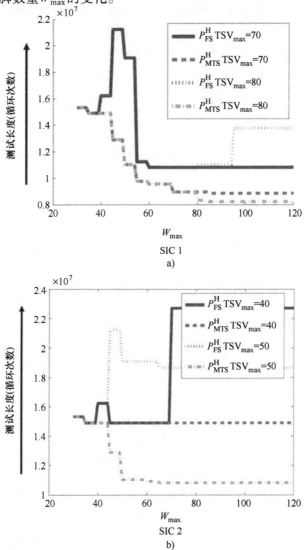

图 8.34　硬核和多次测试插入的 SIC 1 和 SIC 2 的 TSV_{max} 和 W_{max} 的测试时间（彩图见插页）
a) SIC 1　b) SIC 2

由图可知，TSV_{max}和W_{max}决定了哪些芯片应该并行测试，从而决定了堆叠的总测试时间。对于给定的TSV_{max}值，增加W_{max}并不总是减少 P_{MTS}^H 的测试时间，尽管测试时间从不增加。同样，对于给定的W_{max}，增加TSV_{max}并不总是减少测试时间。对于这两个基准，图 8.34 能轻易发现帕累托最优状态。此外，可以看出，在考虑多次测试插入的情况下，对最终的堆叠测试进行优化并不总能减少测试时间。实际上，当增加TSV_{max}和W_{max}的值时，测试时间往往较高。

对于软核 3D SIC 的优化，当W_{max}变化时，帕累托最优状态几乎不存在，如图 8.35 所示。这是由于当堆叠中的芯片是软核时，几乎总是可以找到一个芯片，

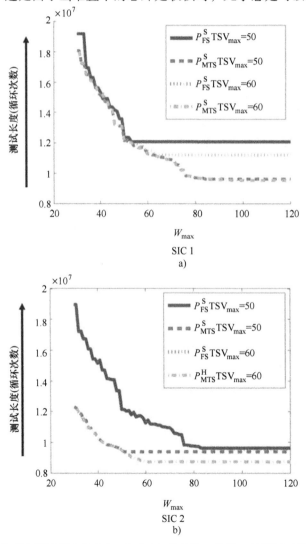

图 8.35 软核和多次测试插入的 SIC 1 和 SIC 2 的TSV_{max}和W_{max}的测试时间（彩图见插页）
a) SIC 1   b) SIC 2

添加一个额外的测试引脚减少了总的测试时间。当测试时间停止减少时，问题实例的 TSV 限制已经达到，无法进一步优化。再次，正如预期的那样，多次测试插入的优化方法优于以前的模型。

需要注意的是，对于具有相同 TSV_{max} 和 W_{max} 值的优化，在最高层使用最大芯片、在最底层使用最小芯片的堆叠配置（SIC 2）最有利于减少测试时间，同时使用最少数量的 TSV。这是因为最复杂、试验次数最长的芯片是在最少的插入件中进行试验的。例如，五芯片堆叠顶部的芯片只测试一次，而底部的芯片则测试四次。

对于 $P_{DTSV, \parallel}^{H}$，两个额外的测试引脚被添加到硬核上，每个 EXTEST TAM 在一个芯片上。对于堆叠中的最高和最低芯片，这意味着添加两个测试引脚，而对于其他芯片，这意味着添加四个测试引脚。之所以选择此值，是因为它是减少 EXTEST 次数所需的最小测试引脚添加量。只在芯片上添加两个附加引脚就可以执行 EXTEST，但这导致不合理的长 EXTEST 时间。对于问题实例，在不失一般性的情况下，假设每个芯片有 10000 个功能性 TSV，需要 20 个向量。据报道，TSV 的测试数量很可能随着 TSV 计数呈对数增长[42]。为了在 $P_{DTSV, --}^{H}$ 和 $P_{DTSV, \parallel}^{H}$ 之间做出比较，在硬核总 TAM 宽度上增加 2 个或 4 个试验引脚。如图 8.36 所示，测试长度对 TSV_{max} 和 W_{max} 都有很大的依赖性。这些参数和硬 TAM 宽度决定了是否采用带芯片的 TSV 的串行或并行测试来减少测试时间。

对于选择的 TAM 宽度的 TSV_{max} 和 W_{max} 的大多数值，并行测试导致更低的测试时间。注意，这些优化只适用于最终的堆叠测试。因此，正如 8.2 节所预期的，SIC 2 比 SIC 1 导致更长的测试时间。

在 $P_{DTSV, --}^{S}$ 和 $P_{DTSV, \parallel}^{S}$ 中，有更多的机会进行测试时间优化，其结果与使用硬核得到的结果不同，如图 8.37 所示。由于在芯片内部和外部 TAM 宽度上都提供了完全控制，并行测试的权衡被放大。不用于芯片内部测试而用于支持芯片外部测试的引脚往往会导致更长的全局测试时间。

这是由于与 TSV 测试相比，在芯片内部测试期间测试模块具备复杂性。芯片内部测试需要更多的向量。因此，专用于这些测试的测试引脚比专用于芯片外部测试的测试引脚减少了更多的测试时间。因为它需要至少 4 个测试引脚来减少单个外部测试的测试时间，所以该测试引脚的使用并没有带来多少优势。因此，薄型测试外壳和 TSV 的串行测试比厚型测试外壳和软核 3D 堆叠的并行测试时间更短，如图 8.37 所示。

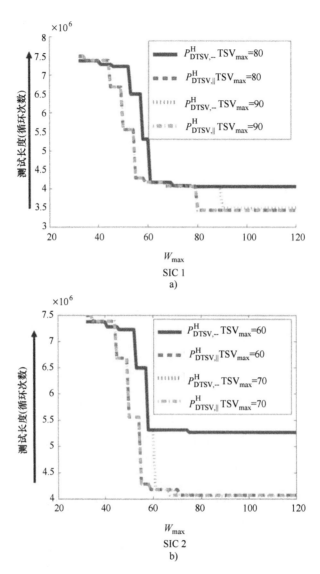

图 8.36　软核和多次测试插入的 SIC 1 和 SIC 2 的
TSV_{max} 和 W_{max} 的测试时间（彩图见插页）
a）SIC 1　b）SIC 2

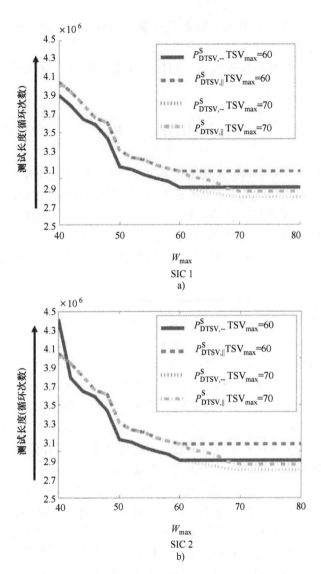

图 8.37　软核和多次测试插入的 SIC 1 和 SIC 2 的
TSV$_{max}$ 和 W_{max} 的测试时间（彩图见插页）
a）SIC 1　b）SIC 2

8.5.1　总结　★★★

小节总结

● 测试架构和测试计划优化问题已经扩展到考虑所有期望的键合后测试插入、键合后芯片 EXTEST 和相邻芯片之间的专用测试 TSV 限制。

● 如果需要多个测试插入，那么只对最后的堆叠测试进行优化往往会导致明显的次优测试架构。

对于软核，与厚型测试外壳设计相比，标准（薄型）测试外壳设计的测试时间更短。

8.6 结 论

本章在ILP数学模型和优化解决方案的背景下，广泛地处理了键合后测试架构和测试计划问题。针对3个不同但现实的3D测试架构优化问题提出了ILP解决方案。这些解决方案在测试访问约束下为三种设计场景（称为硬核、软核和固核）生成最佳TAM设计和测试计划。对优化模型进行严格推导，并正式确立其最优性。结果表明，与3D TAM设计的启发式方法相比，这些方法显著减少了测试时间。

考察了多个参数对优化结果的影响，这些结果为设计人员提供了关于如何在3D集成之前进行可测试性设计、如何设计3D堆叠本身以及如何为3D SIC最佳分配有限测试资源的见解。所关注的参数包括在堆叠中放置芯片、测试TSV和测试引脚的可用性。研究表明，给定测试带宽和TSV约束，解空间中存在帕累托最优。这一发现对于硬核情形尤其重要，尽管它也存在于固核情形。这些结果意味着，使用派生的模型，设计人员可以为硬核和固核场景探索许多测试解决方案，以防止测试资源的次优分配。硬核和软核用于展示测试资源的增加时产生更低的测试次数。由于这两种情况下的测试时间都低于硬核的情况，设计人员可以考虑将2D TAM和3D TAM设计与优化问题联系起来。

进一步推导出了通用和严格的优化方法，以最小化多个测试插入的测试时间。这些方法还为其他一些关注的问题实例提供了最优解。例如，仅对最终堆叠进行测试以及对部分堆叠的任何子集进行测试。这个扩展的优化模型被定义为在多个测试插入的情况下是全局最优的。此外，还衍生出了优化技术，以在测试时间最小化期间考虑外部和内部测试。结果表明，如果进行多次测试插入，仅考虑最终堆叠测试的优化方法可以提供明显次优的结果（更高的测试时间）。考虑芯片内部和芯片外部测试的硬核优化表明，一般来说，厚型测试外壳设计比薄型测试外壳设计更缩短测试时间。软核的情况并非如此，因为用于芯片内部测试的测试引脚越少，测试时间越长。

第 **9** 章 »

结论

　　这本书涵盖了广泛的主题，涉及 3D SIC 的可测性设计和优化。选择这些主题是为了探讨在多种测试场景下，包括存储器 – 存储器、存储器 – 逻辑和逻辑 – 逻辑堆叠；采用 BIST 和探测技术进行键合前 TSV 和扫描测试；BISR 体系结构和晶圆配对等保证良率的方法；减少测试成本的优化，包括减少 DFT 体系结构的延迟开销等流程，以及优化 TAM 体系结构和测试计划以减少测试时间的流程。总之，本书涵盖的主题为学生、教师、研究人员和行业从业者提供了一个广泛和深入地了解 3D 测试。

　　第 2 章研究了 3D SIC 生产良率保证方法。前半部分探讨了晶圆配对的不同方法，并分析了配对选择对良率和成本的影响，这些选择包括晶圆存储器的类型（动态或静态）和大小、各种匹配算法和标准等。后半部分涉及存储器堆叠的良率保证。模型是针对使用 TSV 作为位线和字线的 3D 堆叠中可能出现的电阻故障推导出的。此外提出了各种冗余结构，包括芯片间的冗余共享、全局冗余结构和冗余层的使用。这些冗余体系结构结合晶圆配对的影响，因为它们影响制造成本和堆叠良率。

　　第 3 章讨论了 TSV 键合前测试的 BIST 体系结构。电气模型由可能发生在 TSV 的各种缺陷推导出。为 TSV 键合前测试，提出了几个 BIST 架构。这些方法的范围从 TSV 的类 ROM 的读写操作到环形振荡器。我们详细地讨论了每种体系结构的优点和局限性。

　　第 4 章提供了 BIST 的 TSV 键合前测试。提供了目前最先进的探针设计，对探针测试限制进行讨论。对芯片和引脚上的架构进行了分析，基于新兴标准和探针实现 TSV 探测，以通过用探针来短路多个 TSV 来实现。结果和分析证明了键合前 TSV 探测的可行性、准确性、局限性和成本。此外，还讨论了一种优化技术，该技术允许同时准确测试通过同一探针短路的多个 TSV，从而减少了测试时间。

　　第 5 章拓展了第 4 章中提出的探测范式。通过相同的探测范式实现键合前 TSV 和扫描测试。这是通过利用 TSV 作为测试输入和输出以及可重构的扫描链来实现的。这些扫描链在使用 TSV 键合前测试模式和新兴的芯片测试外壳标准的键合后测试模式之间切换，并分析了该方法的可行性、速度和成本。

第6章探讨了基于时序优化的测试架构优化，以减少第4章和第5章中描述的测试架构对堆叠的键合后功能速度的影响。通过移动3D电路中的松弛部分来抵消TSV和芯片逻辑之间接口上与测试相关的边界寄存器造成的额外延迟，实现了性能的提高。开发了一种新的时序优化算法，以允许逻辑在芯片之间的有限移动，并实现复杂逻辑门的分解。详细讨论了叠层芯片级和堆叠级时序优化的有效性、优点和缺点。

第7章介绍了3D电路的新兴标准对当前和未来的3D集成设计的重要意义。这些标准包括用于芯片和堆叠测试的P1838芯片测试外壳和用于逻辑堆叠上存储器的JEDEC宽I/O标准。详细讨论了这些标准的实施情况，包括对新出现的标准的测试含义和测试解决方案。

最后，第8章分析了3D TAM的优化方法和测试计划，以最小化键合后堆叠的测试时间。介绍了一个详细而灵活的ILP模型，可以对任何或所有的键合后测试插入、不同的测试引脚和测试TSV约束、外部测试等进行测试优化。详细分析了通过优化实现的测试时间缩短，与其他算法也进行了对比。

总之，该书介绍了在3D SIC测试的先进技术。对于学生和教师，它提供了一个广泛的对于考试相关主题的完整和深入的概述。对于研究人员和行业从业者，它提供了对前沿解决方案的详细描述和分析，以实施或作为新研究方向的起点。作者真诚地希望这本书已经满足关于3D SIC测试的需要，并且读者可以继续在3D测试领域做出进一步的贡献。

参 考 文 献

1. M. L. Bushnell and V. D. Agrawal, "Essentials of Electronic Testing for Digital, Memory, and Mixed-Signal VLSI Circuits", Boston; Kluwer Academic Publishers, 2000.

2. L.-T. Wang, C.-W. Wu, and X. Wen. VLSI Test Principles and Architectures: Design for Testability. Elsevier Inc. , San Francisco, USA, 2006.

3. P. Garrou, C. Bower, and P. Ramm. Handbook of 3D Integration — Technology and Applications of 3D Integration Circuits. Wiley-VCH, Weinheim, Germany, August 2008.

4. Yuan Xie, "Processor Architecture Design Using 3D Integration Technology", *VLSI Design*, pp. 446–451, 2010.

5. S. Wong, A. El-Gamal, P. Griffin, Y. Nishi, F. Pease, and J. Plummer, "Monolithic 3D Integrated Circuits", *VLSI Technology, Systems and Applications*, pp. 1–4, 23–25, 2007.

6. J. Feng, Y. Liu, P. Griffin, and J. Plummer, "Integration of Germanium-on-Insulator and Silicon MOSFETs on a Silicon Substrate", *Electronic Device Letters*, pp. 911–913, 2006.

7. F. Crnogorac, D. Witte, Q. Xia, B. Rajendran, D. Pickard, Z. Liu, A. Mehta, S. Sharma, A. Yasseri, T. Kamins, S. Chou, and R. Pease, "Nano-Graphoepitaxy of Semiconductors for 3D Integration", *Microelectronic Engineering*, pp. 891–894, 2007.

8. Tezzaron Octopus. http://www.tezzaron.com/memory/Octopus.html Accessed March 2011.

9. "Samsung Develops 8GB DDR3 DRAM Using 3D Chip Stacking Technology." http://www. samsunghub.com/2010/12/07/samsung-develops-8gb-ddr3-dram-using-3d-chip-stacking-te chnology/ Accessed March 2011.

10. U. Kang et al. "8Gb 3D DDR3 DRAM Using Through-Silicon-Via Technology", In *Proc. International Solid State Circuits Conference (ISSCC)*, pp. 130–132, February 2009.

11. S. Das, A. Chandrakasan, and R. Reif, "Design Tools for 3-D Integrated Circuits," In *Proc. IEEE Asia South Pacific Design Automation Conference (ASP-DAC)*, pp. 53–56, 2003.

12. B. Noia, K. Chakrabarty, and Y. Xie, "Test-Wrapper Optimization for Embedded Cores in TSV-Based Three-Dimensional SOCs", *Proc. IEEE International Conference on Computer Design*, pp. 70–77, 2009.

13. Physorg.com http://pda.physorg.com/_news170952515.html.

14. K. Chakrabarty, "Optimal Test Access Architectures for System-on-a-Chip", *ACM Transactions on Design Automation of Electronic Systems*, vol. 6, pp. 26–49, January 2001.

15. M.L. Flottes, J. Pouget, and B. Rouzeyre, "Sessionless Test Scheme: Power-Constrained Test Scheduling for System-on-a-Chip", *Proc. of the 11th IFIP on VLSI-SoC*, pp. 105–110, 2001.

16. E.G. Coffman, Jr., M.R. Garey, D.S. Johnson and R.E. Tarjan. "Performance Bounds for Level-Oriented Two-Dimensional Packing Algorithms", *SIAM J. Computing*, vol. 9, pp. 809–826, 1980.

17. X. Dong and Y. Xie. "System-level Cost Analysis and Design Exploration for 3D ICs", *Proc. of Asia-South Pacific Design Automation Conference (ASP-DAC)*, pp. 234–241, Jan. 2009.

18. S.K. Goel and E.J. Marinissen, "Control-Aware Test Architecture Design for Modular SOC Testing", *European Test Workshop*, pp. 57–62, 2003.

19. E.J. Marinissen, V. Iyengar, and K. Chakrabarty. "A Set of Benchmarks for Modular Testing of SOCs", In *International Test Conference*, pp. 519–528, Oct. 2002.

20. *IEEE Std. 1500: IEEE Standard Testability Method for Embedded Core-Based Integrated Circuits. IEEE Press*, New York, 2005.

21. M.R. Garey and D.S. Johnson, "Computers and Intractability—A Guide to the Theory of NP-Completeness", New York: Freeman, 1979.

22. V. Iyengar, K. Chakrabarty, and E. J. Marinissen, "Test Wrapper and Test Access Mechanism Co-optimization for System-on-Chip", *JETTA*, vol. 18, pp. 213–230, 2002.

23. S.K. Goel, E.J. Marinissen, A. Sehgal and K. Chakrabarty, "Testing of SOCs with Hierarchical Cores: Common Fallacies, Test-Access Optimization, and Test Scheduling", *IEEE Transactions on Computers*, vol. 58, pp. 409–423, March 2009.

24. E. Larsson, K. Arvidsson, H. Fujiwara, and Z. Peng, "Efficient Test Solutions for Core-based Designs," *TCAD*, vol. 23, no. 5, pp. 758–775, 2004.
25. W. R. Davis et al., "Demystifying 3D ICs: the Pros and Cons of Going Vertical," *IEEE Design and Test of Computers*, vol. 22, no. 6, pp. 498–510, 2005.
26. P.-Y. Chen, W. C.-W. Wu, and D.-M. Kwai, "On-Chip Testing of Blind and Open-Sleeve TSVs for 3D IC Before Bonding", *Proc. IEEE VLSI Test Symposium*, pp. 263–268, 2010.
27. D. Lewis and H.-H. Lee, "A Scan-Island Based Design Enabling Pre-bond Testability in Die-Stacked Microprocessors", *Proc. International Test Conference*, pp. 1–8, 2007.
28. Y. Xie, G. H. Loh, and K. Bernstein, "Design Space Exploration for 3D Architectures," *J. Emerg. Technol. Comput. Syst.*, 2(2):65–103, 2006.
29. G. Loh, Y. Xie, and B. Black, "Processor Design in 3D Die Stacking Technologies," *IEEE Micro* Vol 27, No. 3, pp. 31–48, 2007.
30. E. J. Marinissen, S. K. Goel, and M. Lousberg, "Wrapper Design for Embedded Core Test," *Proc. Int'l Test Conf.*, pp. 911–920, 2000.
31. Y. Huang et al., "Optimal Core Wrapper Width Selection and SOC Test Scheduling Based on 3-D Bin Packing Algorithm,'" In *International Test Conference*, pp. 74–82, 2002.
32. S.K. Goel and E.J. Marinissen. "SOC Test Architecture Design for Efficient Utilization of Test Bandwidth,'" *ACM Transactions on Design Automation of Electronic Systems*, 8(4):399–429, 2003.
33. Q. Xu and N. Nicolici, "Resource-Constrained System-on-a-Chip Test: A Survey", *IEE Proc.: Computers and Digital Techniques.* vol. 152, pp. 67–81, Jan. 2005.
34. FICO. Xpress-MP. http://www.fico.com/en/Products/DMTools/Pages/FICO-Xpress-Optimization-Suite.aspx.
35. E.J. Marinissen, J. Verbree, and M. Konijnenburg, "A Structured and Scalable Test Access Architecture for TSV-Based 3D Stacked ICs", *VLSI Test Symposium*, 2010.
36. B. Noia, S.K. Goel, K. Chakrabarty, E.J. Marinissen, and J. Verbree, "Test-Architecture Optimization for TSV-Based 3D Stacked ICs", *European Test Symposium*, 2010.
37. B. Noia, K. Chakrabarty and E. J. Marinissen, "Optimization Methods for Post-bond Die-Internal/External Testing in 3D Stacked ICs", *Proc. IEEE International Test Conference*, 2010.
38. H. Chen, J.-Y. Shih, S.-W. Li, H.-C. Lin, M.-J. Wang, C.-N. Peng. "Electrical Tests for Three-Dimensional ICs (3DICs) with TSVs.", *International Test Conference 3D-Test Workshop*, 2010.
39. L. Jiang, Q. Xu, K. Chakrabarty, and T.M. Mak, "Layout-Driven Test-Architecture Design and Optimization for 3D SoCs under Pre-Bond Test-Pin-Count Constraint", *International Conference on Computer-Aided Design*, pp. 191–196, 2009.
40. U. Kang et. al., "8 Gb 3-D DDR3 DRAM Using Through-Silicon-Via Technology", *IEEE Solid-State Circuits*, vol. 45, no. 1, pp. 111–119, 2010.
41. M. Cho, C. Liu, D. Kim, S. Lim, and S. Mukhopadhyay, "Design Method and Test Structure to Characterize and Repair TSV Defect-Induced Signal Degradation in 3D System", *Proc. IEEE Conference on Computer-Aided Design*, pp. 694–697, 2010.
42. E.J. Marinissen and Y. Zorian, "Testing 3D Chips Containing Through-Silicon Vias", *International Test Conference*, E 1.1, 2009.
43. H.-H.S. Lee and K. Chakrabarty, "Test Challenges for 3D Integrated Circuits", *IEEE Design & Test of Computers*, vol. 26, pp. 26–35, September/October 2009.
44. K. Puttaswamy and G. H. Loh, "The Impact of 3-Dimensional Integration on the Design of Arithmetic Units," in *IEEE International Symposium on Circuits and Systems*, 2006.
45. K. Puttaswamy and G. H. Loh, "Thermal Herding: Microarchitecture Techniques for Controlling Hotspots in High-Performance 3D-Integrated Processors," *IEEE High Performance Computer Architecture*, pp. 193–204, 2007.
46. C.C. Liu, I. Ganusov, M. Burtscher, and S. Tiwari, "Bridging the Processor-Memory Performance Gap with 3D IC Technology," *IEEE Design & Test of Computers*, 22(6):556–564, November/December 2005.

47. B. Black, D.W. Nelson, C. Webb, and N. Samra, "3D Processing Technology and its Impact on iA32 Microprocessors", *In Proc. International Conference on Computer Design (ICCD)*, pp. 316–318, October 2004.

48. X. Wu, Y. Chen K. Chakrabarty, and Y. Xie, "Test-Access Mechanism Optimization for Core-Based Three-dimensional SOCs", *IEEE International Conference on Computer Design*, pp. 212–218, 2008.

49. L. Jiang, L. Huang, and Q. Xu, "Test Architecture Design and Optimization for Three-Dimensional SoCs", *Design, Automation, and Test in Europe*, pp. 220–225, 2009.

50. K. Lee, "Trends in Test", Keynote talk presented at *IEEE Asian Test Symposium*, December 2010.

51. P. Holmberg, "Automatic Balancing of Linear AC Bridge Circuits for Capacitive Sensor Elements", *Instrumentation and Measurement Technology Conference*, pp. 475–478, 2010.

52. Qmax. QT2256 - 320 PXI. http://www.qmaxtest.com/in/Automated%20Test%20Equipment/qt2256pxifea.html Accessed January 2011.

53. T. Yasafuku, K. Ishida, S. Miyamoto, H. Nakai, M. Takamiya, T. Sakurai, and K. Takeuchi, "Effect of Resistance of TSV's on Performance of Boost Converter for Low-Power 3D SSD with NAND Flash Memories", *3D System Integration*, pp. 1–4, 2009.

54. J. Broz and R. Rincon, "Probe Needle Wear and Contact Resistance", talk presented at *Southwestern Test Workshop*, June 1998.

55. K. Kataoka, S. Kawamura, T. Itoh, T. Suga, K. Ishikawa, and H. Honma, "Low Contact-Force and Compliant MEMS Probe Card Utilizing Fritting Contact", *IEEE Conference on Micro Electro Mechanical Systems*, pp. 364–367, 2002.

56. 45nm PTM LP Model. http://ptm.asu.edu/modelcard/LP/45nm_LP.pm Accessed January 2011.

57. J. Leung, M. Zargari, B.A. Wooley, and S.S. Wong, "Active Substrate Membrane Probe Card", *Electron Devices Meeting*, pp. 709–712, 1995.

58. D. Williams and T. Miers, "A Coplanar Probe to Microstrip Transition", *IEEE Transactions on Microwave Theory and Techniques*, pp. 1219–1223, 1988.

59. O. Weeden, "Probe Card Tutorial", http://www.accuprobe.com/Downloads/Probe%20Card%20Tutorial.pdf Accessed January 2010.

60. L.-R. Huang, S.-Y. Huang, S. Sunter, K.-H. Tsai, and W.-T. Cheng, "Oscillation-Based Prebond TSV Test", *IEEE Transactions on Computer-Aided Design*, vol.32, no.9, pp. 1440–1444, 2013.

61. S. Deutsch and K. Chakrabarty, "Non-Invasive Pre-Bond TSV Test Using Ring Oscillators and Multiple Voltage Levels", *Proc. Design, Automation, and Test Conference in Europe*, pp. 18–22, 2013.

62. T. Thorolfsson et al., "Design Automation for a 3DIC FFT Processor for Synthetic Aperture Radar: A Case Study", *Proc. IEEE Design Automation Conference*, 2009.

63. J. Verbree, E. J. Marinissen, P. Roussel, and D. Velenis, "On the Cost-Effectiveness of Matching Repositories of Pre-Tested Wafers for Wafer-to-Wafer 3D Chip Stacking", *Proc. IEEE European Test Symposium*, pp. 36–41, 2010.

64. J. Schat, "Fault Clustering in Deep-Submicron CMOS Processes", *Proc. Design, Automation, and Test in Europe*, pp. 511–514, 2008.

65. S. Reda, G. Smith, And L. Smith, "Maximizing the Functional Yield of Wafer-to-Wafer 3-D Integration", *IEEE Transactions on VLSI Systems*, vol. 17, pp. 1357–1362, 2009.

66. M. Taouil, S. Hamdioui, J. Verbree, and E. J. Marinissen, "On Maximizing the Compound Yield for 3D Wafer-to-Wafer Stacked ICs", *Proc. IEEE International Test Conference*, pp. 1–10, 2010.

67. L. Jiang, Y. Liu, L. Duan, Y. Xie and Q. Xu, "Modeling TSV Open Defects in 3D-Stacked DRAM", *Proc. IEEE International Test Conference*, pp. 1–9, 2010.

68. G. Loh, "3D-Stacked Memory Architectures for Multi-Core Processors", *Proc. International Symposium on Computer Architecture*, pp. 453–464, 2008.

69. M. F. Hilbert. High-Density Memory Utilizing Multiplexers to Reduce Bitline Pinch Constraints. *US Patent 6,377,504*, 2002.

70. Tezzaron Semiconductor. http://www.tezzaron.com/ Accessed September 2013.
71. M. Taouil and S. Hamdioui, "Layer Redundancy Based Yield Improvement for 3D Wafer-to-Wafer Stacked Memories", *Proc. IEEE European Test Symposium*, pp. 45–50, 2011.
72. K. Puttaswamy et al., "3D-Integrated SRAM Components for High-Performance Microprocessors", *IEEE Transactions on Computers*, vol. 58, pp. 1369–1381, 2009.
73. L. Jiang, R. Ye, and Q. Xu, "Yield Enhancement for 3D-Stacked Memory by Redundancy Sharing Across Dies", *Proc. IEEE/ACM International Conference on Computer-Aided Design*, pp. 230–234, 2010.
74. X. Wang, D. Vasudevan, and H.-H. S. Lee, "Global Built-In Self-Repair for 3D Memories with Redundancy Sharing and Parallel Testing", *Proc. IEEE 3D Systems Integration Conference*, pp. 1–8, 2012.
75. S.-K. Lu, C.-L. Yang, Y.-C. Hsiao, and C.-W. Wu "Efficient BISR Techniques for Embedded Memories Considering Cluster Faults", *IEEE Transactions on Very Large Scale Integration Systems*, vol. 18, pp. 184–193, 2010.
76. K. Smith et al., "Evaluation of TSV and Micro-Bump Probing for Wide I/O Testing", *Proc. IEEE International Test Conference*, pp. 1–10, 2011.
77. O. Yaglioglu, and N. Eldridge, "Direct Connection and Testing of TSV and Microbump Devices Using NanoPierce^{TM} Contactor for 3D-IC Integration" *Proc. IEEE VLSI Test Symposium*, pp. 96–101, 2012.
78. B. Leslie and F. Matta, "Wafer-Level Testing with a Membrane Probe", *IEEE Design and Test of Computers*, pp. 10–17, 1989.
79. Y. Zhang, Y. Zhang, and R. B. Marcus, "Thermally Actuated Microprobes for a New Wafer Probe Card", *Microelectromechanical Systems*, vol. 8, pp. 43–49, 1999.
80. Y.-W. Yi, Y. Kondoh, K. Ihara, and M. Saitoh, "A Micro Active Probe Device Compatible with SOI-CMOS Technologies", *Microelectromechanical Systems*, vol. 6, pp. 242–248, 1997.
81. W. Zhang, P. Limaye, R. Agarwal, and P. Soussan, "Surface Planarization of Cu/Sn Microbump and its Application in Fine Pitch Cu/Sn Solid State Diffusion Bonding", *Proc. Conf. on Electronics Packaging Technology*, pp. 143–146, 2010.
82. Y. Ohara et al., "10 μm Fine Pitch Cu/Sn Micro-Bumps for 3-D Super-Chip Stack," *Proc. 3D System Integration*, pp. 1–6, 2009.
83. G. Katti et al., "Temperature Dependent Electrical Characteristics of Through-Si-Via (TSV) Interconnections," *International Interconnect Technology Conference*, pp. 1–3, 2010.
84. D. Velenis, E. J. Marinissen, and E. Beyne, "Cost Effectiveness of 3D Integration Options," *Proc. 3D Systems Integration Conference*, pp. 1–6, 2010.
85. Open core circuits. http://www.opencores.org Accessed March 2012.
86. D.H. Kim, K. Athikulwongse, and S.K. Lim, "A Study of Through-Silicon-Via Impact on the 3D Stacked IC Layout", *Proc. IEEE International Conference on Computer-Aided Design*, 2009.
87. A.D. Trigg et al., "Design and Fabrication of a Reliability Test Chip for 3D-TSV," *Proc. Electronic Components and Technology Conference*, pp. 79–83, 2010.
88. S.L. Wright, P. S. Andry, E. Sprogis, B. Dang, and R. J. Polastre, "Reliability Testing of Through-Silicon Vias for High-Current 3D Applications," *Proc. Electronic Components and Technology Conference*, pp. 879–883, 2008.
89. L.J. Thomas, H. K. Kow, and S. Palasundram, "Current Capacity Evaluation of a Cantilever Probe," *Proc. Electronic Manufacturing Technology Symposium*, pp. 1–6, 4–6, 2008.
90. K.M. Butler, J. Saxena, A. Jain, T. Fryars, J. Lewis, and G. Hetherington, "Minimizing Power Consumption in Scan Testing: Pattern Generation and DFT Techniques," *Proc. IEEE International Test Conference*, pp. 355–364, 2004.
91. X. Wen, "Towards the Next Generation of Low-Power Test Technologies," *Proc. IEEE International Conference on ASIC*, pp. 232–235, 2011.
92. D. Gizopoulos, K. Roy, P. Girard, N. Nicolici, and X. Wen, "Power-Aware Testing and Test Strategies for Low-Power Devices," *Proc. Design, Automation and Test in Europe*, pp. 10–14, 2008.

93. B. Noia and K. Chakrabarty, "Pre-bond Probing of TSVs in 3D Stacked ICs", *Proc. IEEE International Test Conference*, pp. 1–10, 2011.

94. B. Noia, S. Panth, K. Chakrabarty and S. K. Lim, "Scan Test of Die Logic in 3D ICs Using TSV Probing", accepted for publication in *Proc. IEEE International Test Conference*, pp. 1–8, 2012.

95. C.E. Leiserson and J.B. Saxe, "Optimizing Synchronous Systems", *Journal of VLSI Computing Systems*, vol. 1, pp. 41–67, 1983.

96. G. De Micheli, "Synchronous Logic Synthesis: Algorithms for Cycletime Minimization", *IEEE Trans. Computer-Aided Design*, vol. 10, pp. 63–73, 1991.

97. J. Monteiro, S. Devadas, and A. Ghosh, "Retiming Sequential Circuits for Low Power", *Proc. IEEE International Conference on CAD*, pp. 398–402, 1993.

98. S. Dey and S. Chakradhar, "Retiming Sequential Circuits to Enhance Testability", *Proc. IEEE VLSI Test Symposium*, pp. 28–33, 1994.

99. T.C. Tien, H.P. Su, and Y.W. Tsay, "Integrating Logic Retiming and Register Placement", *Proc. IEEE Intl. Conf. Computer-Aided Design*, pp. 136–139, 1998.

100. O. Sinanoglu and V. D. Agrawal, "Eliminating the Timing Penalty of Scan", *Journal of Electronic Testing: Theory and Applications*, vol. 29, Issue 1, pp. 103–114, 2013.

101. Nangate Open Cell Library. http://www.si2.org/openeda.si2.org/projects/nangatelib Accessed March 2012.

102. Kenneth P. Parker. *The Boundary Scan Handbook*. Springer-Verlag, 2003.

103. IEEE 3D-Test Working Group. http://grouper.ieee.org/groups/3Dtest/ Accessed August 2013.

104. Wide I/O Single Data Rate (JEDEC Standard JESD229). JEDEC Solid State Techonology Association. http://www.jedec.org// Accessed August 2013.

105. E.J. Marinissen, C.-C. Chi, J. Verbree, and M. Konijnenburg, "3D DfT Architecture for Pre-Bond and Post-Bond Testing", *Proc. IEEE 3D Systems Integration Conference*, pp. 1–8, 2010.

106. F. Brglez, D. Bryan, and K. Kozminski, "Combinational Profiles of Sequential Benchmark Circuits", *Proc. IEEE International Symposium on Circuits and Systems*, pp. 1924–1934, 1989.

107. S.K. Goel et al., "Test Infrastructure Design for the Nexperia^{TM} Home Platform PNX8550 System Chip", *Proc. IEEE Design, Automation, and Test in Europe*, pp. 108–113, 2004.

108. S. Deutsch et al., "DfT Architecture and ATPG for Interconnect Tests of JEDEC Wide-I/O Memory-on-Logic Die Stacks", *Proc. IEEE International Test Conference*, pp. 1–10, 2012.

First published in English under the title

Design-for-Test and Test Optimization Techniques for TSV-based 3D Stacked ICs

by Brandon Noia and Krishnendu Chakrabarty, edition：1

Copyright © Springer International Publishing Switzerland, 2014

This edition has been translated and published under licence from

Springer Nature Switzerland AG.

此版本仅限在中国大陆地区（不包括香港、澳门特别行政区及台湾地区）销售。未经出版者书面许可，不得以任何方式抄袭、复制或节录本书中的任何部分。

北京市版权局著作权合同登记　图字：01－2022－6770号。

图书在版编目（CIP）数据

基于TSV的三维堆叠集成电路的可测性设计与测试优化技术/（美）布兰登·戴（Brandon Noia），（美）蔡润波著；蔡志匡等译. —北京：机械工业出版社，2024.4

（半导体与集成电路关键技术丛书. 微电子与集成电路先进技术丛书）

书名原文：Design－for－Test and Test Optimization Techniques for TSV－based 3D Stacked ICs

ISBN 978-7-111-75364-3

Ⅰ.①基… Ⅱ.①布… ②蔡… ③蔡… Ⅲ.①集成电路－电路设计 Ⅳ.①TN402

中国国家版本馆CIP数据核字（2024）第054284号

机械工业出版社（北京市百万庄大街22号　邮政编码100037）

策划编辑：江婧婧　　　　　　　责任编辑：江婧婧　刘星宁

责任校对：马荣华　张　薇　　　封面设计：鞠　杨

责任印制：单爱军

北京虎彩文化传播有限公司印刷

2024年5月第1版第1次印刷

169mm×239mm·14.75印张·8插页·287千字

标准书号：ISBN 978-7-111-75364-3

定价：129.00元

电话服务　　　　　　　　　网络服务

客服电话：010-88361066　机　工　官　网：www.cmpbook.com

　　　　　010-88379833　机　工　官　博：weibo.com/cmp1952

　　　　　010-68326294　金　书　网：www.golden-book.com

封底无防伪标均为盗版　机工教育服务网：www.cmpedu.com

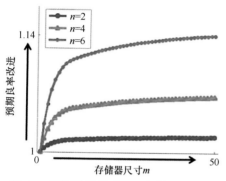

图 2.7　不同堆叠尺寸 n 和存储器尺寸 m
预期堆叠良率的增加曲线（一）

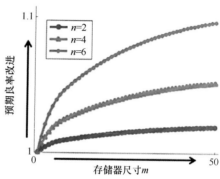

图 2.8　不同堆叠尺寸 n 和存储器尺寸 m
预期堆叠良率的增加曲线（二）

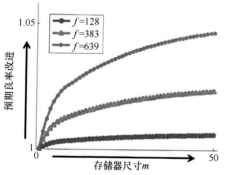

图 2.9　缺陷单晶圆 f 和存储器尺寸 m 的
平均数不同时，预期堆叠良率增加曲线

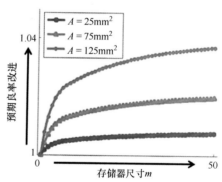

图 2.10　不同面积尺寸 A 和存储器尺寸 m
的芯片预期堆叠良率增加曲线

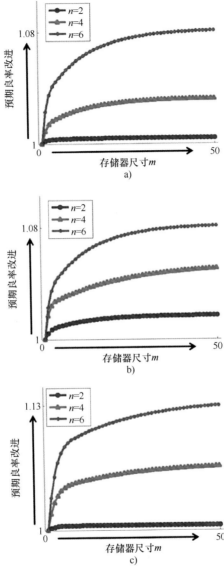

图 2.12　采用 FIFO1 增加不同堆叠尺寸 n 以及不同晶圆和运行晶圆存储器
尺寸 m 时复合堆叠良率曲线

a）Max（MG）　　b）Max（MF）　　c）Min（UF）

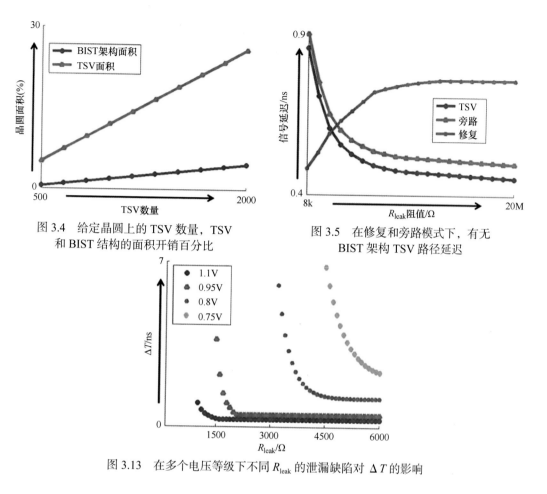

图 3.4　给定晶圆上的 TSV 数量，TSV
和 BIST 结构的面积开销百分比

图 3.5　在修复和旁路模式下，有无
BIST 架构 TSV 路径延迟

图 3.13　在多个电压等级下不同 R_{leak} 的泄漏缺陷对 ΔT 的影响

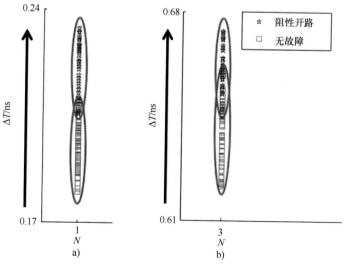

图 3.15　在同一个 RO 上同时测试多个 TSV 的混叠效应
a）$N=1$ 时　b）$N=3$ 时

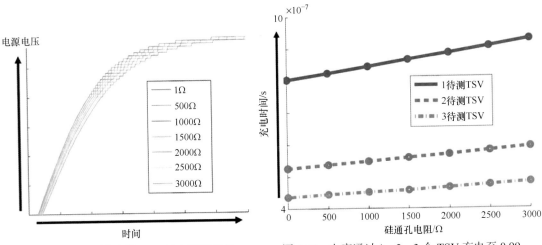

图 4.11 通过可变电阻 TSV 对电容器充电 　　　图 4.12 电容通过 1、2、3 个 TSV 充电至 0.99

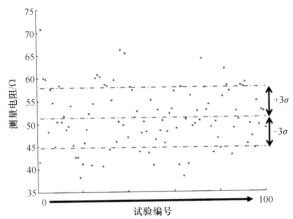

图 4.13 无故障 TSV 的 TSV 电阻、漏电电阻和电容变
化 20% 时 TSV 电阻测量的百点蒙特卡罗仿真

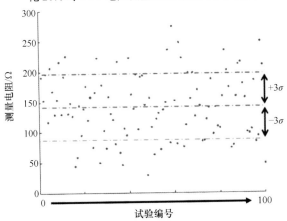

图 4.14 工艺变化下多个 TSV 阻性、泄漏和电容性缺
陷的 TSV 电阻测量的百点蒙特卡罗仿真

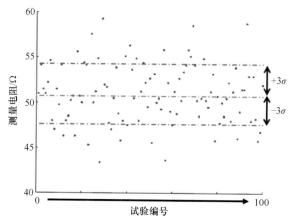

图 4.15　TSV 接触电阻静态分布的 TSV 电阻测量的百点蒙特卡罗仿真

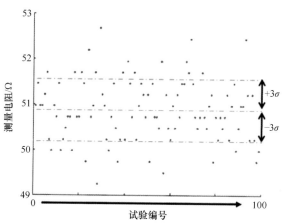

图 4.16　TSV 接触电阻线性分布的 TSV 电阻测量的百点蒙特卡罗仿真

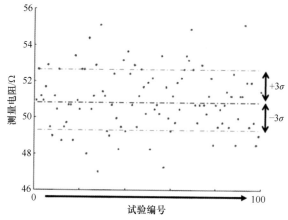

图 4.17　TSV 接触电阻指数分布的 TSV 电阻测量的百点蒙特卡罗仿真

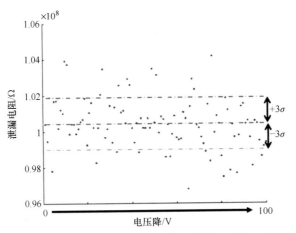

图 4.19　无故障 TSV 的 TSV 电阻、泄漏电阻和电容变
化 20% 时泄漏电阻测量值的百点蒙特卡罗仿真

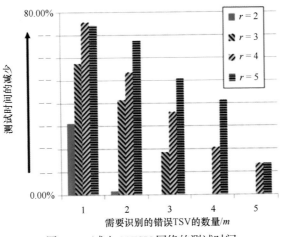

图 4.23　减少 20TSV 网络的测试时间

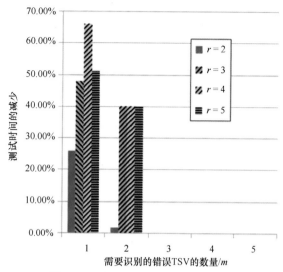

图 4.24　减少 8TSV 网络的测试时间

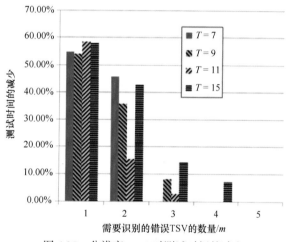

图 4.25　分辨率 $r = 3$ 时测试时间的减少

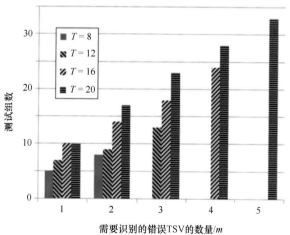

图 4.26　分辨率 $r = 4$ 时产生的测试组数

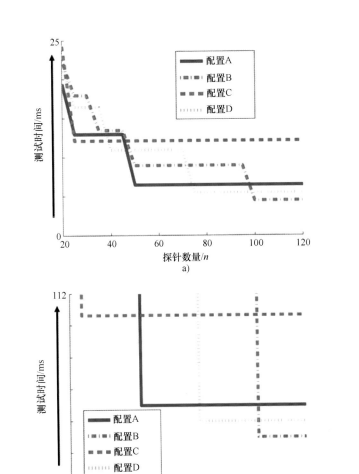

图 5.6　配置 A、B、C 和 D 的测试时间随探针数量、
对准和接触时间的变化
a）$t = 1.5ms$　b）$t = 100ms$

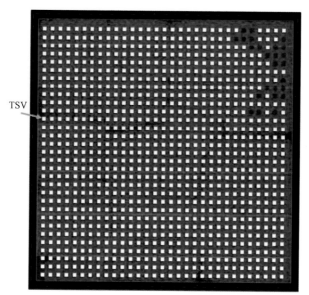

图 5.7　FFT 四芯片标准的 0 号芯片版图（绿色为标准单元，白色为 TSV）

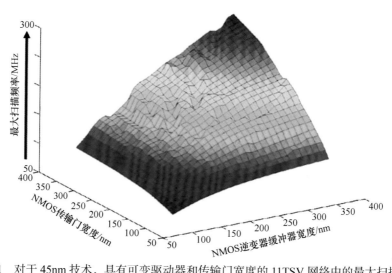

图 5.11　对于 45nm 技术，具有可变驱动器和传输门宽度的 11TSV 网络中的最大扫描频率

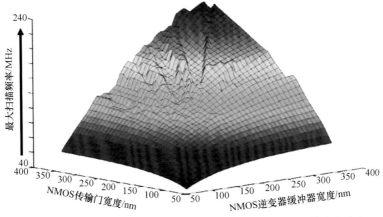

图 5.12   在 32nm 技术下，一个 11TSV 网络中的最大扫描输出频率与
不同驱动器和传输门宽度的关系

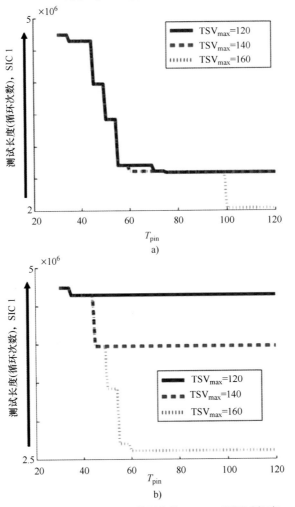

图 8.10   SIC 1 和 SIC 2 带硬核的 TSV_{max} 的测试长度

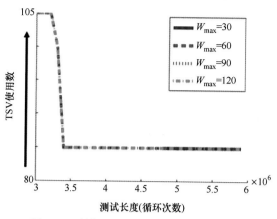

图 8.14 硬核 SIC 1 的 T_{max} 随 TSV 的变化

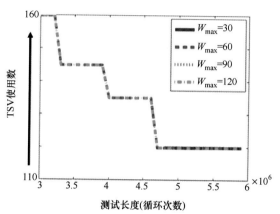

图 8.15 硬核 SIC 2 的 T_{max} 随 TSV 的变化

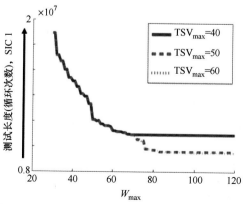

图 8.16 具有软核的 SIC 1 的 W_{max} 测试长度变化

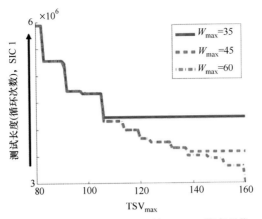

图 8.17　具有软核的 SIC 2 的 TSV_{max} 长度变化

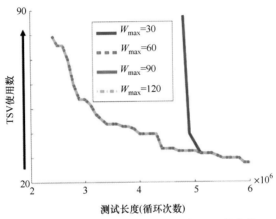

图 8.18　具有软核的 SIC 1 的 T_{max} 随 TSV 的变化

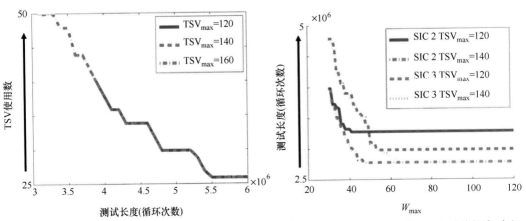

图 8.19　软核 SIC 2 测试引脚随 T_{max} 变化情况　　图 8.20　SIC 2 和 SIC 3 的 PSSD 试验长度对比

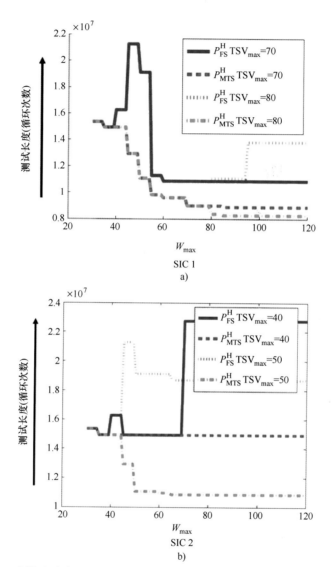

图 8.34 硬核和多次测试插入的 SIC 1 和 SIC 2 的 TSV$_{max}$ 和 W_{max} 的测试时间
a）SIC 1   b）SIC 2

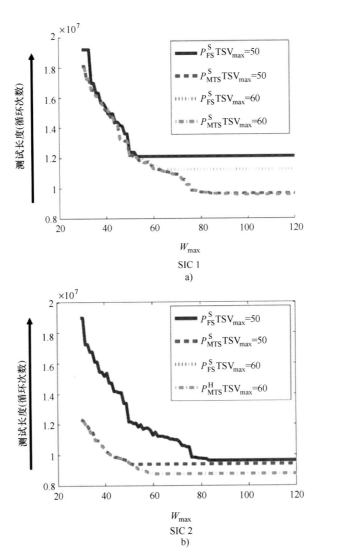

图 8.35 软核和多次测试插入的 SIC 1 和 SIC 2 的 TSV_{max} 和 W_{max} 的测试时间

a）SIC 1   b）SIC 2

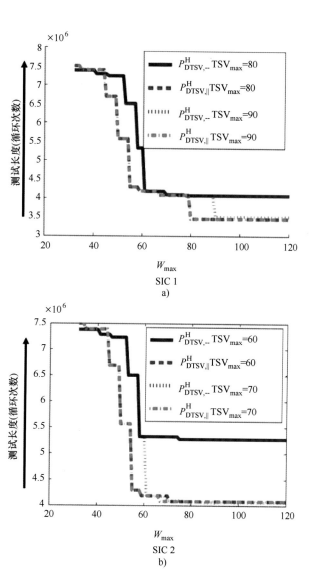

图 8.36　软核和多次测试插入的 SIC 1 和 SIC 2 的 TSV_{max} 和 W_{max} 的测试时间

a）SIC 1　b）SIC 2

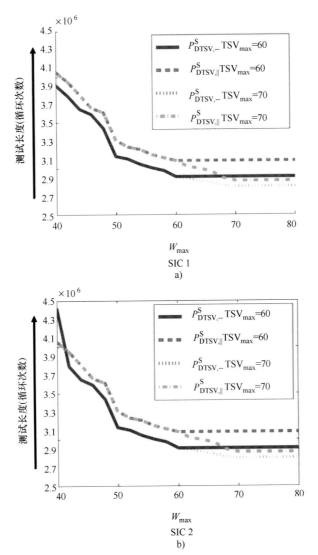

图 8.37　软核和多次测试插入的 SIC 1 和 SIC 2 的 TSV_{max} 和 W_{max} 的测试时间
a）SIC 1　b）SIC 2